JN334881

基礎からの
ベイズ統計学

ハミルトニアン
モンテカルロ法による
実践的入門

豊田 秀樹 編著

朝倉書店

■ 編著者
豊田秀樹　　　　早稲田大学文学学術院教授
　　　　　　　　　　（第1章～第5章）

■ 執筆者
久保沙織　　　　早稲田大学グローバルエデュケーションセンター助教
　　　　　　　　　　（7.4節・7.5節・7.6節・7.7節・付録A）
池原一哉　　　　早稲田大学グローバルエデュケーションセンター助手
　　　　　　　　　　（6.2節・6.3節・付録B）
秋山　隆　　　　早稲田大学文学学術院助手
　　　　　　　　　　（8.1節・8.2節・8.3節・8.4節・8.7節・付録C）
拜殿怜奈　　　　早稲田大学大学院文学研究科
　　　　　　　　　　（8.5節・8.6節・8.7節・付録A）
磯部友莉恵　　　早稲田大学大学院文学研究科
　　　　　　　　　　（7.1節・7.2節・7.3節・7.7節）
長尾圭一郎　　　早稲田大学大学院文学研究科
　　　　　　　　　　（6.1節・6.3節・付録B）

まえがき

■ ■ ■

　この本は，ハミルトニアンモンテカルロ法 (Hamiltonian Monte Carlo method, HMC 法) を利用したベイズ統計学の入門的教科書です．

　文系・理系を問わず，ベイズ統計分析に入門を希望している方を読者として歓迎します．具体的には，心理学・社会学・教育学などの文科系学部学生を対象に，ベイズ統計学に関しては予備知識をまったく要求せず，最初歩からの講義を行います．ただし数学 I, II, A, B の範囲 (数学 III と高校物理の知識は必要としません) と，伝統的な統計学の入門的内容 (記述統計・検定推定の初歩など 4 単位分くらい) を習得していると，本書をスムーズに読むことができます．また本書の内容は，web から入手できる R と Stan のコードによってすべて再現できますから，すぐに実践に供していただけます．

　過去 100 年で，統計的データ分析にもっとも影響を与えた教科書を敢えて 1 冊だけ選ぶとしたら，多くの人が R. A. フィッシャー (Sir Ronald Aylmer Fisher) の手による「研究者のための統計的方法」をあげることに賛成するでしょう．この本は 1925 年の初版から 1963 年の 13 版まで，たゆみなく改良が重ねられ，統計学を必ずしも専門としないデータ分析者に決定的な影響を与えました．

　まさに金字塔である「研究者のための統計的方法」の第 1 章序説の中には以下のような有名な文言があります．「ただ統計学の概要を述べるに当たっては，私がかつて曲げなかった個人的信念を再び強調するだけでよいであろう．すなわち逆確率の理論はある誤謬の上に立脚するものであって，完全に葬り去らなければならないのである．」口を極めた激しい攻撃論調です．ここでいう「逆確率の理論」とはベイズ統計学です．問答無用でベイズ統計学を完全否定しています．たとえるならばベイズ統計学は，当時，絶大な影響力があったフィッシャーからデータ分析者に手渡されたけっして開けてはいけないパンドラの箱でした．推計統計学の中心的理論を確立した J. ネイマン (Jerzy Neyman) もベイズ統計学を否定していました．いつしかベイズ統計学は，利用されないばかりか，大学教育で語られることも，ほとんどなくなりました．こうして 20 世紀後半，長きに渡ってベイズ統計学はタブーとなったのです．

まえがき

　時は過ぎ，21世紀になりました．2014年現在，統計学における著名な学術雑誌バイオメトリカ (*Biometrika*) の過半数の論文が，ベイズ統計学を利用しています．多くの著名な学術雑誌も同様の傾向です．スパムメールをゴミ箱に捨て，日々，私たちの勉強・仕事を助けてくれるのは，ベイズ統計学を利用したメールフィルタです．ベイズ的画像処理によってノイズや汚れが除去され，劇的に美しくよみがえった名作映画を私たちは日常的に楽しんでいます．ベイズ理論が様々な分野で爆発的に活用されています．ベイズ統計学なしには，もうデータ分析は語れません．パンドラの箱は開いてしまいました．

　いまやベイズ統計学者は多数派です．またすべての統計学者は多少なりともベイズ統計学を認めています．データ分析の主流もベイズ統計学に移行しました．21世紀はベイズ統計学の時代です．データ分析をしようとする人，統計学の勉強を始める人は分野を問わず，すべからくベイズ統計学を学ばなければならない時代になりました．

この本の2つのねらい

　ベイズ統計学は，現実に，長きに渡って利用されませんでした．それは何故でしょう．実はベイズ統計学には2つの深刻な欠点があったのです．本書は，2つの欠点に対応した特徴的な執筆方針を掲げています．

　1つは，基本原理に関する欠点です．ベイズ統計学では，分析者の信念に基づく主観確率を利用します．これは一歩間違えると，データ分析における科学的客観性を本質的・根本的に脅かします．分析者の主観によって分析結果が変わってしまっては困るのです．危機感を抱いたフィッシャー・ネイマン流の統計学者は，確率を数値で表現する場合には，主観的な信念ではなく出来事の客観的頻度に基づくべきであると主張しました．驚くべきことに，フィッシャーやネイマンが指摘した主観確率の不合理性・危険性は，今でも本質的には解決されていません．それどころか，ベイズ統計学を専門としている学者の間でさえ主観確率の扱いに関する決定的な立場はまだないのです．

　問題がないとはいえない主観確率ですが，その欠点を把握し，節度をもって現実的に対処すれば，ベイズ統計学は実践的で豊かな知見を与えてくれます．しかし理論的に解決されていない以上，データ分析をする前に，何故ベイズ統計学がタブー視されてきたのか，主観確率のどこが危険なのかをきちんと理解する必要があります．ベイズ統計学がデータ分析の主流になった今だからこそ，初学者は

その問題点を理解しておく必要があるのです．

　従来のベイズ統計学の教科書は，欠点の記述は薄くし，伝統的な統計学に対するベイズ統計学の優位性を特に強調してきました．これは，敢えてたとえるならばベイズ統計学が長きに渡って弱小野党だったからです．弱小野党の政策はしょせん実行されません．だから現実に実行されている政策の負の側面と比較した長所が論じられます．それが従来のベイズ統計学の教科書に共通した自然な執筆方針でした．弱きを助け，強きをくじくです．

　しかしベイズ統計学は，フィッシャー・ネイマン流の伝統的統計学と並んで，今や2大政党の1つになりました．いつまでも長所にばかり目を向けることは許されません．責任ある政策を問われる立場になり，批判される側に成長したのです．この趨勢を鑑み，本書ではベイズ統計学の欠点の記述を厚くし，分析の実践場面で現実的にどうすればよいのかの指針を講義します．

　もう1つは，分析の実行に関する欠点です．ベイズ統計学の最大の特徴は，ベイズの定理と呼ばれる公式に基づいてすべての分析が統一的に行われ，分析結果が事後分布に集約されることです．スッキリした論理と一貫した方法がベイズ統計学の一番の魅力です．ただし事後分布にはしばしば高次元の積分計算が含まれます．この高次元の積分のために，従来は，事後分布そのものがしばしば評価できませんでした．これでは美しい理論も絵に描いた餅です．ベイズ統計学は，仮にフィッシャーの批判がなかったとしても，そもそも簡単なモデルしか実行できませんでした．

　しかし高次積分を近似する数値的方法が次々と利用されるようになり，複雑な統計モデルの事後分布をシミュレートすることが可能になりました．主な方法としては，HMC法・ギブズサンプリング法・変分ベイズ法・ランジュバン方程式法・ラプラス近似法などが挙げられます．本書では，内容を習得するための数学的予備知識が最も少ないHMC法を解説します．データ分析者は，**HMC法**を利用することにより，フィッシャー・ネイマン流の統計学を利用したときのように，どう解くかの数式から解放され，適用分野のモデル構成に集中できるようになります．統計学を専門としないデータ分析者にとって，HMC法を選択することには大きなメリットがあります．

この本の内容

　この本は，基本部・サンプリング部・実践部・付録の4つの部分から構成され

ます．まず基本部は，第1章から第3章までです．第1章では，確率に関するベイズの公式を導入します．「ベイズの定理を全く知らない」という状態から読めるように構成しています．客観確率の立場から穏便にベイズの公式を導出し，その後，主観確率の魅力と危険性を学びます．

第2章では，いったんベイズ統計学から離れて，確率変数や確率分布や最尤解の基本について学習します．文科系の学部で統計学の授業を受け，確率変数のことはあまり習わなかった読者の方を念頭に執筆しました．

第3章では，分布に関するベイズの公式を導入します．点推定や区間推定を学び，事前分布の具体的な設定の方針を学習します．特に，私的な分析と公的な分析における事前分布の違いを解説しています．

サンプリング部は，第4章と第5章です．第4章では，事後分布を評価する方法を論じます．マルコフ連鎖モンテカルロ法 (MCMC法) の中のメトロポリス・ヘイスティングス法 (MH法) を解説します．歴史的にはMH法の登場により，事後分布が生成できるようになり，その普及がベイズ統計学再興の直接的原因になりました．

第5章では，実用的方法としてHMC法を解説します．実用的方法の中では，これまでギブスサンプリング法 (GS法) と呼ばれる方法が主流でした．しかし**GS法は上級者向けの方法**[*1]です．それに対して**HMC法**は，乱数発生機構がモデルによって異なりません．モデルごとに必要とされる対数事後分布の導関数はTEXT処理言語が提供[*2]しますから，もはや微分はモデル構成者の仕事ではなくなります．このためHMC法は習得が容易なだけでなく，データ分析の実践時においても適用分野の内容に即したモデル構成に専心できます．数ある高次積分近似の方法の中でHMC法は，統計学を専門としないデータ分析者が実践過程において新しいモデルを開発するのに最適な方法です．

実践部は第6章から第8章までです．第6章は，正規分布の推測を解説します．

[*1] ギブスサンプリング法では，母数ごとの全条件付き分布が必要になります．データ分析者は，まず (1) 母数ごとの全条件付き分布が導けるのか否かの判断が必要です．次に (2) 母数ごとの全条件付き分布を導く必要があります．そして (3) 母数をどのようにブロックに分け，ブロックごとにGS法とMH法のどちらを使うのかの判断が必要です．このようにGS法では，モデルごとに異なる乱数発生機構の専門的設計が必要です．これでは統計学者ではないデータ分析者が，適用分野のモデル構成にだけ専念するわけにはいきません．HMC法の欠点は離散的な母数を扱いにくいことです．

[*2] 数値微分ではありません．TEXT処理言語が「x^2 の微分は $2x$」のように複雑な対数事後分布を式で微分してくれます．

平均・分散・効果量・分位の推測や，対応がある場合とない場合の平均値の差などを論じます．第7章は，正規分布以外の分布の推測です．この章の内容は，伝統的な統計学の入門的教科書ではあまり扱わなかった内容です．第8章は，比率・相関・信頼性を論じます．

実践部の特徴[*3)]は3つあります．第1は「どう解くか」に関する面倒な数式がないことです．しかしそれは数式を割愛したのではなく，HMC法でオールマイティに解けるので解説する必要がなくなったのです．ベイズ統計学とHMC法を組み合わせると，モデル構成そのものに関心を集中できます．

第2は生成量を多用していることです．生成量を重視するという視点は，これまでのベイズ統計学の教科書には，ほとんどありませんでした．しかしHMC法と生成量の組み合わせは極めて強力であり，ほとんど制限なくさまざまな分布の位置や差に関する考察が可能になります．分析の可能性を広げるために，是非，生成量の使い方をマスターしてください．

第3は研究仮説が正しい確率を直接的に計算していることです．この確率こそ，データ分析者が (そして研究者が) 論じたい確率です．伝統的な統計学で計算される p 値は「帰無仮説が正しいと仮定するとき，手元のデータ以上に甚だしい状況が生じる確率」です．しかし，これは二階から目薬的な，もってまわった分かりにくい確率です．伝統的な有意性検定の枠組みでは，研究仮説が正しい確率は決して計算できません．これはベイズ統計学の真骨頂であり，独壇場です．p 値からは卒業しましょう．

本書では特定のソフトウェア (SW) のコードを本文中には示していません．SWの使用法に紙面を割かない代わりに，理論の説明を可能な限りゆっくり丁寧に進めました．しかしベイズ統計でデータ分析をする際にはSWの使用が不可欠です．HMC法を実装したソフトウェア Stan と，それを R の中から使用するためのパッケージ RStan の使用法を付録で解説します．また本書に登場する分析のスクリプトとデータを朝倉書店 Web サイト (http://www.asakura.co.jp/) の本書サポートページから配布します．脇に PC を置き，追計算しながら学習を進めてください．

[*3)] 公的分析における事前分布としては，本書では一貫して無情報的な一様分布 (一部で自然共役事前分布) を使用します．この方針が，主観性を嫌う伝統的な統計学と一番親和性が高く，初学者の学習負担が少ないからですが，その流儀を強いる意図はありません．読了後には，必要とあらば，適用分野で穏便に認められている事前分布を使用してください．

本書はベイズ統計学における最初歩の話題に焦点をあてています．モデル選択の話題や，高度なモデリングに関しては扱っていません．さらに進んだ内容に関しては，姉妹書『マルコフ連鎖モンテカルロ法』（朝倉書店，2008）等，他の上級の教科書を参照してください．

本書は，早稲田大学文学部・2014年度冬学期・学部心理学演習のために書き下ろした原稿を元にしています．章末問題の模範解答は，演習に参加した学部学生が提出した宿題レポートを下敷きにしています．もちろん本書にあり得べき誤りの責は全面的に編者と著者にあります．書き下ろしの原稿に有益な多くの指摘をしてくれた学生諸君に感謝いたします．

2015年5月

豊田秀樹

■ 問題一覧

検診問題： 客観確率による事後確率 [p.9]
碁石問題： 主観確率による事後確率 (理由不十分の原則の典型例) [p.16]
血液鑑定問題： 主観確率による事後確率 (理由不十分の原則が明らかに怪しい例) [p.17]
3囚人問題： 条件付き確率・事前確率の両方に主観確率を使用した怪しい例 [p.21]
正選手問題： 2項分布の比率の推測 (私的分析) [p.49]
治療法問題： 2項分布の比率の推測 (公的分析) [p.55]
入社試験問題： 2項分布の比率の推測 (私的分析において倫理問題が生じうる例) [p.59]
レポート問題： ポアソン分布・指数分布・ガンマ分布の関係の解説 [p.60]
波平釣果問題： ポアソン分布の母数の推測 [p.64]
ネクタイ問題： 確率過程の例・定常分布への収束の例 [p.78]
カタログ刷新問題： 正規分布の平均 (従来の平均を超える確率, 実質科学的な仮説が正しい確率, 1母集団の効果量) [p.126]
工場機器買い換え問題： 正規分布の分散 (従来の分散を超える確率, 実質科学的な仮説が正しい確率) [p.129]
代表選考ボーダーライン問題： 正規分布の分位数 (分位数の確信区間, 分位数を超える確率) [p.131]
体内時計問題： 独立な2つの正規分布の平均値差 (平均値差がある一定の値を超える確率) [p.133]
研修効果問題： 対応のある2つの正規分布の平均値差 (平均値差がある一定の値を超える確率, 相関係数がある一定の値を超える確率) [p.136]
流れ星問題1： ポアソン分布 (母数の推測, 分布の標準偏差, 単位時間内に事象が特定回数観測される確率) [p.142]
ウミガメ問題： 2つのポアソン分布 (2つの母数の確信区間の比較, 2つの母数の差, 一方の母数が他方の母数より大きい確率) [p.144]
レストラン問題： 指数分布 (ポアソン事象が発生するまでの平均時間, 特定の時間内に事象が発生する確率と, その確率がある一定の値を超える

確率) [p.146]
流れ星問題 2： ガンマ分布 (ポアソン事象が特定回数発生するまでの時間) [p.148]
当たり付き棒アイス問題： 幾何分布 (初めて成功するまでの試行回数が特定の値となる確率と，その確率が一定の値を超える確率・分布の期待値) [p.150]
エントリーシート問題： 負の 2 項分布 (所与の試行回数のうち特定回数以上成功する確率，特定回数成功するまでの総試行数) [p.152]
婚活問題： 対数正規分布 (分位数，所与の値が特定の分位数を超える確率) [p.155]
DM 購買促進問題： 分割表の分析 (比率の差，比率の差がある一定の値を超える確率，リスク比，オッズ比) [p.159]
自己・上司評価相関問題： 対応のない 2 群間の相関係数を用いた推測 (相関係数の差，その差が一定の値を超える確率) [p.163]
社員実力固定化問題： 対応のある群間の相関係数を用いた推測 (相関係数の差，その差が一定の値を超える確率) [p.165]
売り上げ相関問題： 切断データの相関係数の補正 [p.167]
英語面接問題 1： 級内相関係数 (変量効果モデル，混合効果モデル) [p.171]
英語面接問題 2： 一般化可能性係数 (一般化可能性係数がある一定の値を超える確率) [p.174]

目　次

∎ ∎ ∎

1. 確率に関するベイズの定理 ··· 1
   1.1 ベイズ統計学小史 ·· 1
   1.2 導　　入 ·· 2
       1.2.1 確　　率 ·· 3
       1.2.2 分　　割 ·· 4
       1.2.3 同時確率 ·· 4
       1.2.4 周辺確率 ·· 5
       1.2.5 条件付き確率 ·· 6
       1.2.6 乗法定理・全確率の公式 ···································· 7
   1.3 ベイズの定理 ·· 8
       1.3.1 検診問題 ·· 8
       1.3.2 逆確率 ·· 10
       1.3.3 独　　立 ·· 10
       1.3.4 ベイズ更新 ·· 11
       1.3.5 迷惑メールフィルタ ·· 12
   1.4 主観確率 ·· 14
       1.4.1 客観確率による事前確率 ···································· 14
       1.4.2 一期一会な事象 ·· 15
       1.4.3 理由不十分の原則 ·· 15
       1.4.4 血液鑑定問題 ·· 17
       1.4.5 事前確率を圧倒するデータ ·································· 18
       1.4.6 私的分析と公的分析 ·· 20
       1.4.7 ベイズの定理の第3の使用法 ································ 21
   1.5 章末問題 ·· 23

2. 確率変数と確率分布 ··· 25
   2.1 確率変数 ·· 25

2.1.1　確率分布 ……………………………………………… 26
　2.1.2　期待値 …………………………………………………… 26
　2.1.3　分散 ……………………………………………………… 27
　2.1.4　期待値と分散の公式 …………………………………… 28
2.2　離散型確率分布関数 …………………………………………… 29
　2.2.1　ベルヌイ分布 …………………………………………… 29
　2.2.2　2項分布 ………………………………………………… 31
　2.2.3　分布関数 ………………………………………………… 32
2.3　連続型確率密度関数 …………………………………………… 33
　2.3.1　一様分布 ………………………………………………… 35
　2.3.2　正規分布 ………………………………………………… 35
　2.3.3　ベータ分布 ……………………………………………… 37
2.4　分布の性質 ……………………………………………………… 39
　2.4.1　同時分布 ………………………………………………… 39
　2.4.2　周辺分布 ………………………………………………… 40
2.5　最尤推定法 ……………………………………………………… 40
　2.5.1　2項分布 ………………………………………………… 41
　2.5.2　正規分布 ………………………………………………… 43
2.6　章末問題 ………………………………………………………… 44

3. ベイズ推定 …………………………………………………………… 46
3.1　分布に関するベイズの定理 …………………………………… 46
　3.1.1　カーネル・正規化定数 ………………………………… 47
　3.1.2　自然共役事前分布 ……………………………………… 49
3.2　事後分布の評価 ………………………………………………… 51
　3.2.1　事後期待値 ……………………………………………… 51
　3.2.2　事後確率最大値 ………………………………………… 52
　3.2.3　事後中央値 ……………………………………………… 52
　3.2.4　事後分散・事後標準偏差 ……………………………… 53
　3.2.5　確信区間・信頼区間 …………………………………… 53
3.3　無情報的事前分布 ……………………………………………… 55
　3.3.1　局所一様事前分布 ……………………………………… 56

3.3.2　無情報的事前分布としての一様分布 ················· 57
　　3.3.3　私的分析再考 ·· 58
3.4　いくつかの重要な分布 ·· 60
　　3.4.1　ポアソン分布 ··· 60
　　3.4.2　指数分布 ·· 61
　　3.4.3　ガンマ分布 ··· 62
3.5　母数の定義域が無限大を含む事前分布 ·························· 64
　　3.5.1　ポアソン分布の母数の最尤推定量 ······················· 64
　　3.5.2　自然共役事前分布 ·· 65
　　3.5.3　無情報的事前分布 ·· 66
3.6　予測分布 ··· 68
3.7　本書の立場 ·· 69
3.8　「3囚人問題」の正解は1/2でよい ································ 70
3.9　章末問題 ··· 72

4. メトロポリス・ヘイスティングス法 ································ 75
4.1　事後分布からの乱数の発生 ·· 75
4.2　マルコフ連鎖 ··· 78
4.3　定常分布への収束 ·· 79
4.4　詳細釣り合い条件 ·· 82
4.5　メトロポリス・ヘイスティングス法 ······························ 85
　　4.5.1　確率過程の確率変数 ·· 88
　　4.5.2　確率過程の実現値のイメージ ······························ 88
4.6　独立MH法 ·· 90
　　4.6.1　波平釣果問題 ··· 90
　　4.6.2　正選手問題 ·· 92
　　4.6.3　提案分布の選び方 ··· 93
4.7　ランダムウォークMH法 ··· 94
4.8　生成量・研究仮説が正しい確率 ···································· 96
　　4.8.1　標準偏差・歪度・尖度の推測 ······························ 97
　　4.8.2　事後予測分布の評価 ·· 98
4.9　章末問題 ··· 98

5. ハミルトニアンモンテカルロ法 101
5.1 HMC法の必要性 101
5.2 初等物理量 102
5.2.1 速度と加速度 103
5.2.2 運動量と力 103
5.3 力学的エネルギー 104
5.3.1 ポテンシャルエネルギー 105
5.3.2 加速度と移動距離 106
5.3.3 運動エネルギー 107
5.4 ハミルトニアン 107
5.4.1 ポテンシャルエネルギーの再表現 108
5.4.2 ハミルトンの運動方程式 109
5.4.3 リープフロッグ法 109
5.4.4 位相空間 112
5.5 HMC法 112
5.5.1 リープフロッグ法計算例 115
5.5.2 位相空間の図示 116
5.5.3 HMC法計算例 118
5.6 多次元の場合 120
5.6.1 正規分布の推定 122
5.7 章末問題 124

6. 正規分布に関する推測 126
6.1 正規分布モデルにおける基本的な推測 126
6.1.1 平均に関する推測 126
6.1.2 分散に関する推測 129
6.1.3 分位に関する推測 131
6.2 2群の平均値の比較 132
6.2.1 独立な2群の平均値差に関する推測 133
6.2.2 対応のある2群の平均値差に関する推測 136
6.3 章末問題 139

7. さまざまな分布を用いた推測 · 142
7.1 ポアソン分布を用いた推測 · 142
7.1.1 1つのポアソン分布を用いた推測 · 142
7.1.2 2つのポアソン分布を用いた推測 · 144
7.2 指数分布を用いた推測 · 146
7.3 ガンマ分布を用いた推測 · 148
7.4 幾何分布を用いた推測 · 149
7.5 負の2項分布を用いた推測 · 151
7.6 対数正規分布を用いた推測 · 154
7.7 章末問題 · 157

8. 比率・相関・信頼性 · 159
8.1 比率を用いた推測 (比率の差・リスク比・オッズ比) · · · · · · · · · · · · · 159
8.1.1 比率の差 · 160
8.1.2 リスク比 · 161
8.1.3 オッズ比 · 161
8.2 2群の相関係数の差に関する推測 · 163
8.2.1 相関係数の推定 · 163
8.3 対応のある相関係数の差に関する推測 · 164
8.3.1 対応のある2つの相関係数の差に関する推測 · · · · · · · · · · · · · · 166
8.4 切断データの相関係数に関する推測 · 167
8.4.1 切断データの相関係数の推定1 (切断効果) · · · · · · · · · · · · · · · · 167
8.4.2 切断データの相関係数の推定2 (切断効果の補正) · · · · · · · · · · 168
8.4.3 完全データの相関係数 · 170
8.5 級内相関 · 171
8.6 一般化可能性理論 · 174
8.7 章末問題 · 176

A. 付録1 章末問題解答例 · 177

B. 付録2 補足資料 · 189
B.1 収束判定指標 $\hat{R}$ · 189

- B.2 非効率性因子と Effective Sample Size ... 190
- B.3 「波平釣果問題」の事後予測分布による解の導出 ... 192
- B.4 NUTS (No-U-Turn Sampler) ... 193
  - B.4.1 更新回数 L の停止基準 ... 193
  - B.4.2 スライスサンプリング ... 194
  - B.4.3 候補点の作成とサンプリング ... 196
  - B.4.4 NUTS アルゴリズムの改良 ... 199
  - B.4.5 ステップサイズ ϵ の決定 ... 199

C. 付録3　Stan 導入 ... 202
- C.1 Stan コード解説 (6.2.2 項「研修効果問題」) ... 202
- C.2 data ファイル ... 205
- C.3 RStan ... 206
  - C.3.1 出力結果 ... 207
- C.4 Stan コード文法概略 ... 207
  - C.4.1 ブロック ... 207
  - C.4.2 変数宣言 ... 208
  - C.4.3 主な Stan 組込み関数 ... 209
- C.5 RStan の主な関数と引数 ... 212
- C.6 分布一覧 ... 213
- C.7 練習問題 ... 216

D. 付録4　Stan コード ... 218

索　引 ... 225

1 確率に関するベイズの定理

ベイズ統計学 (Bayesian statistics) はベイズの定理 (Bayes' theorem) に基づいて展開されます．ベイズの定理はベイズの公式 (Bayes' formula) とも呼ばれ，

$$p(A|B) = \frac{p(B|A)p(A)}{p(B)} \quad (1.1)$$

と表現されます．この式の意味を学び始める前に，少しだけベイズ統計学の歴史を勉強しておきましょう．

1.1 ベイズ統計学小史

ベイズの定理に冠されているベイズとは，英国のトーマス・ベイズ (Thomas Bayes, 1702-1761) という長老派の牧師の名前です．ベイズは趣味で数学の研究をしていた際に，ベイズの定理の本質を発見しました．1740年代のことです．しかしせっかくの発見を，彼は公表せずに没してしまいます．公表しなかったのは，ベイズ自身，主観確率の考え方に十分な自信が持てなかったからだろうともいわれています．

しかし大変幸運なことに，1763年，ベイズのアイデアは，遺稿を整理していた親族の，やはり長老派の牧師リチャード・プライス (Richard Price) によって，英国ロイヤルソサエティの哲学紀要に発表されます．論文の題目は「偶然の理論における1問題を解くための試論[*1] (An Essay Towards Solving a Problem in the Doctrine of Chances)」です．1763年といえば18世紀半ばです．日本は江戸時代，鬼平 (長谷川平蔵) や平賀源内が活躍[*2] していました．世界史では産業

[*1] *Philosophical Transactions Royal Society*, vol. 53, p.370.
 ベイズ統計学にとってオリジンといってよいこの論文は，バイオメトリカ (*Biometrika*, Vol.45, 1958年) に再録されています．バイオメトリカは有名な雑誌なのでアクセスが容易です．

[*2] 対してこれまで主流だったフィッシャー・ネイマン流の統計学は，昭和初期から東京オリンピックくらいまでに形を整えましたから，ベイズの定理の発見と比べて，ずいぶんと時代は下るのです．

革命・ナポレオン・アメリカ独立の時代です.

　ベイズはベイズの定理の本質を発見しましたが，1763年の論文に (1.1) 式は登場しません．ベイズの定理を現代の我々が知る (1.1) 式の形に洗練し，その本当の可能性を示したのは，フランスの大学者ピエール・シモン・ラプラス (Pierre-Simon Laplace, 1749-1827) です．ラプラスはベイズの定理を独自に再発見し，近代数学にふさわしい形式にまとめてエレガントな応用例を示しました．しかしラプラスも後年，主観確率の考え自体に疑問を持ち，客観的に定義できる確率に傾倒しました．残念ながら，ベイズ統計学を利用した論文や報告書には，事後分布を導出するための多数の式が延々と並ぶありさまでした．これでは統計学の専門家しか使用できません．このため統計学者でない多くのデータ分析家はベイズ統計学に手が出せませんでした．

　それに対してフィッシャー・ネイマン流の伝統的統計学[*3]は徹底的に手続き化されました．手続き化された分析手法はブラックボックスとしても利用することができます．このため統計学を専門としない自然科学・社会科学・そして人文科学まで，あらゆる研究分野の学者が，統計分析を道具として利用しました．データ分析者は統計学ばかりを勉強している時間はないのですから，手続き化は本質的に重要でした．20世紀のデータ分析者が，ベイズ統計学ではなく，フィッシャー・ネイマン流の統計学を選んだのは，実は選択肢のない必然だったのです．

1.2　導　　　入

　さて，ベイズ統計学への出帆です．でも最初から異論の多い主観確率を導入すると，不安だし，混乱しますから，まずは客観確率を使って，万人が認め，だれも反対しない方法でベイズの定理を導くことにしましょう．これなら安心して航海を始められます．

[*3] フィッシャーはベイズ統計学を嫌い，それを信奉する人々をベイジアン (Bayesian, ベイズの奴ら) と蔑みました．当初ベイジアンは，このように蔑称でした．しかし現在では蔑称のニュアンスはなくなり，「ベイズの」という形容詞としても広く使用されています．逆にフィッシャー・ネイマン流の統計学を信奉する人を頻度主義者 (frequentist) と呼ぶこともありますが，それはどちらかというとベイズ陣営の側からの用語です．本書はベイズ統計学の教科書ですが，フィッシャー・ネイマン流の統計学を頻度主義統計学とは呼ばず伝統的統計学と呼称します．

1.2.1 確　　　率

起こりうる結果が 2 つ以上あり，それらの結果のうち，どれが起きるかが，偶然によって決まる観測・実験を試行 (trial) といいます．たとえば 100 人の高校生がいたとします．リストからでたらめに 1 人選ぶとすると，結果は偶然に決まりますから，これは試行です．

試行の結果，起こりうる状態を事象 (event) といいます．起こりうるすべての状態の集合を標本空間 (sample space) といいます．それ以上分割できない事象を根元事象 (fundamental event) といいます．たとえば「女性が選ばれる」は，試行の結果としてえられますから事象です．「出席番号 32 番が選ばれる」は，それ以上分けられないので，根元事象です．

古典的確率では，確率を根元事象の数に比例配分します．すなわち

$$N(A) = 事象 A に含まれる根元事象の数 \tag{1.2}$$

という関数を用い，確率を

$$p(A) = \frac{N(A)}{N(標本空間)} \tag{1.3}$$

と定義[*4]します．したがって確率は 0 以上 1 以下で定義されます．

たとえば女性が 40 人，男性が 60 人いるとすると，女性が選ばれる確率は

$$p(女性) = \frac{40}{100} = 0.4 \tag{1.4}$$

です．

確率を (1.3) 式で客観的に定義したのは，ラプラスです．ベイズの理論を整備して世に広めたラプラス自身が，客観的な確率を定義していたことは驚くべきことです．このことはラプラスのバランス感覚の偉大さを示しています．

確率は実験によって確認することも可能です．選ばれた人を戻しながら，何度も何度も試行を繰り返し，性別を記録してみましょう．試行数を n とし，女性の選ばれた回数を n_A とします．このとき n が大きくなるに従って，相対頻度 n_A/n の極限

$$\frac{n_A}{n} \longrightarrow p(A) \tag{1.5}$$

[*4] 現代確率論では，アンドレイ・ニコラエヴィッチ・コルモゴロフ (Andrey Nikolaevich Kolmogorov, 1903-1987) による公理主義的確率論によって，確率がもっと厳密に定義されていますが，この本の範囲では論じません．

は事象 A が本来持っている確率に限りなく近づく [*5] ことが知られています．この性質を**大数の法則** (law of large numbers) といいます．以上が**頻度論的方法** (frequentist method) による**客観確率** (objective probability) です．

実際に実験してみた結果が表 1.1 です．10 万回の試行を 4 回行って，5, 20, 50, 100, 100000 試行における相対頻度を合わせて示しました．試行数が増えるに従って，女性が選ばれる確率の理論値である 0.4 に近づいていくようすが観察されます．

表 1.1 試行実験

試行数	5	20	50	100	100000
1 回目	0.2000	0.6500	0.4400	0.4300	0.3980
2 回目	0.6000	0.4000	0.3600	0.3900	0.4012
3 回目	0.2000	0.3000	0.3800	0.3900	0.3996
4 回目	0.6000	0.3500	0.3600	0.4300	0.3999

1.2.2 分　　　割

複数の事象の組み合わせの中で重要なのが**分割**です．a 個の事象の組 $A_1, A_2, \cdots, A_i, \cdots, A_a$ が，互いに共通の根元事象を含まず，同時に標本空間を表現しているとします．このとき，この事象の組を標本空間の分割といいます．いままで A と呼んでいた女性の場合を A_1 と呼びなおし，男性の場合を A_2 とすると，性別 (A_1, A_2) は分割です．

標本空間が a 個に分割されているとき，

$$\sum_{i=1}^{a} p(A_i) = 1 \tag{1.6}$$

のように確率の総和は 1 になります．さきの例では，試行によって，男性か女性のどちらかが観察される確率です．必ず起きる事象ですから 1 です．

1.2.3 同 時 確 率

もう 1 つ，別の分割 $B_1, B_2, \cdots, B_j, \cdots, B_b$ を考えます．このとき事象 A_i と

[*5] 無限回の試行を試みるわけにはいきませんから，あくまでも思考上の実験です．ベイズ統計学の基礎研究者は，「無限回の試行はそもそも不可能だから，『客観確率』は，結局のところ，後述する主観確率と同じ」と主張し，反論します．

事象 B_j が同時に観察される確率を

$$p(A_i, B_j) \tag{1.7}$$

と表現し，これを**同時確率** (joint probability) といいます．同時確率には

$$\sum_{i=1}^{a}\sum_{j=1}^{b} p(A_i, B_j) = 1 \tag{1.8}$$

という性質があります．

1 年生の場合は B_1，2 年生の場合は B_2，3 年生の場合は B_3 としますと，学年 (B_1, B_2, B_3) も分割です．たとえば，100 人の生徒の内訳が表 1.2 であるとしましょう．

表 1.2　生徒の人数の内訳

	1 年生	2 年生	3 年生	合計
女性	15	12	13	40
男性	22	20	18	60
合計	37	32	31	100

試行によって，3 年生の男子が選ばれる確率は

$$p(A_2, B_3) = 0.18 \tag{1.9}$$

です．このとき (1.8) 式は，男性か女性のどちらかが選ばれ，かつその生徒はどの学年でもよい確率です．必ず生じる事象の確率ですから 1 です．

3 つ目の分割 $C_1, C_2, \cdots, C_k, \cdots, C_c$ を考えます．たとえば $c = 2$ として，きょうだいの有無 (きょうだいがいる C_1，きょうだいがいない C_2) は分割です． A_i, B_j, C_k に関して，

$$\sum_{i=1}^{a}\sum_{j=1}^{b}\sum_{k=1}^{c} p(A_i, B_j, C_k) = 1 \tag{1.10}$$

が成り立ちます．

1.2.4　周辺確率

同時確率は，1 つの分割に関して足しあげると，

$$\sum_{i=1}^{a} p(A_i, B_j) = p(B_j) \tag{1.11}$$

$$\sum_{j=1}^{b} p(A_i, B_j) = p(A_i) \tag{1.12}$$

のように残りの分割の確率となります．これを**周辺確率** (marginal probability) といいます．

(1.11) 式の例として，

$$\sum_{i=1}^{2} p(A_i, B_1) = p(A_1, B_1) + p(A_2, B_1) = p(B_1) \tag{1.13}$$

を考えてみましょう．これは，1年生の女子が観察される確率と，1年生の男子が観察される確率との和です．結局それは，1年生の生徒が観察される確率でしょう．表 1.2 でしたら，$0.15 + 0.22 = 0.37$ となります．

3つ目の分割 C_k を考えると

$$\sum_{i=1}^{a} p(A_i, B_j, C_k) = p(B_j, C_k) \tag{1.14}$$

$$\sum_{i=1}^{a} \sum_{j=1}^{b} p(A_i, B_j, C_k) = p(C_k) \tag{1.15}$$

などの公式が導かれます．

1.2.5 条件付き確率

選ばれた生徒が女性であることが分かっているとしましょう．その条件の下で生徒が2年生である確率を考えます．表 1.2 でいうならば，女性であることが分かっているのですから，選ばれた生徒は，すでに 40 人に絞られているということです．その中の2年生ですから，選ばれる確率は 12/40 です．これは 0.12/0.40 と計算しても同じです．同時確率を周辺確率で割って求めています．

一般に A_i が観察されたという条件の下で，B_j が観察される確率は

$$p(B_j|A_i) = \frac{p(A_i, B_j)}{p(A_i)} \tag{1.16}$$

で計算されます．これを**条件付き確率** (conditional probability) [*6)] といいます．

[*6)] $p(A|B)$ は，ぴーえーギブンびー，などと読みます．ギブンは，given です．

条件付き確率は

$$p(B_j, C_k | A_i) = \frac{p(A_i, B_j, C_k)}{p(A_i)} \tag{1.17}$$

$$p(C_k | A_i, B_j) = \frac{p(A_i, B_j, C_k)}{p(A_i, B_j)} \tag{1.18}$$

などと計算することもできます.

さらに，添え字を省略して

$$p(N, O, \cdots, Z | A, B, \cdots, M) = \frac{p(A, B, \cdots, Z)}{p(A, B, \cdots, M)} \tag{1.19}$$

という式も[*7]成り立ちます．例はあげませんが，(1.18) 式の自然な拡張です.

条件付き確率の公式を足しあげると (周辺化すると)

$$\sum_{j=1}^{b} p(B_j | A_i) = 1 \tag{1.20}$$

となります．例をあげるならば

$$p(B_1 | A_1) + p(B_2 | A_1) + p(B_3 | A_1) = 1 \tag{1.21}$$

です．ひとり選んだ生徒が女性であることが分かっているときに，その生徒が 1 年生である確率と，2 年生である確率と，3 年生である確率とを足している (1 年生でも 2 年生でも 3 年生でもいい) のですから，当然，確率は 1 です．足しあげとしては

$$\sum_{k=1}^{c} p(B_j, C_k | A_i) = p(B_j | A_i) \tag{1.22}$$

$$\sum_{k=1}^{c} p(C_k | A_i, B_j) = 1 \tag{1.23}$$

のような関係もあります.

1.2.6 乗法定理・全確率の公式

条件付き確率 (1.16) 式の右辺の分母を移行した

$$p(A_i, B_j) = p(B_j | A_i) p(A_i) \tag{1.24}$$

[*7] 混乱の恐れのない場合には，今後も，事象を A_i, B_j と表記したり，添え字をとって A, B と表記したりします.

を確率の**乗法定理** (multiplication theorem of probability) といいます.

乗法定理 (1.24) 式を周辺確率 (1.11) 式のシグマの中に代入すると

$$p(B_j) = \sum_{i=1}^{a} p(B_j|A_i)p(A_i) \qquad (1.25)$$

となります. これを**全確率の公式** (law of total probability) といいます.

1.3 ベイズの定理

さて準備が整いましたので,ベイズの定理を導きます. 乗法定理 (1.24) 式は,一般的な事象の性質を表現していますから A_i と B_j を入れ替えて

$$p(A_i, B_j) = p(A_i|B_j)p(B_j) \qquad (1.26)$$

としても成り立ちます. (1.24) 式と (1.26) 式の右辺を等式でつなぎ,両辺を $p(B_j)$ で割ると

$$p(A_i|B_j) = \frac{p(B_j|A_i)p(A_i)}{p(B_j)} \qquad (1.27)$$

となります. これが確率に関する**ベイズの定理** (Bayes' theorem) です. このとき $p(A_i)$ を**事前確率** (prior probability) といいます. $p(A_i|B_j)$ を**事後確率** (posterior probability) といいます.

ベイズの定理は,右辺の分母に全確率の公式 (1.25) を代入し

$$p(A_i|B_j) = \frac{p(B_j|A_i)p(A_i)}{\sum_{i=1}^{a} p(B_j|A_i)p(A_i)} \qquad (1.28)$$

と表現されることもあります.

1.3.1 検診問題

ここでベイズの定理の計算例を示します. 数値は,マグレイン (2013) [8] を参考にしました.

---

[8] シャロン・バーチュ・マグレイン著 (冨永星訳)『異端の統計学 ベイズ』(草思社, 2013) p.455-459 の乳がんの例を利用しました. この本は厚く,読むのは大変ですが,ベイズ統計学の歴史を知りたい読者にはお勧めです.

> **検診問題**：ある国で病気 A は，1万人あたり 40 人の割合でかかっていることが知られています．病気 A にかかっている人が検診 B を受けると 8 割の確率で陽性となります．健常な人が検診 B を受けると 9 割の確率で陰性となります．検診 B によって陽性と判定された場合，その受診者が病気 A にかかっている確率はどれほどでしょうか．

A_1 を病気にかかっている，A_2 を病気にかかっていない，としましょう．また B_1 を陽性判定，B_2 を陰性判定とします．この場合，$a = 2, j = 1$ ですから，(1.28) 式は

$$p(A_1|B_1) = \frac{p(B_1|A_1)p(A_1)}{p(B_1|A_1)p(A_1) + p(B_1|A_2)p(A_2)} \quad (1.29)$$

となります．各要素は以下のとおりです．

- $p(A_1|B_1)$：事後確率です．検診の結果，陽性と判定された場合に，病気にかかっている確率です．この問題の求める答えです．
- $p(A_1)$：病気にかかっている事前確率です．1万人あたり 40 人かかっていることが知られていますから，40/10000 です．
- $p(A_2)$：病気にかかっていない事前確率です．1 − 40/10000 です．
- $p(B_1|A_1)$：病気の人が陽性になる確率です．8/10 です．
- $p(B_1|A_2)$：病気でない人が陽性になる確率です．1 − 9/10 です．

公式の各部分に確率を代入すると，陽性と判定されたときに本当に病気にかかっている確率は

$$\frac{(8/10) \times (40/10000)}{(8/10) \times (40/10000) + (1 - 9/10) \times (1 - 40/10000)} \approx 0.031 \quad (1.30)$$

となります．3%ほどです．陽性という判定を受けても，100 人中約 97 人は病気ではありません．

病気の人が受診すると 8 割の確率で陽性となる精度の高い検診なのに，予想外に確率が低いと思った読者もいるかもしれません．もし直観に合わないと，せっかく習ったベイズの定理に最初から疑問をもってしまう心配があります．そこで以下に「検診問題」を小学校の範囲の算数で解いておきます．

> **検診問題・算数による解答**：10000 人あたり 40 人が病気にかかっています．このうち陽性と判定されるのは 32 人 (= 40 × 0.8) です．病気でない 9960 人 (= 10000 − 40) のうち 996 人 (= 9960 × 0.1) は陽性と判定されます．したがって陽性と判定されたときに病気にかかっている確率は 0.031 ($\approx 32/(32+996)$)) となります．

1.3.2 逆確率

検診問題では，病気 A が原因であり，検診 B が結果です．通常の条件付き確率は，p(検診 | 病気) のように，右から左へ時間の経過に沿った計算をします．言い換えるならば p(結果 | 原因) のように結果の確率を問題にします．因果関係の自然な流れです．

しかしベイズの定理では，未知ではあっても本来すでに決まっている病気の有無の確率 p(病気 | 検診) を問題にします．右から左へ，時間の流れに逆らった計算をします．そして p(原因 | 結果) のような原因の確率を論じます．このことから，ベイズの定理で計算される事後確率のことを**逆確率** (inverse probability) ということがあります．

1.3.3 独立

B の観察結果によらず A の確率が影響を受けない場合，つまり

$$p(A_i|B_j) = p(A_i|B_k) \qquad (\text{すべての } i, j, k \text{ に関して}) \qquad (1.31)$$

であるとき，A と B は互いに**独立** (independent) であるといいます．

表 1.2 で示された性別 A と学年 B は互いに独立ではありません．2 年生であることが分かっているときに女性である確率と，3 年生であることが分かっているときに女性である確率とは異なるからです．

たとえば 2 つのサイコロ A と B の出目は，互いに独立といえます．サイコロ B にどんな目が出ても，サイコロ A の出目の確率は影響されないと考えられるからです．

後の議論に有用なので，事象の独立に関して，1 つの重要な性質を導いておきましょう．まず (1.31) 式の両辺を (1.16) 式を用いて変形し，

$$\frac{p(A_i, B_j)}{p(B_j)} = \frac{p(A_i, B_k)}{p(B_k)} \tag{1.32}$$

[分母を払い]

$$p(A_i, B_j)p(B_k) = p(B_j)p(A_i, B_k) \tag{1.33}$$

[添え字 k で足しあげ]

$$p(A_i, B_j)\sum_{k=1}^{b} p(B_k) = p(B_j)\sum_{k=1}^{b} p(A_i, B_k) \tag{1.34}$$

[(1.6) 式と (1.12) 式を用い]

$$p(A_i, B_j) = p(A_i)p(B_j) \tag{1.35}$$

となります．このように A と B が独立である場合には，同時確率が個々の確率の積で表現されます．

先に，2 つのサイコロ A と B の出目が 2 と 3 だったとするとその確率は

$$\frac{1}{36} = p(A_2, B_3) = p(A_2)p(B_3) = \frac{1}{6} \times \frac{1}{6} \tag{1.36}$$

のように，同時確率が個々の確率の積で表現されています．また A が与えられた条件の下で B と C が独立なら

$$p(B, C|A) = p(B|A)p(C|A) \tag{1.37}$$

が成り立ちます．例をあげます．3 つのサイコロ A と B と C をふります．A の出目が 6 であることが分かっているとき，B と C の出目として 2 と 3 が観察される確率は

$$\frac{1}{36} = p(B_2, C_3|A_6) = p(B_2|A_6)p(C_3|A_6) = \frac{1}{6} \times \frac{1}{6} \tag{1.38}$$

です．

1.3.4 ベイズ更新

送られた E メール A が迷惑メール A_1 か，迷惑メールでない A_2 か，の確率に興味があるとしましょう．メールの特徴 B に基づいて A の事後確率を調べるのが，ベイズ流です．情報は必ずしも一度に集まるとは限りません．幸いにも，特徴 B とは独立なメールの特徴 C が後から加わったら，迷惑メールか否かの事後確率はどのように変化するでしょうか．

条件付き確率の公式 (1.17) 式と (1.18) 式は，添え字をとり，記号を入れ替え，

分母を払うと

$$p(A,B,C) = p(A|B,C)p(B,C) \tag{1.39}$$

$$p(A,B,C) = p(B,C|A)p(A) \tag{1.40}$$

と変形できます．2つの右辺をつないで両辺を $p(B,C)$ で割ると，情報 B,C が与えられたときの A の事後確率が以下のように導かれ

$$p(A|B,C) = \frac{p(B,C|A)p(A)}{p(B,C)} \tag{1.41}$$

[独立の公式 (1.35) 式 (1.37) 式を利用して　　　　　　　]

$$= \frac{p(C|A)}{p(C)}\frac{p(B|A)p(A)}{p(B)} \tag{1.42}$$

[後ろの分数は，B の情報を利用した A の事後確率なので]

$$= \frac{p(C|A)p(A|B)}{p(C)} \tag{1.43}$$

[A の事後確率 $p(A|B)$ を $p(A)^*$ とおいて　　　　　　]

$$= \frac{p(C|A)p(A)^*}{p(C)} \tag{1.44}$$

と変形できます．最左辺は情報 B,C が与えられたときの A の事後確率でした．最右辺は，情報 B が与えられたときの A の事後確率を新たな A の事前確率として，ベイズの定理を新情報 C に独立に適用している状態です．いうなれば「今日の事後分布は，明日の事前分布」[*9] ということです．これをベイズ更新 (Bayesian updating) といいます．

1.3.5　迷惑メールフィルタ

迷惑メールフィルタは，データベースに蓄積されたメール情報をもとにして，メールの内容を機械的に判断し，迷惑メールと判断されたメールの受信を拒否したり，目につかないように隔離してくれます．

迷惑メールフィルタを使用すると，迷惑メールを見つけて削除する手間がなくなるのでメールチェックが快適になります．ベイズ更新の原理を利用すると比較的容易に迷惑メールを見つけ出すことができます．

あるメール A が，迷惑メール A_1 か非迷惑メール A_2 かを判定することにしま

[*9] "Today's posterior is tomorrow's prior." (Lindley, D. V. (2000): The philosophy of statistics. *The Statistician*, **49**, 293-337.)

1.3 ベイズの定理

表 1.3 キーワードがメールに含まれる確率 (1)

	迷惑メール	非迷惑メール
絶対必勝	0.11	0.01
完全無料	0.12	0.02
投資指南	0.15	0.01
急騰予想	0.13	0.02

しょう．メール A には「絶対必勝」「完全無料」「投資指南」「急騰予想」という言葉が含まれていました．迷惑メールと非迷惑メールに，それらの言葉が含まれている確率は，データベースから計算することができ，その結果が表 1.3 に示されています．

「絶対必勝」という言葉が含まれている事象を B_1，含まれていない事象を B_2 とすると，

$$p(B_1|A_1) = 0.11 \tag{1.45}$$

$$p(B_1|A_2) = 0.01 \tag{1.46}$$

です．非迷惑メールにも 100 通に 1 通くらいは「絶対必勝」という言葉が含まれていますから，それだけで迷惑メールと判定すると大切なメールを失ってしまう可能性があります．

また，ある地域で交わされている全メールのうち，迷惑メールの割合が 6 割 ($p(A_1) = 0.6$) であることも，データベースで確認されています．このとき「絶対必勝」という言葉が含まれているメールが迷惑メールである確率はベイズの定理から，たとえば (1.29) 式に代入し

$$0.9429 = \frac{0.11 \times 0.6000}{0.11 \times 0.6000 + 0.01 \times (1 - 0.6000)} \tag{1.47}$$

と計算されます．迷惑メールでない可能性も約 6% ($0.0571 = 1 - 0.9429$) あります．したがって，この情報だけでこのメールを削除するのは，まだ危険です．

ところが計算された事後確率を再び事前確率として利用し，「完全無料」「投資指南」「急騰予想」という言葉に関して，次々とベイズ更新の原理を適用すると

$$0.9900 = \frac{0.12 \times 0.9429}{0.12 \times 0.9429 + 0.02 \times (1 - 0.9429)} \tag{1.48}$$

$$0.9993 = \frac{0.15 \times 0.9900}{0.15 \times 0.9900 + 0.01 \times (1 - 0.9900)} \tag{1.49}$$

$$0.9999 = \frac{0.13 \times 0.9993}{0.13 \times 0.9993 + 0.02 \times (1 - 0.9993)} \tag{1.50}$$

のようになります．たった4回ベイズ更新をしただけで，迷惑メールでない可能性は約1万分の1になりました．ベイズ更新は，経験からの学習過程をエレガントに表現しています．

本当は「絶対必勝」「完全無料」「投資指南」「急騰予想」という言葉が含まれるか否かは，互いに独立ではありません．たとえば「投資指南」という言葉を含んでいるか否かは，そのメールが「急騰予想」という言葉を含んでいる確率に影響します．したがって厳密にいうとベイズ更新を適用できない状況なのですが，実践的には十分役に立ちます．

1.4 主観確率

ベイズの定理は250年も前に発見されましたが，長い間使われませんでしたし，20世紀中はタブー視されていました．特に圧倒的に影響力のあったフィッシャーからは「完全に葬り去らなければならない」とまで言われていました．しかし本章のここまでの説明は統計学全体で認められていて，異論を唱える統計学者はいないといっても過言ではありません．

1.4.1 客観確率による事前確率

フィッシャーは事前確率や逆確率を使用するベイズ統計学が大嫌いでした．しかし，フィッシャーは「完全に葬り去らなければならない」と述べた[10]その直後で「観測上の根拠が前もって存在するような場合を除くと，逆確率の方法では，既知の標本が取り出された母集団に関する推論を，確率的に表現することはできないのである．」とも述べて[11]います．

観測上の根拠が前もって存在する場合は否定していません．というより負けず嫌いなフィッシャーが，但し書きでわざわざ除外しているのです．検診の例は，病気にかかっている事前確率も，有病者が陽性になる確率もデータに基づいて計算されています．それらは頻度に基づく客観確率です．メールフィルタの例では，迷惑メールの事前確率も，迷惑メールに当該の言葉が含まれる確率も，頻度に基

---

[10] まえがきを参照してください．
[11] 出典は Sir Ronald Aylmer Fisher "*Statistical Methods for Research Workers*"（遠藤健児・鍋谷清治訳『研究者のための統計的方法』）です．まえがきは第11版（荘文社）p.7の訳から，このページは第13版（森北出版，POD版）p.7の訳から引用しました．

づく客観確率です．

　事前確率に客観確率を利用する場合は，フィッシャーですらベイズの定理の使用を認めていました．認めざるをえなかったのです．いわんや他の研究者においてをや，です．ベイズの定理は，その数学的成り立ちに関しては誰にとっても疑いようもなく正しいのです．でも，異論のない議論はここまでです．

1.4.2　一期一会な事象

　ベイズ統計学が長きに渡って疑念の目を向けられていたのは，事前確率に**主観確率** (subjective probability) を用いるからです．主観確率とは，事象が生じる確からしさの程度を 0 から 1 の間で表現した個人的信念です．客観確率と主観確率ではどこが違うのでしょうか？

　たとえば天気予報における降水確率 30% を考えてみましょう．客観確率では「これまで降水確率 30% が発表された多数の日を集めて，それらを観察すると 10 日のうち平均的に 3 日は雨が降っていました．本日はそのような発表がなされる日です．」との解釈になります．一方，主観確率では「まさに今日雨がふる確率が 30% です．その確からしさは，10 本中 3 本のあたりが入っているくじと私にとってはまったく同じです．仮に賭けをするならどちらでも構いません．」との解釈になります．

　客観確率で表現できる事象は主観確率で表現できますが，逆は必ずしも成り立ちません．たとえば，
- いま付き合っている恋人に 1 か月以内に私がふられる確率．
- デノミネーションが 10 年以内に日本で施行される確率．
- 知的生物が火星にかつて住んでいた確率．
- この容疑者が殺人事件の真犯人である確率．

などは，一期一会な事象であり，同じ状況で試行を繰り返す思考実験ができず，客観的な確率を考えることができません．

1.4.3　理由不十分の原則

　主観確率を利用した 1 つの問題を考えます．

> **碁石問題**：真っ暗な部屋に同じ形の 3 つの壺，赤い壺・青い壺・緑の壺が置いてあります．壺の中には，形・大きさ・手触り・重さのまったく等しい碁石が，それぞれ 10 個入っています．そのうち黒い碁石は，それぞれ 3 個・4 個・5 個です．手探りで 1 つの壺を選び，その壺から碁石を 1 つ取り出しました．明るい部屋に移動し，碁石の色を確認すると黒でした．選んだ壺が赤い壺であった確率を求めてください．

問題が要求しているのは，碁石の色によって条件づけられた壺の色の確率ですから，ベイズの定理を使って

$$p(赤 \mid 黒) = \frac{p(黒 \mid 赤)p(赤)}{p(黒 \mid 赤)p(赤) + p(黒 \mid 青)p(青) + p(黒 \mid 緑)p(緑)} \tag{1.51}$$

$$= \frac{0.3 \times p(赤)}{0.3 \times p(赤) + 0.4 \times p(青) + 0.5 \times p(緑)} \tag{1.52}$$

であることは明らかです．壺の色で条件づけられた碁石の色の確率は客観確率です．実験すれば大数の法則でそれぞれの値に収束するでしょう．では，壺の選択確率はどうすればいいのでしょうか．もしかしたら真っ暗な部屋は体育館のような場所で，赤い壺だけ入口から 1 m のすぐそばにあり，青い壺と緑の壺は入り口から 50 m 離れたバリケードの中に置かれているかもしれません．3 つの壺が互いに近い場所に置いてあるとは限らないのです．その場合は $p(赤)$ は，ほぼ 1 でしょう．1000 人ぐらいの人にお願いして「碁石を持ってくる実験」をすれば $p(赤), p(青), p(緑)$ の頻度論に基づく客観確率の推定値がえられますが，それはたいへんな手間です．そこでしかたなく主観的な確率を割り当てます．

ベイズ統計学ではこのような場合には，**理由不十分の原則** (principle of insufficient reason) [*12] と呼ばれる対処 [*13] をすることがあります．この原則では，事象の発生確率がぜんぜん分からず，どれかを重視する根拠がまったくない場合

[*12] 不充足理由律と訳されることもあります．

[*13] 理由不十分の原理と訳されることもありますが，これは必ずしも適訳ではありません．原理という訳語を採用すると「てこの原理」「パスカルの原理」「アルキメデスの原理」など，実験で確かめられる原理と混同する恐れが生じます．一方 principle of insufficient reason は，「知らないんだから，とりあえず全部同じように起きると考えることに決めた．」くらいの意味です．そうする積極的理由もありませんし，けっして証明されたり観察されたりしませんから「＊＊＊の原理」のようなものではなく，「恋愛至上主義」や「マイホーム主義」などと五十歩百歩です．principle の訳語としては「主義」があてられることもありますから，むしろ**理由不十分の等確率主義**あたりが意訳としては適訳かもしれません．

には，事象の発生確率がすべて同じとします．要するに $p(赤) = p(青) = p(緑) = 1/3$ として，

$$p(赤 \mid 黒) = \frac{0.3 \times 1/3}{0.3 \times 1/3 + 0.4 \times 1/3 + 0.5 \times 1/3} = 0.25 \quad (1.53)$$

が，理由不十分の原則による答えです．ここでの壺を選ぶ確率はまさに主観確率です．同じ等確率でも，コインの裏表が等確率という客観確率と，理由不十分の原則とは，本質的に異なっていることに注意してください．

確率試行によって不確か（ランダム）なことと，情報不足で不確かなことはまったく違います．たとえばマゼラン星雲に生物がいるか否かを論じてみましょう．この確率は見当もつきませんから理由不十分の原則で，いる確率・いない確率の事前確率を $1/2$ ずつに設定していいのでしょうか？マゼラン星雲に微生物がいる確率，マゼラン星雲に知的生物がいる確率，マゼラン星雲に太郎がいる確率などを考えると，明らかにだめそうです．理由不十分の原則によって等確率を選択することは，情報不足な状況下において必ずしもフェアな対処ではありません．

1.4.4 血液鑑定問題

主観確率を利用したもう少しシリアスな問題を考えます．

> **血液鑑定問題**：東京で殺人事件が起きました．現場に残された犯人の血液を鑑定した結果，この町に住む A 氏の血液と特徴が一致しました．それは 10 万人に 1 人という高い一致率です．他に証拠はまったくありません．このとき A 氏が犯人である確率を求めてください．

ベイズの定理により

$$p(犯人 \mid 一致) = \frac{p(一致 \mid 犯人) p(犯人)}{p(一致 \mid 犯人) p(犯人) + p(一致 \mid 犯人でない) p(犯人でない)} \quad (1.54)$$

です．頻度による客観確率の観点から $p(一致 \mid 犯人) = 1$ であり $p(一致 \mid 犯人でない) = 1/100000$ ですから

$$p(犯人 \mid 一致) = f(p(犯人)) = \frac{p(犯人)}{p(犯人) + (1/100000) \times (1 - p(犯人))} \quad (1.55)$$

となり，A 氏が犯人である事後確率は，A 氏が犯人である事前確率[*14]のみの関

[*14)] A 氏は唯一無二の存在ですから，主観確率しか定義できません．ここが，求めようと思えば実験的に求められる碁石問題の壺の事前確率との決定的な相違です．

数となります.

理由不十分の原則によると $p(犯人) = 1/2$ です.事後確率は

$$p(犯人 \mid 一致) = f(1/2) = 0.99999 \qquad (1.56)$$

であり,99.999%,有罪確定です.しかし理由不十分の原則に対しては多数の反論があり得ます.

反論 1:日本では,約 10 万人に 1 人が殺人を犯します[15] から,$p(犯人) = 1/100000$ が適当です.事後確率は

$$p(犯人 \mid 一致) = f(1/100000) = 0.50000 \qquad (1.57)$$

であり,犯人かどうかは五分五分です.

反論 2:新幹線を使って殺人現場までのアクセスを考えると東京近郊・首都圏には約 3700 万人もの人が住んでいます.このことから $p(犯人) = 1/37000000$ と考えることができます.事後確率は

$$p(犯人 \mid 一致) = f(1/37000000) = 0.00270 \qquad (1.58)$$

となり,犯人である事後確率は 0.27% しかありません.

主観確率による事前確率を変えると,事後確率は 0 から 1 まで何でもありで,どんな結果でも出せてしまいます.ベイズの定理によって計算される事後確率は,主観的で恣意的な事前確率によって大きく変動することがあります.出したい結論が先にあって,それに事前確率を合わせたのだろうと反論されます.

ベイズ統計学が有用であるからといって,すべての分析をベイズ流に分析しなければならないということではありません.結果が恣意的になりそうなときにはベイズの定理による分析を控えるべきです.

1.4.5 事前確率を圧倒するデータ

事後確率が,事前確率の設定によって,どのような値にでもなってしまうとしたら,危なっかしくてベイズ統計学など使えたものではありません.これは主観の暴走であり,データ分析における科学的客観性を本質的・根本的に脅かす可能性があります.そもそも分析者の主観確率によって分析結果が変わってしまっては困ります.

---

[15] 国際刑事警察機構 (International Criminal Police Organization) 2002 年の統計による.

1.4 主観確率

この指摘に反論したのがレオナルド・ジミー・サベッジ (Leonard Jimmie Savage, 1917-1971) です．サベッジは，データの量と質によって，事前確率の影響力を事実上ないものにしてしまえばよい，と主張しました．

$$p(A|B,C,D,\cdots,H) = \frac{p(B,C,D,\cdots,H|A)p(A)}{p(B,C,D,\cdots,H)} \quad (1.59)$$

のように，客観的なデータをたくさん集めれば，事前確率 $p(A)$ の影響が小さくなり，事後確率 $p(A|B,C,D,\cdots,H)$ は安定します．

具体的な計算例をお見せしましょう．全メールにおける迷惑メールの割合は，データベースで調べられます．しかしそれが，予算的・資源的・時間的に調べることができない場合には，主観的な印象で迷惑メールの事前確率を恣意的に定めなければベイズの定理は使えません．

ある人は $p(A) = 0.5$（全メールの半分は迷惑メール）との主観を持ちました．別のある人は $p(A) = 0.01$（100 通に 1 通だけ迷惑メールがある）との主観を持ちました．この 2 人は，互いに相当に異なった主観を有していると言えるでしょう．そして 2 人とも恣意的です．

ここで客観的なデータをたくさん用意します．たとえば，迷惑メールには 10 通に 1 通含まれ，それ以外のメールには 100 通に 1 通しか含まれない言葉を 7 つ ($B,C,D,\cdots,H$) 探し出します．それがメール A に含まれていました．

さまざまに異なった主観的事前確率からベイズ更新を行い，メール A が迷惑メールである事後確率の変化を，$B,C,D,\cdots,H$ の順にベイズ更新して示したのが表 1.4 です．事前確率が $p(A) = 0.01$ であっても $p(A) = 0.5$ であっても，4 回目の更新 (E) で 99%を超えています．これなら A を迷惑メールと認定できます．データの増加に伴う事後確率安定化の性質は，ベイズ更新に特有な性質なのではなく，(1.59) 式のように一気に計算しても発揮されます．

表 1.4 迷惑メールフィルタの事後確率の変化

事前確率	B	C	D	E	F	G	H
0.01	0.0917	0.5025	0.9099	0.9902	0.9990	0.9999	1.0000
0.05	0.3448	0.8403	0.9814	0.9981	0.9998	1.0000	1.0000
0.10	0.5263	0.9174	0.9911	0.9991	0.9999	1.0000	1.0000
0.20	0.7143	0.9615	0.9960	0.9996	1.0000	1.0000	1.0000
0.30	0.8108	0.9772	0.9977	0.9998	1.0000	1.0000	1.0000
0.40	0.8696	0.9852	0.9985	0.9999	1.0000	1.0000	1.0000
0.50	0.9091	0.9901	0.9990	0.9999	1.0000	1.0000	1.0000

現代はBigデータの時代です．データの数に物を言わせ，以前に比べれば，事前確率の影響を抑え込むことが可能な時代になりました．これがベイズ統計学隆盛の1つの理由です．しかしデータの量は主観性・恣意性に対する絶対の免罪符にはなりません．データが増えると，それに応じて計算すべき事後確率 (後続の章では母数) の数が増えますし，統計モデルが複雑になるからです．**大量なデータがあっても，事前確率の主観性・恣意性に対する警戒は怠れません．**

1.4.6　私的分析と公的分析

ベイズ統計を理解するためには，その分析を私的分析と公的分析に分けて考える[16]ことが効果的です．**私的分析** (private analysis) とは，事後確率の計算を分析者 (とその仲間たち) 自らのためにする分析です．**公的分析** (public analysis) とは，事後確率の計算を論文や報告書や著作を通じて，その知見を社会に還元するための分析です．

私的分析では，事前確率の正当性より，算出の迅速性や事後確率の有用性が重んじられます．ベイズ統計学が，最初にその威力を十分に発揮したのは第2次世界大戦における軍関係の私的分析においてでした．英国のアラン・チューリング (Alan Mathison Turing, 1912-1954) は，ベイズ的分析によりドイツ軍の暗号エニグマを解きました．その結果，連合軍の砲手はドイツ軍のユーボートの所在を突き止めることができました．コルモゴロフはベイズ的分析を利用し，ドイツ軍の弾幕射撃に対抗する砲術をロシア軍に助言しました．

軍隊では国民や軍人の生死にかかわる意思決定を素早く行う必要がありました．結果さえよければ，その過程が主観的であろうと，恣意的であろうと問題ではありません．企業内におけるマーケティング分析も，自らの存続に影響する分析をするという意味において私的分析に分類されるでしょう．

それに対して公的分析では，事後確率の有用性もさることながら，分析手続きの客観性・公平性が重視されます．分析者の主観によって科学論文の結論が変わってしまっては困るのです．事前確率がフェアに設定され，主観にまみれた恣意的な分析でないことを，より重視するのです．

---

[16]　渡部洋『ベイズ統計学入門』(福村出版, 1999) p.79.

1.4.7　ベイズの定理の第3の使用法

ベイズの定理は3つの使用法に分類することができます．1番目は，右辺の事前確率と条件付き確率に，両方とも客観確率を代入する使用法です．本章の例では「検診問題」です．伝統的な統計学では，計算後の確率を，陽性と判定された母集団の有病率として解釈します．ベイズ統計学では，事後確率を，陽性と判定された人が病気にかかっている個人確率として解釈します．伝統的な統計学とベイズ統計学では，算出された (事後) 確率の解釈がこのように異なります．しかし第1の使用法は，誰からも疑問をもたれることがありません．

2番目は，事前確率には主観確率を代入し，条件付き確率には客観確率を代入する使用法です．本章の例では「碁石問題」「血液鑑定問題」があげられます．第2の使用法は，伝統的な統計学では許されません．一方ベイズ統計学では，主観確率の恣意性に注意し，私的分析なのか公的分析なのかをわきまえながら使用します．第2の使用法は，ベイズ統計学における典型的な使用法です．

3番目は，事前確率と条件付き確率に，両方とも主観確率を代入する使用法です．第3の使用法の例としては「3囚人問題」があげられます．「3囚人問題」は，直観的な解である1/2と，ベイズの定理を用いた「模範解答」である1/3が一致しない数学パズルとして有名です．

> **3囚人問題**：ある監獄に，罪状はいずれも似たりよったりである3人の死刑囚 A, B, C がそれぞれ独房に入れられています．3人まとめて処刑される予定でしたが，1人が恩赦になって釈放され，残り2人が処刑されることとなりました．だれが恩赦になるか知っている看守に「私は助かるのか」と囚人が聞いても看守は答えてくれません．そこで，A は「B と C のうち少なくとも1人処刑されるのは確実なのだから，2人の中で処刑される1人の名前を教えてくれても私についての情報を与えることにはならないだろう．1人を教えてくれないか」と頼みました．看守は A の言い分に納得して，「B は処刑される」と答えました．それを聞いた A は「これで自分の助かる確率は 1/3 から 1/2 に増えた」と喜びました．実際には，この答えを聞いたあと，A の釈放される確率はいくらになるでしょうか．

ベイズの定理を用いた解を以下に導きます．A_a, B_a, C_a を，それぞれの囚人が恩赦される事象 (alive) とし，B_d, C_d を，それぞれの囚人が死刑 (dead) にな

ると宣告される事象とすると，A が恩赦になる事後確率は

$$p(A_a|B_d) = \frac{p(B_d|A_a)p(A_a)}{p(B_d|A_a)p(A_a) + p(B_d|B_a)p(B_a) + p(B_d|C_a)p(C_a)} \quad (1.60)$$

となります．

ここで $p(A_a)$, $p(B_a)$, $p(C_a)$ は，それぞれの囚人が恩赦される事前確率であり，理由不十分の原則から 1/3 とします．$p(B_d|A_a)$ は囚人 A が恩赦されるときに事象 B_d が生じる条件付き確率です．これも理由不十分の原則から $p(B_d|A_a) = p(C_d|A_a) = 1/2$ とします．$p(B_d|B_a)$ は囚人 B が恩赦されるときに事象 B_d が生じる条件付き確率です．題意より，その確率は 0 です．$p(B_d|C_a)$ は囚人 C が恩赦されるときに事象 B_d が生じる条件付き確率です．A は宣言できず，可能性は B のみですから，これも題意より確率は 1 です．(1.60) 式の各部分に確率を代入すると，囚人 A が恩赦になる事後確率は

$$p(A_a|B_d) = \frac{1/2 \times 1/3}{1/2 \times 1/3 + 0 \times 1/3 + 1 \times 1/3} = 1/3 \quad (1.61)$$

となります．本書ではこれを「模範解答」と呼び，第 3 章で再考します．

事前確率 $A_a = B_a = C_a = 1/3$ も条件付き確率 $p(B_d|A_a) = p(C_d|A_a) = 1/2$ も理由不十分の原則による主観確率であり，「3 囚人問題」は第 3 の使用法であることがわかります．確率評価が 2 つの主観確率の積になっているということの意味 (危うさ) を，登山中に進むべき道を決める問題のたとえ話で説明しましょう．

フィッシャーなら，GPS で現在地 (事前確率) を客観的に調べ，磁針で方位 (条件付き確率) を客観的に調べ，2 つの情報を掛け合わせて進むべき道を選択するでしょう (第 1 の使用法)．

大多数のベイズ統計学者は，周囲の山の形から現在地 (事前確率) を主観的に類推し，磁針で方位 (条件付き確率) を客観的に調べ，2 つの情報を掛け合わせて進むべき道を選択します (第 2 の使用法)．現在地の評価がまずまず正しければ，目的地に到着できるでしょう．

第 3 の使用法である (1.61) 式は，現在地 (事前確率) を主観的に類推し，さらに方角 (条件付き確率) も勘で主観的に類推し，両者の情報を掛け合わせて道を決めることに相当します．遭難は必至です．

「3囚人問題」は数学パズル[*17]です．ベイズの定理の第3の使用法は，データ解析[*18]の分野では禁忌です．

1.5 章末問題

1) きょうだい構成 (兄がいる B_1, 弟がいる B_2, 姉がいる B_3, 妹がいる B_4, 一人っ子 B_5) は標本空間の分割ではありません．理由を述べなさい．
2) (1.10) 式が成り立つことを例をあげて示しなさい．
3) 表 1.2 が，さらに表 1.5 のような内訳だとします．i, j, k を任意に選び，(1.14) 式と (1.15) 式が成り立つ具体例を (1.13) 式の説明にならって示しなさい．

表 1.5 きょうだいの有無による生徒の人数の内訳

いる	1年生	2年生	3年生	合計
女性	7	6	7	20
男性	12	11	8	31
合計	19	17	15	51

いない	1年生	2年生	3年生	合計
女性	8	6	6	20
男性	10	9	10	29
合計	18	15	16	49

4) 添え字 i, j, k に意味 (性別など) を付与し，(1.16) 式の説明にならい，表 1.2, 表 1.5 を使って，条件付き確率の公式 (1.17) 式と (1.18) 式が成り立つ具体例を示しなさい．
5) 添え字 i, j, k に意味 (性別など) を付与し，(1.20) 式の説明にならい，条件付き確率の周辺化の公式 (1.22) 式と (1.23) 式が成り立つ具体例を示しなさい．
6) 添え字 i, j に意味 (性別など) を付与し，乗法定理 (1.24) 式と全確率の公式 (1.25) 式が成り立つ具体例を示しなさい．
7) 2つの事象が独立な場合には，(1.35) 式で示されたように同時確率が個々の確

[*17] 強制的に定めた2つの主観確率の積が，直観とのズレを生む1つの原因なのかもしれません．
[*18] 第3章まで読み進めると，事前確率・条件付き確率は，それぞれ事前分布・尤度と呼ばれるようにもなります．ベイズ流データ解析では，通常，事前分布は主観に基づきますが，尤度は客観的なデータを用いて構成するのが原則です．

率の積で表現されます．しかし表 1.2 では性別 A と学年 B は独立ではありません．これを利用して，同時確率が個々の確率の積で表現できない例 ((1.35) 式が成り立たない例) をあげなさい．
8) ある事象が所与のときに 2 つの事象が独立な場合には，(1.37) 式で示されたように同時確率が個々の確率の積で表現されます．しかし表 1.5 では，性別 A が所与であるときに学年 B ときょうだいの有無 C は独立ではありません．これを利用して，同時確率が個々の確率の積で表現できない例 ((1.37) 式が成り立たない例) をあげなさい．
9) あるメールに含まれていた 3 つの単語は，表 1.6 に示された確率で迷惑メールと非迷惑メールに含まれています．3 回ベイズ更新をして，このメールが迷惑メールである確率の変化を示しなさい．ただし迷惑メールの事前確率は 0.6 とします．

表 1.6　キーワードがメールに含まれる確率 (2)

	迷惑メール	非迷惑メール
統計情報	0.014	0.01
ラプラス	0.003	0.01
根源事象	0.002	0.02

10) 同時確率の 2 つの公式 (1.39) 式と (1.40) 式が成り立つ例を 1 つずつあげなさい．
11) 客観的な確率を考えることが困難な主観確率の例を 5 つあげなさい．

2 確率変数と確率分布

第1章では，確率に関するベイズの定理を勉強しました．第3章では，分布に関するベイズの定理を学びます．本章では，その準備となる確率変数や確率分布について解説をします．本章で学ぶ内容は，ベイズ統計学でも伝統的な統計学でも認められた内容です．その意味で比較的議論の少ない領域です．

2.1 確率変数

中学・高校時代に習った関数は，たとえば $y = f(x) = x^2$ のように，独立変数 x も従属変数 y も実数でした．でも関数は，それだけではありません．事象を独立変数とし，実数を従属変数とする関数もあります．そのひとつが**確率変数** (random variable) という関数[*1)]です．

「コイントス」という確率変数 X を考えましょう．表の場合は $x = 1$，裏の場合は $x = 0$ としますと，$x = X(事象)$ は

$$0 = X(裏), \quad 1 = X(表)$$

となります．左辺の具体的な従属変数の値 x を**実現値** (realization) といいます．

今度は「2枚のコインを投げたときの表の枚数」という確率変数 Y を考えましょう．合計枚数の実現値 y は 0,1,2 のどれかの値をとります．$y = Y(事象)$ は

$$0 = Y(裏,裏), \quad 1 = Y(表,裏), \quad 1 = Y(裏,表), \quad 2 = Y(表,表)$$

となります．

確率変数は，その関数をアルファベットの大文字で表現して，実現値を同じ文

[*1)] このように集合を独立変数とし，実数を従属変数とする関数を**集合関数**といいます．じつは (1.3) 式の確率も集合関数です．事象という根源事象の集合を独立変数とし，区間 [0.1] の実数を従属変数とするからです．

字の小文字で表現する*2) 慣習があります．またここでは実現値が，とびとびの値になっています．とびとびの値であることを特に強調したい場合には，これを**離散型確率変数** (discrete random variable) といいます．

2.1.1 確 率 分 布

確率変数の実現値と，実現値に付与された確率との対応表を**確率分布** (probability distribution) といいます．(1.3) 式に従った「コイントス」の確率変数 X の確率分布は以下となります．

表 2.1 「コイントス」の確率分布

実現値 x	0	1
確率 p	1/2	1/2

同様に「2 枚のコインを投げたときの表の枚数」の確率変数 Y の確率分布は以下となります．

表 2.2 「2 枚のコインを投げたときの表の枚数」の確率分布

実現値 y	0	1	2
確率 p	1/4	1/2	1/4

2.1.2 期 待 値

確率変数のすべての性質は確率分布にあらわれます．しかし確率変数を実践的に扱うときには，実現値の数が多くなります．このため確率分布だけで確率変数の性質を調べることは効率的ではありません．効率的・要約的に確率変数の性質を調べる指標が，期待値・分散です．

離散型確率変数 X に関して，その確率変数の実現値 x と，その実現値に付与された確率 $p(x)$ との積を，とりうる実現値すべてに関して足しあげた*3)

---

*2) 事象が明らかなとき，あるいは明示する必要がないときもあります．この場合は，わざわざ X(事象) と書かずに，かっこを省略して単に X と書きます．このため統計学の教科書では $X = x$ や $X \leq x$ などという表現が使われることもあります．慣れないと，ちょっとわかり辛いですね．分かりにくかったら，心の中で X の右隣に (事象) を補って読みましょう．

*3) 和を表すシグマ記号では，通常，添え字の始点と終点を指示します．ただし，それらが省略されたときには，可能なすべての添え字に関して足しあげることを意味することにします．

2.1 確率変数

$$E[X] = \sum_x xp(x) \tag{2.1}$$

を X の期待値 (expectation value) といいます．期待値は確率変数の実現値の理論的な平均値です．データとは無関係であるとことが，標本平均との違いです．

たとえば「コイントス」の確率変数の期待値は

$$E[X] = \sum_{x=0}^{1} xp(x) = 0 \times p(0) + 1 \times p(1)$$
$$= 0 \times 1/2 + 1 \times 1/2 = 1/2 \tag{2.2}$$

です．「2 枚のコインを投げたときの表の枚数」の確率変数の期待値は

$$E[Y] = \sum_{y=0}^{2} yp(y) = 0 \times 1/4 + 1 \times 1/2 + 2 \times 1/4 = 1 \tag{2.3}$$

となります．このように具体的なデータとは関係なく計算されます．

2.1.3 分　散

離散型確率変数 X に関して，実現値と期待値の差 (期待値からの偏差) を 2 乗した値 $(x - E[X])^2$ と，その実現値に付与された確率 $p(x)$ との積を，とりうる実現値すべてに関して足しあげた

$$V[X] = \sum_x (x - E[X])^2 p(x) \tag{2.4}$$

を X の分散 (variance) といいます．分散は期待値からの偏差の 2 乗の期待値

$$V[X] = E[(X - E[X])^2] \tag{2.5}$$

でもあります．

たとえば「コイントス」の確率変数の分散は

$$V[X] = \sum_{x=0}^{1} (x - 1/2)^2 p(x)$$
$$= (0 - 1/2)^2 \times 1/2 + (1 - 1/2)^2 \times 1/2 = 1/4 \tag{2.6}$$

です．確率変数の分散は，データから計算される (標本あるいは不偏) 分散と同じ名称ですから，しっかり区別しなくてはいけません．確率変数の分散は，期待値と同様にデータとは無関係に計算されます．

分散の平方根を**標準偏差** (standard deviation, sd) といいます．X の標準偏差は $1/2$ です．標準偏差は，確率変数の実現値が期待値から平均的にどれほどばらつくかの指標です．

2.1.4 期待値と分散の公式

期待値と分散に関する公式を示します．証明は省略しますが，例をあげますからイメージをつかんでください．

1. 定数 a の期待値は定数の公式：

$$E[a] = a, \quad a \text{ は定数} \tag{2.7}$$

参加賞として必ず $a = 10$ 円のガムがもらえて，でもそれしかもらえないくじの期待値は 10 円ということです．

2. 和の期待値は期待値の和の公式：

$$E[X + Y] = E[X] + E[Y] \tag{2.8}$$

2 枚のコインに関する (2.3) 式の値が，1 枚のコインに関する (2.2) 式の値の 2 倍になるということです．同様にこの公式を使うと，3 枚のコインを投げて表の出る枚数の期待値は $3/2 \ (= 1/2 + 1)$ となることがわかります．

3. 期待値の定数倍は定数倍の期待値の公式

$$aE[X] = E[aX] \tag{2.9}$$

たとえば 10 円を投げて表が出たらその 10 円がもらえ，裏が出たら何ももらえないようなくじがあるとします．このくじは (2.2) 式に $a = 10$ 円を適用し，期待値は 5 円となります．

4. X と Y が独立なら積の期待値は期待値の積の公式：

$$E[XY] = E[X]E[Y] \tag{2.10}$$

表の場合は $x = 1$，裏の場合は $x = 0$ という実現値を与えるコインを 2 枚投げて，えられた 2 つの実現値の積を計算します．2 つのコイントスは独立ですから，この公式を使って積の期待値は $1/4 \ (= 1/2 \times 1/2)$ と求まります．

5. 1 次変換の分散は係数の 2 乗倍の分散の公式：

$$V[aX + b] = a^2 V[X] \tag{2.11}$$

期末試験の 100 点満点のテスト得点を確率変数 X とします．採点したところ，平均点が低すぎて多くの学生が留年しそうです．また分散が小さすぎて優良可不可を付けにくい状況です．そこで全員の得点を 2 倍して，さらに全員に 15 点下駄を履かせることにしました．この公式を使うと，変換後のテスト得点の分散は，

変換前のテスト得点の $4\ (= 2^2)$ 倍になることがわかります．履かせた下駄の高さは分散に影響しません．

6. $\mathbf{X}$ と $\mathbf{Y}$ が独立なら和の分散は分散の和の公式：

$$V[X+Y] = V[X] + V[Y] \tag{2.12}$$

表の場合は $x=1$，裏の場合は $x=0$ という実現値を与えるコインを 2 枚投げて，えられた 2 つの実現値の和を計算します．2 種の実験は独立ですから，この公式を使って和の分散は $1/2\ (=1/4+1/4)$ と求まります．

2.2 離散型確率分布関数

確率分布の性質を要約してくれる期待値や分散は便利です．さらに一歩進めて，確率分布そのものを生成してくれる関数があります．これを**理論分布** (theoretical distribution) [*4)] といいます．本章では 5 つの理論分布を学びます．

2.2.1 ベルヌイ分布

表 2.1 では，結果が 0 か 1 として 2 値で返される確率変数を考えました．実現値が観察される確率は根元事象の数に均等に割り当てて 1/2 としました．しかし現実世界では，この確率は未知であることが少なくありません．

ある病気の患者に新薬を投与し，治癒 ($x=1$) か非治癒 ($x=0$) かを観察します．治癒率 θ [*5)] が，すべての患者に対して一定で，治療結果は他の患者に影響しないとします．

このように結果が 2 値で，確率が一定で，互いに独立である試行を，**ベルヌイ試行** (Bernoulli trial) といいます．確率変数は

$$f(x|\theta) = \theta^x (1-\theta)^{1-x}, \quad x = 0, 1 \tag{2.13}$$

という確率分布に従い，これを**ベルヌイ分布** (Bernoulli distribution) といいます．ベルヌイ分布に限らず，離散型確率変数の確率分布を与えるこのような関数を**確率質量関数** (probability mass function, PMF) といいます．単に確率関数

[*4)] 理論分布に対して，データから直接計算された確率分布を**経験分布** (empirical distribution) といいます．

[*5)] 非治癒率は $1-\theta$ です．

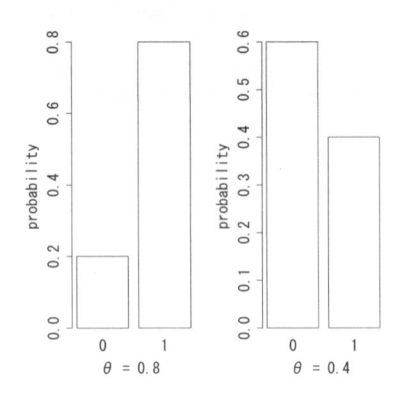

図 2.1 ベルヌイ分布の PMF

(probability function または stochastic function) といっても構いません.

θ は**母数** (parameter) と呼ばれます. 母数はベルヌイ分布に限らず確率分布[*6]を特徴づける数的指標です. また左辺が条件付き確率の形式で表現されていることが重要です. 母数 θ が (この場合は治癒率が) 与えられた場合の確率変数 X の分布という意味です.

実数の 0 乗は 1 ですから,

$$f(x=1|\theta) = \theta^1(1-\theta)^0 = \theta \qquad (2.14)$$

$$f(x=0|\theta) = \theta^0(1-\theta)^1 = 1-\theta \qquad (2.15)$$

となり, ベルヌイ試行の確率を与えていることが分かります.

ベルヌイ分布の平均[*7]と分散は

$$E[X] = \theta \qquad (2.16)$$

$$V[X] = \theta(1-\theta) \qquad (2.17)$$

です.

この式を導いてください.

図 2.1 にベルヌイ分布の 2 つの確率関数を示しました. 左側が $\theta = 0.8$, 右側が $\theta = 0.4$ のベルヌイ分布です.

[*6] もっと広く, 母数は統計モデルを特徴づける数的指標です.
[*7] 正確には期待値というべきですが, 平均と呼ぶ慣習もあります.

2.2.2　2 項 分 布

表 2.2 では，2 つのベルヌイ試行の和の確率分布を $\theta = 1/2$ の場合で示しました．これを 2 つではなく n 個のベルヌイ試行の和に拡張してみましょう．

選手 A は，バスケットボールのフリースローを確率 θ で成功させることができます．たとえば 3 回投げて 2 回成功する確率はいくらでしょうか．

たとえば (成功・失敗・成功) が観察される確率は，

$$\theta^2 (1-\theta)^{3-2} \tag{2.18}$$

です．しかし 2 回成功するケースは，他にも (成功・成功・失敗) と (失敗・成功・成功) がありますから，3 回投げて 2 回成功する確率は

$$3 \times \theta^2 (1-\theta)^{3-2} \tag{2.19}$$

となります．先頭の係数 3 は，3 つの中から 2 つ選ぶ組み合わせの数 $(3 \times 2)/2$ です．

一般的に n 個の中から x 個選ぶ組み合わせ[*8] は，

$$_nC_x = \frac{n!}{x! \times (n-x)!} \tag{2.20}$$

で計算されます．

したがって確率 θ で成功する n 回のベルヌイ試行の和が x になる確率は

$$f(x|\theta) = {}_nC_x\, \theta^x (1-\theta)^{n-x}, \quad x = 0, 1, \cdots, n \tag{2.21}$$

です．この確率分布を **2 項分布** (binomial distribution) といいます．

2 項分布の平均と分散は

$$E[X] = n\,\theta \tag{2.22}$$

$$V[X] = n\,\theta(1-\theta) \tag{2.23}$$

です．

図 2.2 に $n = 10$ の 2 項分布の確率関数の例を示しました．左図は $\theta = 0.8$，右図は $\theta = 0.5$ の場合です．どちらも θ の付近の確率が高くなっていることがわかります．また θ が大きい左図の方が，分布が右に寄っていることが観察されます．

[*8]　$_nC_x$ はコンビネーションえぬえっくす，などと読みます．

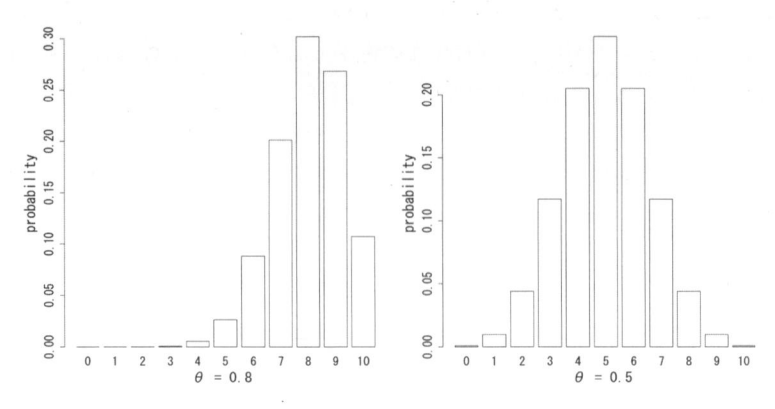

図 2.2　2 項分布の PMF

2.2.3　分布関数

確率変数の実現値として x 以下が観察される確率を返す関数

$$F(x) = p(X \leq x) \tag{2.24}$$

を**累積分布関数** (cumulative distribution function, CDF) といいます．単に**分布関数** (distribution function) といっても構いません．分布関数は特定の理論分布によらず定義されます．

2 項分布で分布関数の具体例を見てみましょう．たとえばフリースローを 10 投して高々 4 回までしか成功しない確率を知りたければ 2 項分布の確率関数に 0 から 4 まで代入した確率の総和を求めます．

離散型確率分布の分布関数の一般形は

$$F(x) = \sum_{t=0}^{x} f(t|\theta) \tag{2.25}$$

となります．

任意の実現値 a から任意の実現値 b までの生起確率は

$$F(b) - F(a-1) = p(a \leq X \leq b) \tag{2.26}$$

のように求めます．

これも 2 項分布で具体例を見てみましょう．たとえばフリースローを 10 投して 5 回から 8 回成功する確率は，分布関数を利用して

$$F(8) - F(4) = p(5 \leq X \leq 8) \tag{2.27}$$

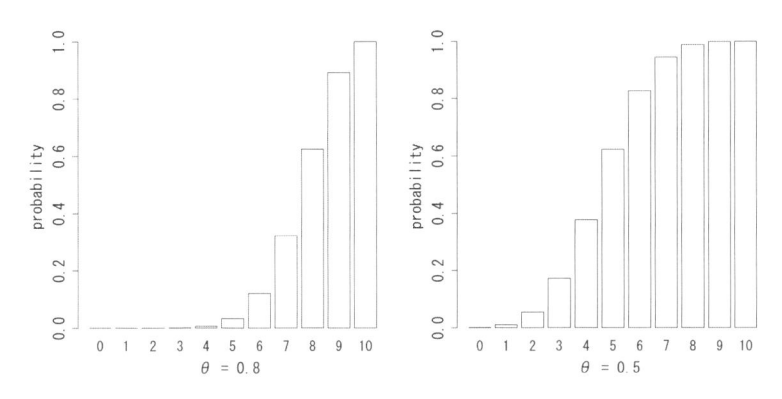

図 2.3 2 項分布の CDF

などと求めます．

(1.20) 式の A_i を θ とみると，離散型確率分布では

$$\sum_x f(x|\theta) = 1 \tag{2.28}$$

のように，一般的に確率の総和は 1 になります．

バスケットボールの例でいうと，成功数が 0 から 10 まで生じる確率の和ですから，確率の総和が 1 であることは当然です．

図 2.3 に，2 項分布の分布関数の例を示しました．左図は図 2.2 の左図の分布関数です．右図は図 2.2 の右図の分布関数です．成功確率が高い左図の方が，右図よりも立ち上がりが遅いことが観察されます．離散型確率変数の分布関数は，すべて 1 に到達します．

2.3 連続型確率密度関数

これまでは確率変数として，コイントス，投薬の治癒，フリースローなど，結果がとびとびの離散的な値になる試行を扱ってきました．ここで「身長」という確率変数 X を考えてみましょう．無作為に選んだ人に関して $x = X(事象)$ は，たとえば

$$153 = X(田中),\ 173 = X(鈴木),\ 165 = X(山本),\ 149 = X(中村) \tag{2.29}$$

などとなります．このように実現値が連続した数値で観察される確率変数を連続

型確率変数 (continuous random variable) といいます.

152.5 cm 以上 153.5 cm 未満の人に 153 という実現値を与えるならば，これまでどおり確率分布を定義できます．現実社会ではそうした対処をしています．しかし数学的に連続的な数値を扱うとなると，小数点以下で無限に 0 が続くことはあり得ませんから，ピッタリ 150 cm の人が観察される確率は 0 になってしまいます．このように連続型確率変数に関しては確率関数は存在しません．

しかし分布関数なら存在します．たとえば 150 cm 以下の人が観察される確率を考えることができるからです．そこで連続型確率変数に関しては特定の実現値以下が観察される確率を返す分布関数を利用して，密度関数を式の中ほどで

$$F(x) = p(X \leq x) = \int_{-\infty}^{x} f(t|\theta)dt \quad (2.30)$$

と定義します．

離散型確率変数の分布関数 (2.25) 式は，実現値の小さいものから順に足しあげました．しかし連続変数の場合には，和を計算できませんから確率関数に相当する $f(t|\theta)$ を 0 から x まで積分して，そこまでの面積を確率として利用します．

式中では積分変数として t を用いましたが，確率密度関数として使用するときには $f(t|\theta)$ を $f(x|\theta)$ と表記し，これを連続型確率変数 x の**確率密度関数** (probability density function, PDF) といいます．

(2.28) 式に対応して，連続型確率分布では

$$\int_{-\infty}^{+\infty} f(x|\theta)dx = 1 \quad (2.31)$$

となります．たとえるならば「選んだ人に身長がある確率は 1 である」ことをこの式は示しています．あらゆる 1 変数の確率密度関数は，面積が 1 です．

離散型確率変数の期待値と分散は，それぞれ (2.1) 式と (2.4) 式で定義されました．連続型確率変数の期待値と分散は，それに対応して積分を利用し，

$$E[X] = \int_{-\infty}^{+\infty} xf(x|\theta)dx \quad (2.32)$$

$$V[X] = \int_{-\infty}^{+\infty} (x - E[x])^2 f(x|\theta)dx \quad (2.33)$$

と定義されます．

離散型確率変数の場合と同様に，入門的で，すぐに必要になる連続型確率変数の確率密度関数を紹介します．

2.3.1 一様分布

ある範囲 α から β まで，まったく均等に実現値が観察される場合に利用されるのが**連続一様分布** (continuous uniform distribution) [*9] です．

範囲 α から β までの連続一様分布の確率密度関数は，$\theta = (\alpha, \beta)$ として

$$f(x|\alpha, \beta) = \frac{1}{\beta - \alpha}, \quad \alpha \leq x \leq \beta \tag{2.34}$$

です．分布関数も明示的に表現でき

$$F(x|\alpha, \beta) = \int_{\alpha}^{x} f(t|\alpha, \beta) dt = \frac{x - \alpha}{\beta - \alpha} \tag{2.35}$$

となります．

たとえばスイカ割りをするために，目隠しをしたままグルグル回され，その後止まりました．真北から右に何度 (°) ずれた方向に止まったのでしょうか．このとき，まったくデタラメに止まったとすると，角度 x は範囲 0 から 360 の連続一様分布に従うと仮定されます．

確率密度関数は

$$f(x|0, 360) = \frac{1}{360 - 0} \tag{2.36}$$

となり，30° から 120° の方向を向いている確率は

$$F(120|0, 360) - F(30|0, 360) = \frac{120 - 30}{360 - 0} = 1/4 \tag{2.37}$$

となります．

一様分布の中で特に重要なのが区間 [0,1] の一様分布です．確率密度関数は

$$f(x|0, 1) = 1, \quad 0 \leq x \leq 1 \tag{2.38}$$

です．その形状を図 2.4 に示します．

2.3.2 正規分布

範囲 $-\infty$ から $+\infty$ までで，身長や体重やテスト得点など，私たちの身の回りの様々な連続変数の分布の近似として，最も利用される理論分布が**正規分布** (normal distribution) です．

[*9] 一様分布には，連続型と離散型があります．特に混同の恐れのない場合には，単に一様分布ということもあります．

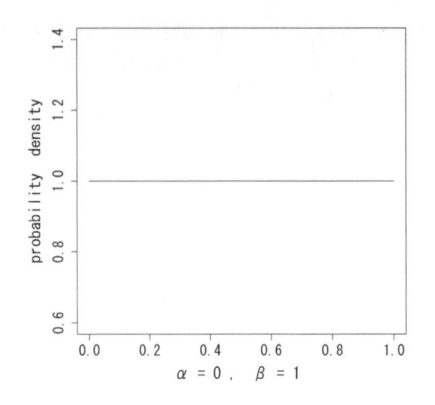

図 2.4　区間 [0, 1] の一様分布の確率密度関数

正規分布の確率密度関数は，$\theta = (\mu, \sigma^2)$ として

$$f(x|\mu, \sigma^2) = \frac{1}{\sqrt{2\pi}\sigma} \exp\left[\frac{-1}{2\sigma^2}(x-\mu)^2\right] \tag{2.39}$$

です．正規分布の平均と分散は

$$E[X] = \mu \tag{2.40}$$

$$V[X] = \sigma^2 \tag{2.41}$$

です．

仮に男性の身長が平均 170，標準偏差 7.0 の正規分布に従っているとすると，165 cm 以上 175 cm 未満の男性は

$$F(175) - F(165) = \int_{165}^{175} f(x|170, 7.0^2) dx \simeq 0.525 \tag{2.42}$$

なので，全体の約 52.5%ほど [*10] と見積もられます．

図 2.5 の左図に正規分布の確率密度関数の例を示しました．確率密度関数の面積は 1 でした．$165 < x < 175$ に相当するこの曲線の面積は約 0.525 です．$-\infty < x < 165$ に相当するこの曲線の面積は約 0.2375 です．図 2.5 の右図に，左図に相当する確率分布関数を示しました．$F(165) \simeq 0.2375$, $F(175) - F(165) \simeq 0.525$ であることが描かれています．連続型確率変数の分布関数は，一般的に，1 に到達，あるいは 1 に漸近します．

[*10)] この積分は初等的な代数計算では求められませんから数値表や計算機を利用します．

2.3 連続型確率密度関数

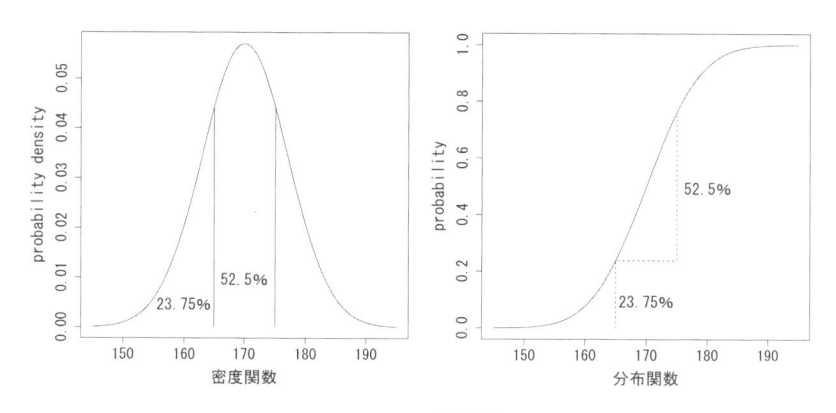

図 2.5 正規分布

2.3.3 ベータ分布

範囲 0 から 1 までで，様々な形状の分布を表現したいときには，ベータ分布 (beta distribution) を利用します．

ベータ分布の確率密度関数は，$\theta = (p, q)$ として

$$f(x|p,q) = B(p,q)^{-1} x^{p-1}(1-x)^{q-1} \tag{2.43}$$

です[*11]．ベータ分布の平均と分散は

$$E[X] = \frac{p}{p+q} \tag{2.44}$$

$$V[X] = \frac{pq}{(p+q)^2(p+q+1)} \tag{2.45}$$

となります．母数は，平均と分散で表現しておくと便利であり

$$p = rE[X] \tag{2.46}$$

$$q = r(1 - E[X]) \tag{2.47}$$

ただし式中の r は

$$r = \frac{E[X](1 - E[X])}{V[X]} - 1 \tag{2.48}$$

となります．

[*11] 右辺の $B(p, q)$ に関しては，次章で勉強します．

例：無作為に選んだ 10 人に，現在国会審議中のある法案に賛成か否かどうか質問したところ 8 人が賛成しました．標本比率は 0.8 (= 8/10) です．しかし別の 10 人，さらに別の 10 人，さらに更に調査することを考えます．標本比率は調査のたびに違った値になり，それは分布を構成します．このような分布を標本比率の標本分布といいます．**標本分布** (sample distribution) とは，データから計算される数的指標 (統計量) の分布です．

母比率 $E[X]$ の母集団から n 人の標本を抽出したときの，標本分布の平均は $E[X]$，分散は $V[X] = E[X](1-E[X])/n$ であることが知られています．母比率の代わりに標本比率を使って計算すると，$V[X] = 0.016, r = 9$ となります．標本比率の標本分布は $p = 7.2, q = 1.8$ のベータ分布で近似できます．

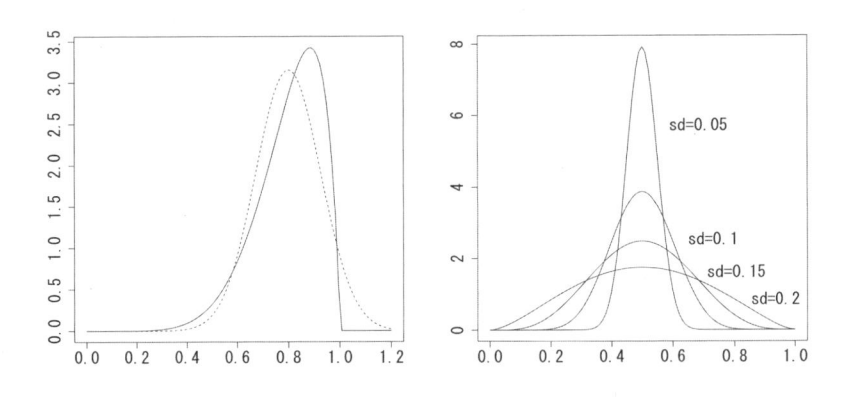

図 **2.6** ベータ分布の確率密度関数 (sd は標準偏差)

図 2.6 の左図に実線で，$p = 7.2, q = 1.8$ のベータ分布の密度関数を示しました．横軸はわざと 1.2 まで目盛をふっています．ベータ分布は区間 [0,1] で定義されますから，1 より上は確率密度は 0 です．

点線で $\mu = 0.8, \sigma^2 = 0.016$ の正規分布を示しました．正規分布の密度関数は 1 以上でも無視できない大きさを残しています．標本比率の標本分布は区間 [0,1] に収まることが望ましいですから，この場合はベータ分布による近似のほうが望ましいようです．

図 2.6 の右図に期待値 $E[X] = 0.5$ のベータ分布を 4 つ示しました．標準偏差は $\sqrt{V[X]} = 0.05, 0.1, 0.15, 0.2$ です．段々に散らばりが大きくなっていることが

示されています.

2.4 分布の性質

第 1 章で学習した複数の確率事象には同時確率や周辺確率がありました.複数の確率変数の分布に関しても,同様に,同時分布や周辺分布があります.

2.4.1 同時分布

確率変数 x と y が独立ならば,(1.37) 式の A を θ と見なして,

$$f(x,y|\theta) = p(x|\theta)p(y|\theta) \tag{2.49}$$

が成り立ちます.これを確率変数 x と y の同時分布といいます.この式は離散型でも連続型でも成り立ちます.

たとえば,実力 (成功確率 θ) が変化しなければ,10 投中 3 回成功と,10 投中 4 回成功する同時確率は,3 回成功する確率と 4 回成功する確率の積です.

また連続確率変数で例をあげるならば,x さんと y さんの身長が同時に観察される確率密度は,それぞれが観察される確率密度の積です.

(1.8) 式や (1.10) 式の拡張で,離散型確率変数と連続型確率変数は,それぞれ

$$\sum_x \sum_y f(x,y|\theta) = 1 \tag{2.50}$$

$$\int_{-\infty}^{+\infty} \int_{-\infty}^{+\infty} f(x,y|\theta) dx dy = 1 \tag{2.51}$$

となります.

前の式の具体例を考えてみましょう.実力 (成功確率 θ) が変化しない状態で,フリースローを 10 投することを 2 回試みます.このとき,それぞれの試みで 0 回から 10 回,いずれかの成功が観察される確率は 1 だということです.

後の式の具体例を考えてみましょう.選ばれた X さんと Y さんの身長が,とにかく何 cm でもいいから観察される確率が 1 だということです.

1 つの確率変数に関しては,確率密度関数の総面積は 1 でした.この式は 2 つの確率変数に関しては,確率密度関数の総体積が 1 であることを意味しています.

確率変数が 3 つの場合には

$$\sum_x \sum_y \sum_z f(x,y,z|\theta) = 1 \tag{2.52}$$

$$\int_{-\infty}^{+\infty} \int_{-\infty}^{+\infty} \int_{-\infty}^{+\infty} f(x,y,z|\theta)dxdydz = 1 \tag{2.53}$$

も成り立ちます．

2.4.2　周　辺　分　布

(1.22) 式の A_i を θ と見なせば，離散型と連続型でそれぞれ

$$\sum_x f(x,y|\theta) = f(y|\theta) \tag{2.54}$$

$$\int_{-\infty}^{+\infty} f(x,y|\theta)dx = f(y|\theta) \tag{2.55}$$

が成り立ちます．

前の式の離散型確率変数で例を考えてみます．フリースローを 10 投することを 2 回試み，その実現値を x と y とします．x の値は何でもよくて，かつ $Y=y$ となる確率は，要するに $Y=y$ となる確率です．

後の式の連続型確率変数で例を考えてみます．X さんと Y さんをでたらめに選び出して身長を観察することを考えます．このとき X さんの身長 x cm は何でもよくて，かつ Y さんの身長が $Y=y$ cm となる確率密度は，要するに Y さんの身長が $Y=y$ cm となる確率密度です．

確率変数が 3 つの場合には

$$\sum_x \sum_y f(x,y,z|\theta) = f(z|\theta) \tag{2.56}$$

$$\int_{-\infty}^{+\infty} \int_{-\infty}^{+\infty} f(x,y,z|\theta)dxdy = f(z|\theta) \tag{2.57}$$

も成り立ちます．

2.5　最　尤　推　定　法

理論分布における母数 θ は多くの場合に未知数です．このままではデータから知見をえることはできません．理論分布の母数の値を観測データから推定するための一般的方法論として**最尤推定法** (maximum likelihood estimation, MLE, 略

して**最尤法**) があります．MLE は，フィッシャーによって提案され，20 世紀における伝統的な統計学において，推定論の中核的な方法論でした．

2.5.1 2 項 分 布

確率 0.3 で成功するフリースローを 10 投して 4 回成功する確率は (2.21) 式で導いた 2 項分布を利用すれば

$$f(4|0.3) = {}_{10}C_4 \, 0.3^4 (1-0.3)^{10-4} \tag{2.58}$$

で計算されます．2 項分布の確率関数は，本来

$$f(x|0.3) = {}_{10}C_x \, 0.3^x (1-0.3)^{10-x} \tag{2.59}$$

のように，成功回数 x の関数です (x に関して足しあげたときに，その和は 1 になりましたね)．この関数の中で母数は定数です．

ところが 2 項分布を導入した (2.19) 式などでは，成功回数を定数に，母数を変数として扱いました．何故でしょうか．それは現実場面で観察されたデータ (この場合は成功数) は固定される (4 回成功した) のに対して，母数は未知だからです．母数を既知と考えていいのは，コインやサイコロ投げなど，実はとても限られた場面しかありません．

そこで確率関数

$$f(x|\theta) = {}_nC_x \, \theta^x (1-\theta)^{n-x} \tag{2.60}$$

の定数と変数を逆転させます．データを定数として，母数を変数として計算した値を**尤度** (likelihood) といいます．見かけは確率関数と同じですが，その関数を**尤度関数** (likelihood function) といいます．

大切なことなので念を押すと，この式を x の関数と見たときが確率です．同じ式を θ の関数と見たときが尤度です．x について (確率について) 足しあげると 1 になりましたが，θ について (尤度について) 積分しても 1 になりません．

最尤法では尤度が最も高くなったときの変数の値を母数の推定値として利用します．つまり最尤法は手元のデータが最も観察されやすいように母数の (最も尤もらしい) 値を推定する方法です．

実際に (2.21) 式を θ に関して最大化してみましょう．ただし (2.21) 式は積の連なりになっているので，直接最大化することが困難です．そこで単調増加変換

である対数変換 [*12)] をほどこし

$$\log f(x|\theta) = x\log(\theta) + (n-x)\log(1-\theta) + C \quad (2.61)$$

をえます．C は母数を含まない**定数** (constant) です．この式を**対数尤度関数** (log likelihood function) といいます．

対数尤度関数を母数 θ に関して最大化するためには，母数で微分して 0 と置いて，方程式を母数で解いてやります．最大地点は，丘のピークですから，平らであることが必要条件だからです．

対数尤度関数を母数で微分して 0 と置くと

$$\frac{d}{d\theta}\log f(x|\theta) = \frac{x}{\theta} - \frac{n-x}{1-\theta} = 0 \quad (2.62)$$

となります．これを**尤度方程式** (likelihood equation) といいます．これを解くと

$$\hat{\theta} = \frac{x}{n} \quad (2.63)$$

となります．10 投して 4 回成功した場合の，成功率は 0.4 と推定されます．これは，私たちがよく知っている標本比率です．

でもこの展開によって「標本比率は，データが確率的に尤も観察されやすいように母比率を推定しているのだ」という意味を理解することができるようになりました．だから「がんばって難しい式展開をしたのに，当たり前の式が出てきたじゃないか！」と怒らないでください．

実際に推定された 0.4 のような値を**推定値** (estimate) といい，(2.63) 式のような推定手続きを**推定量** (estimator) といい，区別します．

図 2.7 の右図は，10 投して 4 回成功した場合の 2 項分布の対数尤度関数です．最尤推定値である $\hat{\theta} = 0.4$ で最大になっていることが示されています．

図 2.7 の左図の下の曲線を見てください．この曲線は 10 投して 4 回成功した場合の 2 項分布の尤度関数です．対数尤度関数と同じく，最尤推定値である $\hat{\theta} = 0.4$ で最大になっていることがわかります．

ただし尤度関数の総面積が 1 にならないことは一目瞭然です．そこで尤度関数を，その総面積[*13)] で割って，総面積が 1 になるように膨らませたのが図 2.7 の左図の上の曲線です．膨らませただけですから，最尤推定値である $\hat{\theta} = 0.4$ で最

[*12)] 特に断りがない場合には，本書では底が e の対数変換とします．
[*13)] 数値計算で約 0.09090909 となりました．

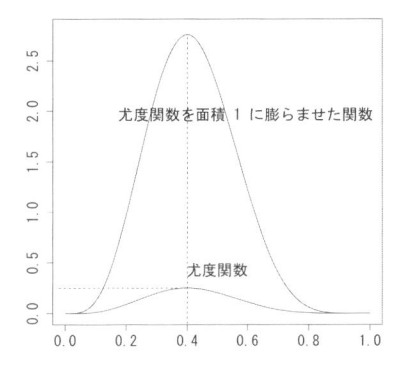

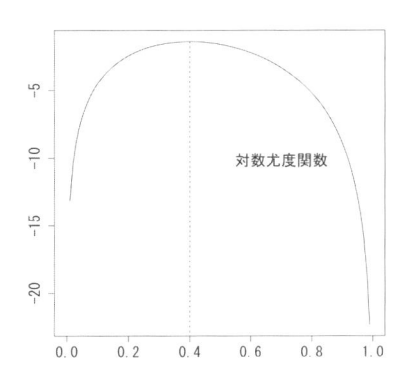

図 2.7　2 項分布の尤度関数

大になることも変わりません．この関数は今のところ，まだ尤度関数に比例する確率密度関数みたいな関数でしかありません．しかし次の章から，この関数はとても重要な役割を担うことになります．

2.5.2　正 規 分 布

正規分布の平均と分散の最尤推定量を求めましょう．同一の正規分布から標本 $\boldsymbol{x} = (x_1, x_2, \cdots, x_i, \cdots, x_n)$ が互いに独立に観察されたとします．その同時分布は (2.49) 式を繰り返し適用すると

$$f(\boldsymbol{x}|\mu, \sigma^2) = \prod_{i=1}^n f(x_i|\mu, \sigma^2) = \prod_{i=1}^n \frac{1}{\sqrt{2\pi}\sigma} \exp\left[\frac{-1}{2\sigma^2}(x_i - \mu)^2\right] \quad (2.64)$$

となります．対数尤度関数は

$$\log f(\boldsymbol{x}|\mu, \sigma^2) = \frac{-n}{2}\log 2\pi + \frac{-n}{2}\log \sigma^2 + \frac{-1}{2\sigma^2}\sum_{i=1}^n (x_i - \mu)^2 \quad (2.65)$$

となります．

尤度方程式は

$$\frac{d}{d\mu}\log f(\boldsymbol{x}|\mu, \sigma^2) = \frac{1}{\sigma^2}\sum_{i=1}^n (x_i - \mu) = 0 \quad (2.66)$$

$$\frac{d}{d\sigma^2}\log f(\boldsymbol{x}|\mu, \sigma^2) = \frac{-n}{2\sigma^2} + \frac{1}{2\sigma^4}\sum_{i=1}^n (x_i - \mu)^2 = 0 \quad (2.67)$$

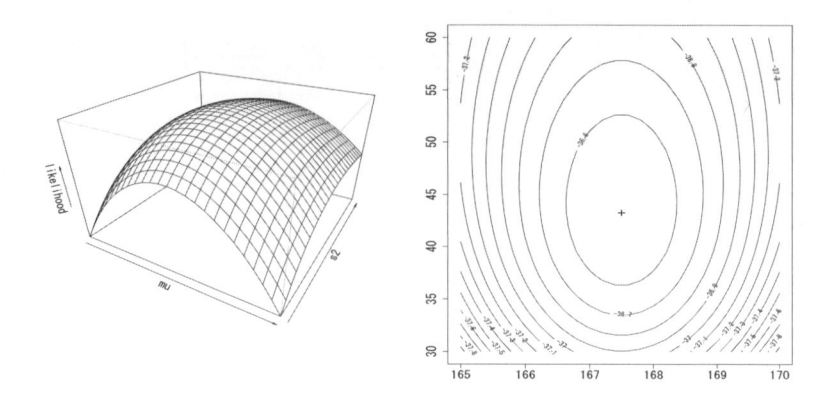

図 2.8 正規分布の平均と分散の対数尤度関数

となります．この連立方程式を解くと平均と分散の最尤推定量

$$\hat{\mu} = \frac{1}{n}\sum_{i=1}^{n} x_i \tag{2.68}$$

$$\hat{\sigma^2} = \frac{1}{n}\sum_{i=1}^{n} (x_i - \mu)^2 \tag{2.69}$$

がえられます．μ の最尤推定量はよく知られた標本平均に一致しました．ただし σ^2 の最尤推定量は，母集団の分散を推定するときにしばしば利用される不偏分散ではなく，標本分散になりました．

でたらめに選んだ 10 人の身長 (cm) を測ったところ $x = (162, 172, 178, 154, 173, 174, 166, 166, 166, 164)$ となりました．標本平均は 167.5，標本分散は 43.45 でしたので，これらが最尤推定値になります．

図 2.8 に，このときの対数尤度関数を示しました．左図の 3D グラフをみると，最大値は平らな場所にあり，微分が 0 であることが必要条件であることが観察されます．右図の等高線を見ると，標本平均と標本分散の地点あたりでピークを迎えているようすが分かります．

2.6 章末問題

1) 表 2.2 を参考にして，「3 枚のコインを投げたときの表の枚数」という確率変数の確率分布を示しなさい．

2.6 章末問題

2) (2.3) 式を参考にして，3 枚のコインを投げたときの表の枚数の期待値を求めよ．
3) (2.6) 式を参考にして，「2 枚のコインを投げたときの表の枚数」という確率変数 Y の分散を求めなさい．
4) 期待値の公式 (2.7) 式，(2.8) 式，(2.9) 式を証明しなさい．
5) 期待値と分散の公式 (2.10) 式，(2.11) 式，(2.12) 式を証明しなさい．
6) ベルヌイ分布の平均 (2.16) 式と分散 (2.17) 式を導きなさい．
7) 2 項分布の平均 (2.22) 式と分散 (2.23) 式を導きなさい．
8) 2 項分布の面積が 1 になることを示しなさい．*14)
9) ベータ分布の平均 (2.44) 式と分散 (2.45) 式を所与のものとして利用し，母数との関係式 (2.46) 式と (2.47) 式を導きなさい．
10) 図 2.6 の右図の 4 つの密度関数を描く際に用いたベータ分布母数 p,q の 4 つの組を示しなさい．
11) 図 2.6 の右図における期待値はこのまま ($E[X] = 0.5$) に留め，標準偏差をもっと大きくしたら，定義域が区間 [0,1] に限定されているベータ分布のグラフの形状はどうなるのだろう．たとえば $\sqrt{V[X]} = 0.4$ だとどうだろう．
12) 確率変数が 3 つの場合の同時分布 (2.52) 式と (2.53) 式の意味するところの例を，それぞれにあげなさい．
13) 確率変数が 3 つの場合の周辺分布 (2.56) 式と (2.57) 式の意味するところの例を，それぞれにあげなさい．
14) 2 項分布の対数尤度関数 (2.61) 式を母数で微分すると (2.62) 式の中辺となることを示しなさい．方程式を解くと (2.63) 式となることを示しなさい．
15) 正規分布の対数尤度関数 (2.65) 式を母数で微分すると (2.66) 式と (2.67) 式の中辺になることを示しなさい．方程式を解くと (2.68) 式と (2.69) 式になることを示しなさい．

---

*14) 理論分布はみな問題 6,7,8 の解答のように，それがあれば平均や分散を求められますし，確率の和は 1 になることを示せます．しかし本書ではこれ以外の分布の平均や分散の導出や，確率の和が 1 になることの証明は割愛します．興味ある読者は他の数理統計の教科書を参照してください．

3 ベイズ推定

∎ ∎ ∎

本章では，第 1 章で論じた確率に関するベイズの定理を，分布に関するベイズの定理に拡張します．

3.1 分布に関するベイズの定理

第 2 章では，確率分布に関するさまざまな式変形をしました．それらの式変形に共通することは，母数 θ が縦棒の右に必ずあることです．母数が縦棒の右にあるということは，分布の特徴が所与 (given) であるということを意味します．既に与えられてしまった定数だということです．ここまでは (フィッシャーもネイマンも含め) 伝統的な統計学者と同じ立場です．誰からも異論が出ません．

ここで乗法定理 (1.24) 式や (1.26) 式の A_i を θ と見なして，B_i を x と見なして書き換えます．それぞれ

$$f(\theta, x) = f(x|\theta)f(\theta) \tag{3.1}$$

$$f(\theta, x) = f(\theta|x)f(x) \tag{3.2}$$

となります．ここで立場が決裂します．伝統的な統計学では，母数 θ は未知ではあるけれども固定された非確率変数です．

ベイズ統計学では，$f(\theta)$ を (主として主観に基づく) 母数の分布として導入します．母数 θ は確率変数として扱います．$f(\theta|x)$ はデータによる母数の条件付き分布であり，$f(\theta, x)$ は母数とデータの同時分布です．

伝統的な統計学では (3.1) 式や (3.2) 式のような式を原則的には許しません[1]．しかしベイズ統計学では，右辺を等式でつなぎ，両辺を $f(x)$ で割り，

$$f(\theta|x) = \frac{f(x|\theta)f(\theta)}{f(x)} \tag{3.3}$$

---

[1] 分散分析モデルにおける変量モデルや混合モデルのような例外もあります．

を導出します．これが分布に関するベイズの定理です．

この表現では，第 1 章で勉強した右辺の事前確率の部分を**事前確率分布** (prior probability distribution，略して**事前分布**) $f(\theta)$ と呼びます．また左辺の事後確率を，**事後確率分布** (posterior probability distribution，略して**事後分布**) $f(\theta|x)$ と呼びます．$f(x|\theta)$ は尤度です．

さらに全確率の公式 (1.25) 式の A_i を θ と見なします．連続変数である θ に合わせて，シグマを積分で書き換えると

$$f(x) = \int_{-\infty}^{+\infty} f(x|\theta)f(\theta)d\theta \tag{3.4}$$

となります．ベイズの定理は，右辺の分母にこの式を代入し

$$f(\theta|x) = \frac{f(x|\theta)f(\theta)}{\int_{-\infty}^{+\infty} f(x|\theta)f(\theta)d\theta} \tag{3.5}$$

と表現されることもあります．

事前確率が客観的確率である場合は伝統的な統計学者たちも確率に関するベイズの定理 (1.27) 式を認めていました．嫌われたのは主観的確率だけでした．しかし分布に関するベイズの定理に関しては θ を確率変数とみるか非確率変数とみるかによって，出発点から伝統的な統計学とは袂 (たもと) を分かっています．

数理的な仮定ですから，物理や化学や天文学の学説と違って，ベイズ統計学と伝統的統計学のどちらが正しいかを判断することはできません．出発点の仮定の違いによっていろいろな長所と短所が生まれます．それらをきちんと踏まえることが大切です．

3.1.1 カーネル・正規化定数

確率分布に対する理解を深めるためには，カーネルと正規化定数という概念が大切です．カーネル (kernel, 核) は，確率分布や尤度において母数と変数を含んだ部分です．カーネルは確率分布や尤度の本質的な性質を決定します．2 項分布の確率関数は

$$f(x|\theta) = {}_nC_x\ \theta^x(1-\theta)^{n-x} \tag{3.6}$$

でした．2 項分布のカーネルは $\theta^x(1-\theta)^{n-x}$ です．この部分が 2 項分布の性質を決めています．このことを強調するために，2 項分布の確率関数は

$$f(x|\theta) \propto \theta^x(1-\theta)^{n-x} \tag{3.7}$$

と表現することがあります．∝ (プロポーションと読みます) は右辺と左辺は互いに比例するということを示しています．

ベータ分布の確率密度関数は

$$f(x|p,q) = B(p,q)^{-1} x^{p-1}(1-x)^{q-1} \tag{3.8}$$

でした．前章で解説しなかった $B(p,q)$ はベータ関数と呼ばれ，

$$B(p,q) = \int_0^1 x^{p-1}(1-x)^{q-1}dx \tag{3.9}$$

と定義されています．すべての確率分布は，確率変数で積分すると (あるいは和をとると) 1 になるという共通した性質がありましたね．ベータ分布の x による積分が 1 になることは

$$\int_0^1 f(x|p,q)dx = \int_0^1 B(p,q)^{-1} x^{p-1}(1-x)^{q-1}dx \tag{3.10}$$

$$= B(p,q)^{-1} \int_0^1 x^{p-1}(1-x)^{q-1}dx = 1 \tag{3.11}$$

のように，容易に確認できます．これは，もちろん偶然ではなくて $B(p,q)$ のパートは，全体の積分の値が 1 になるように，わざわざ選んでいるからです．$B(p,q)$ はベータ分布の正規化定数といいます．ベータ分布に限らず，正規化定数 (normalizing constant) あるいは正規化係数 (normalizing coefficient) は，確率分布の積分が 1 に調節されるように設けられた母数を含まないパートです．

ベータ分布のカーネルは

$$f(x|p,q) \propto x^{p-1}(1-x)^{q-1} \tag{3.12}$$

の右辺です．ここがベータ分布の性質を決めています．

ベイズの定理では，データが所与のときの母数の確率分布 (事後分布) を導出しました．確率分布ですから確率変数 θ で積分すると 1 になるはずです．これは

$$\int_{-\infty}^{+\infty} f(\theta|x)d\theta = \int_{-\infty}^{+\infty} \frac{f(x|\theta)f(\theta)}{f(x)}d\theta$$

$$= f(x)^{-1} \int_{-\infty}^{+\infty} f(x|\theta)f(\theta)d\theta = 1 \tag{3.13}$$

のように示せます．ベイズの定理において正規化定数は $f(x)$ です．カーネルは

$$f(\theta|x) \propto f(x|\theta)f(\theta) \tag{3.14}$$

の右辺です．**尤度と事前分布の積が事後分布のカーネルです**．この部分に母数に関する情報が集約されています．

ベイズの定理による変形は (3.13) 式で積分が 1 である (その意味で確率分布である) ことが保証されています．したがって (3.14) 式のように正規化定数の部分は無視し，カーネル部分だけに注目しても，その分布が何であるかわかります．ベイズ統計学では，その分布が何であるかをカーネルを観察することによって判定します．後述の (3.18) 式をかわきりに，この方法は今後，常に利用されます．

3.1.2　自然共役事前分布

次の例で伝統的な統計学とベイズ統計学の違いを考察しましょう．

> **正選手問題**：ある高校のテニス部で，次の大会の正選手を 1 名だけ決めることになりました．候補は A, B の 2 選手です．ここ数日の正式記録によると A 対 B の戦績は 3 勝 4 敗です．B か A より優勢です．しかし監督は正選手の決定に悩みました．それ以前の 1 週間では 8 勝 2 敗くらいで A が優勢だと思ったからです．しかしこれは正式記録としてはまったく残っておらず，あくまでも茫漠とした監督の個人的印象にしかすぎません．監督は A と B のどちらを正選手に選ぶべきでしょう．

フィッシャー・ネイマン流の伝統的な統計学では，客観的なデータにだけ基づいて勝率を推定します．2 項分布の母数 θ の最尤推定量は (勝ち数/試合数) でしたから，B の勝率が 4/7 と推定され，B のほうが上手いと判定します．

それに対してベイズ統計学の私的分析では，監督の主観も判断材料に利用します．普段は A のほうが上手いけれど，たまたま直前の 1 試合だけポカをして 3 勝 4 敗になったのかもしれません．

ベイズ統計学には，事後分布が常に計算可能とは限らないという問題があります．分析者が主観的に決めてよいはずの事前分布を本当に自由に決めてしまうと，ほとんどの場合に事後分布が求まりません[2]でした．これではお話になりません．そこで発想を逆転させて，事後分布が求まるように事前分布を決めるという

---

[2] 以降の章で学習しますが，今ではもう，自由な事前分布を設定しても事後分布は求まるようになりました．

考え方がハワード・ライファとロバート・シュレイファーによって提案[*3]されました．この事前分布を**自然共役事前分布** (natural conjugate prior distribution, 略して共役事前分布) といいます．尤度ごとの共役事前分布を表 3.1 に掲げます．

表 3.1 自然共役事前分布と尤度の組み合わせ

尤度	事前分布	事後分布
ベルヌイ分布	ベータ分布	ベータ分布
2 項分布	ベータ分布	ベータ分布
ポアソン分布	ガンマ分布	ガンマ分布
正規分布の平均	正規分布	正規分布
正規分布の分散	逆ガンマ分布	逆ガンマ分布

しかし，事後分布が計算可能になるように事前信念を有するというのは，どう考えても恣意的です．自然共役事前分布が，事前情報や事前信念を適切に表現できるほど柔軟ではないからです．計算の便宜を優先した本末転倒であると非難されても抗弁できません．このため提案当初は，共役事前分布は主として私的分析に利用されました．このためライファ・シュレイファーのベイズ統計分析は私的分析に分類されています．そもそも上手い生徒が正選手として出場することが，チームのためです．分析者が分析主体のために行う分析ですから，「正選手問題」を私的に分析しましょう．

尤度がベルヌイ分布や 2 項分布である場合に，ベータ分布を共役事前分布として利用すると

$$f(\theta|x) \propto f(x|\theta)f(\theta) \tag{3.15}$$

[尤度に 2 項分布のカーネルを代入し，確率変数が θ であることに注意して事前分布にベータ分布のカーネルを代入すると]

$$\propto \theta^x(1-\theta)^{n-x} \times \theta^{p-1}(1-\theta)^{q-1} \tag{3.16}$$

$$= \theta^{x+p-1}(1-\theta)^{n-x+q-1} \tag{3.17}$$

$[p' = x+p, \ q' = n-x+q$ と置くと $]$

$$= \theta^{p'-1}(1-\theta)^{q'-1} \tag{3.18}$$

となり，ベータ分布のカーネルが現れます．したがって事後分布は，母数 ($p' = x+p$, $q' = n-x+q$) のベータ分布となります．これが，表 3.1 の 2,3 行目の意味する

[*3] Raiffa, H. and Schaifer, R. *"Applied Statistical Decision Theory"* (MIT Press, 1961).

ところです.

3.2 事後分布の評価

図2.6でみたように,8勝2敗の印象の下では,標本比率の標本分布は $E[X] = 0.8$, $V[X] = 0.016 \, (= 0.8 \times 0.2/10)$ と推定され,これは $p = 7.2$, $q = 1.8$ のベータ分布で近似[*4)]できました.この標本分布を事前分布と見なすと,事後分布は母数 $p' = 10.2 \, (= 3 + 7.2)$, $q' = 5.8 \, (= 7 - 3 + 1.8)$ のベータ分布となります.事前分布から事後分布へ,変化のようすを示したのが図3.1左図です.直前の正式な試合の3勝4敗の影響で,Aの勝率の評価が下がったようすが示されています.

すべてのベイズ推測は事後分布を用いて行われます.特定の値で母数を評価する方法を点推定 (point estimation) といいます.伝統的な統計学における最尤推定量は点推定の1つの方法です.ベイズ統計学では以下の3つの点推定の方法を利用します.

3.2.1 事後期待値

1つは**事後期待値** (expected a posteriori, EAP) による推定です.事後分布の期待値 (一般的な期待値は (2.32) 式) を推定値とします.EAP推定量は

$$\hat{\theta}_{eap} = E[\theta|\boldsymbol{x}] = \int \theta f(\theta|\boldsymbol{x}) d\theta = \int \theta \frac{f(\boldsymbol{x}|\theta)f(\theta)}{f(\boldsymbol{x})} d\theta \tag{3.19}$$

で定義されます.

ただし事後分布がベータ分布の場合は上述の積分計算をする必要はありません.(2.44) 式を利用することができるからです.選手Aの勝率のEAP推定値は $\hat{\theta}_{eap} = 10.2/(10.2 + 5.8) \simeq 0.638$ となります.

[*4)] 式の形から明らかなように $p - 1$ は成功数 (勝ち数) の信念と解釈することが,$q - 1$ は失敗数 (負け数) の信念と解釈することが可能です.したがって $p = 9$, $q = 3$ のベータ分布で近似することも可能です.さらに $p + q - 2$ は仮想的なデータの数と解釈することが可能です.

ベータ分布の分散 (2.45) 式を観察すると,分子は2次式であり,分母は3次式です.したがって正の値である $p + q - 2$ が大きくなると,分子が分母より小さくなって,分散が小さくなります.このため仮想的なデータの数が大きくなると,強い事前信念が表明される傾向が生じます.

逆にいうならば $p = 1$, $q = 1$ のベータ分布は,データ数が0と解釈できます.$p = 1$, $q = 1$ のベータ分布は,区間 [0,1] の一様分布に帰着します.これは後述する一様分布の無情報性の1つの有力な論拠となります.

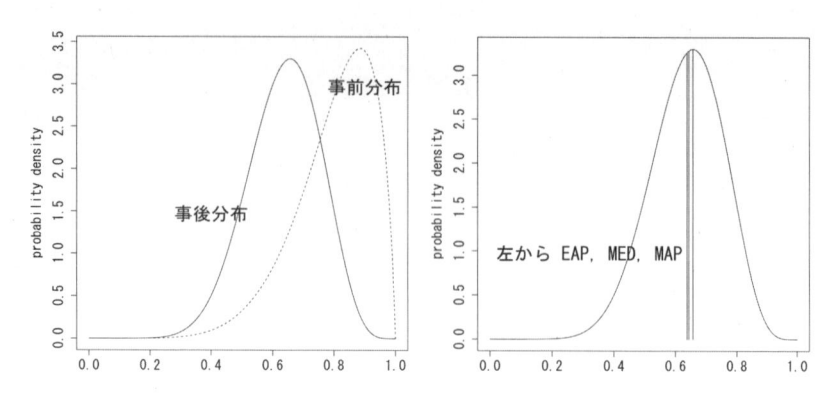

図 3.1　事前分布と事後分布・事後分布の各種点推定値

3.2.2　事後確率最大値

2つ目は**事後確率最大値** (maximum a posteriori, MAP) による推定です．事後分布の最大値を推定値とします．MAP 推定量は

$$\hat{\theta}_{map} = \max_\theta f(\theta|\boldsymbol{x}) \qquad (3.20)$$

のように事後分布のモードを推定値とする方法です．

一般的には，(1) 事後分布の対数を計算し，(2) 母数で微分して 0 とおき，(3) 母数に関して方程式を解く，という最尤推定と同様の解法を利用します．

ただし事後分布がベータ分布の場合は，方程式を解く必要はありません．ベータ分布のモードは

$$\frac{p-1}{p+q-2}, \quad p>1, \quad q>1 \qquad (3.21)$$

であることが知られていますから，MAP 推定値は $\hat{\theta}_{map} = (10.2-1)/(10.2+5.8-2) \simeq 0.657$ となります．

3.2.3　事後中央値

3つ目は**事後中央値** (posterior median, MED) です．事後分布の中央値を推定値とします．これは分布関数が 0.5 になるメディアン

$$F(\hat{\theta}_{med}|x) = \int^{\hat{\theta}_{med}} f(\theta|\boldsymbol{x})d\theta = 1/2 \qquad (3.22)$$

を推定値とするものです．

母数が $p' = 10.2$, $q' = 5.8$ のベータ分布に関しては $\hat{\theta}_{med} \simeq 0.643$ となります.
3つの方法による点推定値を,事後分布とともに図 3.1 右図に示しました.左から順番に,EAP,MED,MAP の順になっています.MAP は事後分布の頂点であることが示されています.

EAP,MAP,MED のどれを利用しても勝率は 0.5 を超え,選手 A のほうが上手いと判定します.伝統的な最尤法とは逆の判断になりました.

3.2.4 事後分散・事後標準偏差

伝統的な統計学では,標本分布の分散や標準偏差を点推定量の散らばりの目安とします.特に標本分布の標準偏差を**標準誤差** (standard error) といいます.

それに相当するベイズ統計学の指標として**事後分散** (posterior variance) と**事後標準偏差** (posterior standard deviation) があります.事後分散は事後分布の分散 (一般的な分散の定義は (2.33) 式) であり,

$$V[\theta] = V[\theta|\boldsymbol{x}] = E[(\theta - \hat{\theta}_{eap})^2|\boldsymbol{x}] = \int (\theta - \hat{\theta}_{eap})^2 f(\theta|\boldsymbol{x}) d\theta \tag{3.23}$$

を EAP 推定量の散らばりの目安とします.事後分散の平方根が事後標準偏差です.

ただし標本分布の近似や事後分布がベータ分布である場合には積分計算をする必要はなく,(2.45) 式で直接求めることができます.標本比率の標本分布は $p = 7.2$,$q = 1.8$ のベータ分布で近似したのですから,分散は $V[X] = 0.016$,標準誤差は約 0.1265 です.事後分布は $p = 10.2$, $q = 5.8$ のベータ分布ですから,事後分散は約 0.0136,事後標準偏差は 0.1166 です.

ここでは母数を非確率変数として扱う伝統的統計学の標準誤差と,母数を確率変数として扱うベイズ統計学の事後標準偏差をわざと混在させていますから,意識的に区別しましょう.未知ではあっても固定された母数を推定するために標本比率を用いたとき,推定量である標本平均が平均的にどれほど散らばるかの指標が標準誤差です.

確率変数として分布する母数が,EAP の周辺でどれほど散らばっているかの指標が事後分散と事後標準偏差です.

3.2.5 確信区間・信頼区間

特定の値で母数を評価する点推定に対して,幅を持たせて母数の評価を行う方法を**区間推定** (interval estimation) といいます.

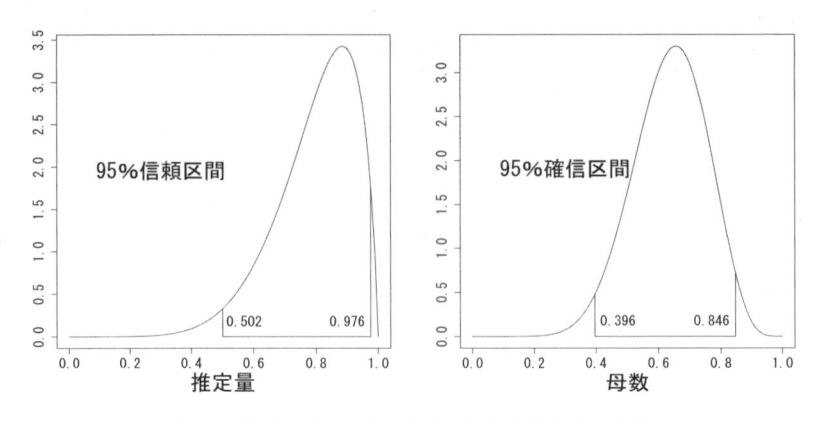

図 3.2 標本分布の信頼区間・事後分布の確信区間

伝統的な統計学における区間推定は**信頼区間** (confidence interval) を用います．標本分布の両端から $\alpha/2$% の面積を切り取って残った中央部の $(1-\alpha)$% に対応する区間を $(1-\alpha)$% 信頼区間といいます．図 3.2 左図にベータ分布 ($p=7.2, q=1.8$) の 95% 信頼区間 [0.502, 0.976] を示しました．左図の横軸が推定量であることに注意してください．標本分布は推定量の分布です．

ベイズ統計学における区間推定は**確信区間**[*5)](credible interval, 信用区間とも訳されます) を用います．事後分布の両端から $\alpha/2$% の面積を切り取って残った中央部の $(1-\alpha)$% に対応する区間を $(1-\alpha)$% 確信区間といいます．図 3.2 右図にベータ分布 ($p=10.2, q=5.8$) の 95% 確信区間 [0.396, 0.846] を示しました．右図の横軸が母数であることに注意してください．事後分布は母数の分布です．

ここでは伝統的な統計学における信頼区間と，ベイズ統計学における確信区間を意識的に並列しています．両者の違いをしっかり把握しましょう．

信頼区間は「区間 [0.502, 0.976] が 95% の確率で母数を含む」と解釈してはいけません．母数は未知の定数ですから，実現値を代入した具体的な区間 [0.502, 0.976] が母数を含むか否かの確率は 1 か 0 です．ゆえに「不断の分析に 95% 信頼区間という方法を採用し，そのたびごとに具体的な 95% 信頼区間を計算したとすると，それら無数の信頼区間のうち，その 95% が母数を含む」と解釈します．簡単に言うと，95% の「95% 信頼区間」が母数を含むということです．このよう

[*5)] ベイズ統計学では**最高事後密度区間** (highest posterior density interval, HPDI) を利用することもありますが本書では割愛します．

に95%という数字は個々の区間について確率を表しませんから確率とは呼ばず，あえて区別して**信頼係数** (confidence coefficient) と呼ぶ流儀もあります．信頼区間の欠点は正確な解釈が少々ややこしいことです．

それに対して確信区間の解釈は簡潔明瞭です．確率変数である母数が具体的な区間 [0.396, 0.846] に含まれる確率が 95% だと解釈します．そのものズバリです．特定な区間に母数が含まれている確信が 95%だといってもかまいません．

3.3　無情報的事前分布

以下の問題は「正選手問題」と同型です．

> **治療法問題**：治療法 A を 7 人の病気 α の患者に施し，経過を正式に記録したところ，3 人が治癒し，4 人は治癒しませんでした．しかし当該医師は，これまで治療法 A によって 10 人中 8 人は治癒したと信じています．しかしこれは正式記録としてはまったく残っておらず，あくまでも茫漠とした医師の個人的印象にしかすぎません．治療法 A の治癒率を評価してください．

データの状況は「正選手問題」と同型ですが，これまでのように「治療法問題」を自然共役事前分布を利用して解くわけにはいきません．「正選手問題」もチューリングの「エニグマ暗号解読」もコルモゴロフの「砲術指南」も分析者が分析主体の利益のために行う私的分析でした．利益も損害も分析主体の自己責任です．だから事前分布に何を使っても比較的許されると考えることもできます．しかし「治療法問題」は，治療法 A の病気 α に対する治癒率を評価する科学の問題です．知識を社会に還元するための公的分析です．医師の個人的印象に基づく，恣意的・主観的な事前分布を利用することは許されません．

この攻撃に対して，ベイズ統計学は**無情報的事前分布** (non-informative prior distribution) を追求する方向を目指します．ジョージ・ボックスやジョージ・チャオ [*6] は事後分布にできるだけ影響を与えない事前分布を利用するという考え方を提案しました．またデニス・リンドレーは漠然とした**事前分布** (vague prior distribution) を提唱します．(多少自己矛盾していますが) 主観の入らない事前分

[*6)] Box, G. E. P. and Tiao, G. C. *"Bayesian Inference in Statistical Analysis"* (Wiley, 1973).

布を目指すということです.

尤度が2項分布である場合の無情報的事前分布とは，いったい何でしょうか．知識を表現しない分布などあるのでしょうか．結論からいうと区間 [0,1] の一様分布 ((2.38) 式，図 2.4) が第1選択肢となります．これは0から1まで，区間の長さに比例した確率を与えてくれます．

しかし情報が皆無な状況下において，理由不十分の原則が必ずしもフェアな対処ではなかったように，一様分布を無情報として利用することに批判が全くないわけではありません．フィッシャーは変数変換に対して，一様分布が不変に一様でないことを攻撃[*7]しました．たとえば θ が一様分布に従うとすると，$p(\theta^2 < 0.25) = 0.5$ ですから，θ^2 は一様分布にはなりません．θ が一様分布に従うという事前信念は，何も知らないどころか，たとえば「θ^{10} は極めて小さい値である確率が高い」という強い信念の表明だ，それは無知な状態ではないという批判です.

3.3.1 局所一様事前分布

一様分布が変数変換に対して一様でないという批判に反論したのがハロルド・ジェフリーズであり，恣意性を抑えた事前分布として**局所一様事前分布** (locally uniform prior distribution) を提案しました．

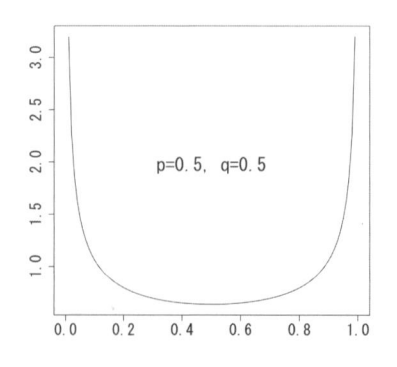

図 3.3 ベルヌイ分布・2項分布に対する局所一様事前分布

[*7] R. A. フィッシャー著 (渋谷政昭・竹内啓訳)『統計的方法と科学的推論』(岩波書店, 1962) p.17 を参考に主旨を変えずに例を作りました．

局所一様事前分布は，フィッシャー情報量の平方根に比例する分布と定義されます．詳細は割愛しますが，こうすると累乗や対数変換に対して比較的に変化が緩やかであることが知られています．

たとえば尤度がベルヌイ分布あるいは2項分布である場合には，$p = 0.5, q = 0.5$ のベータ分布が局所一様事前分布となります．これを図3.3に示しました．しかし局所一様事前分布は，無情報の状態を表現するときのメジャーな選択肢にはなり得ていません．変換に対して厳密に一様ではありませんし，そもそも図3.3は両端が跳ねあがった形状で，無情報と言うよりはむしろ相当に個性的です．

3.3.2 無情報的事前分布としての一様分布

尺度変換に対して一様性が保てないものの，区間 $[0, 1]$ の一様分布が無情報的事前分布の第1選択肢になるのには2つの理由があります．

1つは，現実的なデータ解析は採用した尺度上で利用されるからです．伝統的な統計学に使われる不偏分散[*8]は，期待値をとると母分散に一致します．しかし不偏分散の平方根の期待値をとっても母標準偏差にはなりません．伝統的な統計学における不偏性という性質は変数変換に対して不変ではありません．あくまでも分散という尺度上での性質です．伝統的な統計学における最小2乗法も変数変換に対して必ずしも不変ではありません．測定された尺度上での最小2乗です．変数変換に対して不変でない統計理論などいくらでもあげられます．

ならば事前分布も同様です．ここでは勝率・治癒率という尺度上で議論をしているのです．その2乗や10乗には当面興味はありません．だったら関心のある尺度上で一様ならば無情報と見なしてもあながち否定できません．

2つ目の理由は，一様分布を利用すると，MAP推定量が最尤推定量に一致するからです．(2.38) 式から明らかなように，確率密度の値は一様に1ですから，事後分布のカーネル (3.14) 式は

$$f(\theta|x) \propto f(x|\theta) \tag{3.24}$$

となります．事後分布は図2.7でみたように，尤度関数を面積1に膨らませた確率分布になります．最大値は変化しませんから，MAP推定量は最尤推定量に一致します．客観的なデータのみを使用し主観に頼らない最尤推定量と解が一致するのですから，その意味で一様分布は主観に頼らない事前分布といえます．

[*8] $\frac{1}{標本数-1} \sum (x_i - \bar{x})^2$

区間 $[0,1]$ でない一様分布の確率密度の値は，x の値によらず定数 C です．よって母数の定義域を被覆して (覆って) いるならば

$$f(\theta|x) \propto f(x|\theta) \times C$$
$$\propto f(x|\theta) \tag{3.25}$$

となり，MAP 推定量は最尤推定量に一致します．したがって一様分布は，尤度がどんな分布で構成されていても，オールマイティな無情報的事前分布として利用できます．

結局のところ解が一致するのなら，ものものしくベイズ統計学など導入しなくてもいいのではないかと批判されそうですが，決してそんなことはありません．ベイズ推定に批判が集まるのは出だしの事前分布だけです．そこでつまずかずにひとたびベイズ推論が始まれば，ベイズ更新が可能になり，どんどん現象に対する理解を深めることができます．

また，本書では言及しませんが階層ベイズモデルを構築すると，複雑な統計モデルを驚くほど安定的に推定することが可能に (言い換えるならば少ないデータで複雑なモデルを構成できるように) なります．したがって出だしの事前分布にケチがつかないように気を配ることは公的分析にとってはとても大切です．

区間 $[0,1]$ の一様分布はベータ分布の特別な場合です．ベータ分布の母数に $p=1$, $q=1$ を代入すると，それが区間 $[0,1]$ の一様分布であることが確認できます．この場合，仮想的なデータ数は $p+q-2=0$ となりますから，データがないという意味でも一様分布は無情報的と言えます．

見方を変えるならば，区間 $[0,1]$ の一様分布を無情報的事前分布として利用したら，結果としてそれは自然共役事前分布を利用したことにもなったともいえます．

事後分布はベータ分布となり，母数の点推定値や自己分散や確信区間をすぐに計算できます．もし自然共役事前分布の中から無情報的な事前分布が選べるならば，このように事後分布を簡単に評価できるので便利です．

3.3.3　私的分析再考

私的分析では，自己責任なのだから，事前分布を本当に自由に選んでしまってよいのでしょうか．このテーマを以下の問題を利用して考えてみましょう．

3.3 無情報的事前分布

> **入社試験問題**：ある企業の入社試験では，毎年，同じ難しさの問題を 7 問出題します．X 大学の x さんは 3 問正解，4 問不正解でした．正解率を θ_x とします．Y 大学の y さんは 4 問正解，3 問不正解でした．正解率を θ_y とします．X 大学と Y 大学からは毎年たくさんの受験者がいます．調べてみると，X 大学の受験者の正解率は 平均 0.8，分散 0.04 のベータ分布で近似され，Y 大学の受験者の正解率は 平均 0.4，分散 0.04 のベータ分布で近似されることがわかりました．θ_x と θ_y を推定し，母数の値の大きな受験者を 1 人だけ入社させるとしたら，x さんと y さんのどちらでしょう．

事前分布を使わずに尤度だけを利用すると，最尤推定値は $3/7 = \hat{\theta}_x < \hat{\theta}_y = 4/7$ であり，y さんを入社させることになります．事前分布として一様分布を採用し，公的なベイズ推定をしたと考えても同じことです．

入社試験は企業が自社の人材確保のために行います．その利益も損害も当該企業が負いますから，入社試験の分析は私的分析です．しかも事前分布は昨年までの受験者から計算した客観確率に基づく母数の分布です．「正選手問題」のような事前分布の恣意性・主観性もありません．推定精度の観点からも，事前分布を用いてベイズ推定を利用したほうが断然有利です．

実際にベイズ推定をすると $\hat{\theta}_x > \hat{\theta}_y$ となり，x さんを入社させることになります．「有名大学から受験した x さんは，たまたま出来が悪く，そうでない大学から受験した y さんは，たまたま出来が良かった」と推論されます．面接試験における人間の採点者も，ときにはこのような評価を下すことがあります．そしてある意味，これがベイズ推定の本質です．大学名を，人種・性別・地域・障害の有無に置きかえても数値的な結論は同じです．

「入社試験問題」自体はもちろん架空の話です．しかし残念ながら現代社会では本質的に同様の分析をすることが可能です．現代の大規模試験では**項目反応理論** (item response theory, IRT) と呼ばれるテスト理論が利用されています．現実には同じ難しさの問題は出題できないので，IRT では，それぞれの問題の難しさを表現する母数 b を使います．正解の確率は能力 θ と難しさ b の関数で表現し，正誤の尤度はベルヌイ分布で構成します．そして θ の事前分布は正規分布で構成します．テストの実施主体は，θ に関する属性別のヒストグラムを過去の試験結果から計算して保有しています．だから客観確率に基づく θ の事前分布を属性別

に構成することは容易です．「入社試験問題」における私的分析は実行可能です．

ベイズ推定をそのようなマイノリティ差別に使用してほしくないと著者は強く願っています．しかしテストの採点経過は公にされませんから使用を禁止することは不可能です．そもそも面接試験の採点官だって受験者の背景情報を利用することはあるのです．それならばベイズ推定は人間の判断をシミュレートしているだけだとも言えます．これは使用される道具の問題なのではなく，使用する人間の側の見識の問題です．

3.4　いくつかの重要な分布

この節では次の準備のための確率分布を勉強します．

> レポート問題：W 大学の統計学の授業では，毎週，授業内レポートが課されます．10 分間の執筆時間後は，書き上げた人から提出して退出してよいことになっています．提出時における 10 秒間当たりの平均提出者数は 0.8 人でした．学生は 50 人います．長すぎず短すぎない執筆時間を用意したいのですが，それは何分間と見積もればよいのでしょうか．

3.4.1　ポアソン分布

2 項分布の試行数 n が大きくなり，成功確率 θ が小さくなる場合を想像してみましょう．たとえば住宅の訪問営業は 1000 軒回って，成約するのはせいぜい 3 件くらいかもしれません．ゴルフのホールインワンもそんな状況でしょう．n と θ の積を一定の値 λ に保った状態で，n を無限大へ，θ を 0 へ向けて極限をとると，確率変数 X は

$$f(x|\lambda) = \frac{e^{-\lambda}\lambda^x}{x!}, \quad 0 \leq x < \infty, \quad x は整数 \tag{3.26}$$

という確率関数[*9]に従うことが知られています．これを**ポアソン分布** (Poisson distribution) といいます．

ポアソン分布は，単位時間当たりの破産件数・流れ星の数・交通事故数・昆虫の産卵数・窓口への来客数・固定電話着信数・綴りを間違える回数など，多くの

[*9] 分布関数は $F(x|\lambda) = \sum_{i=0}^{x} f(i|\lambda)$ です．

3.4 いくつかの重要な分布　　　　　　　　　　　　　61

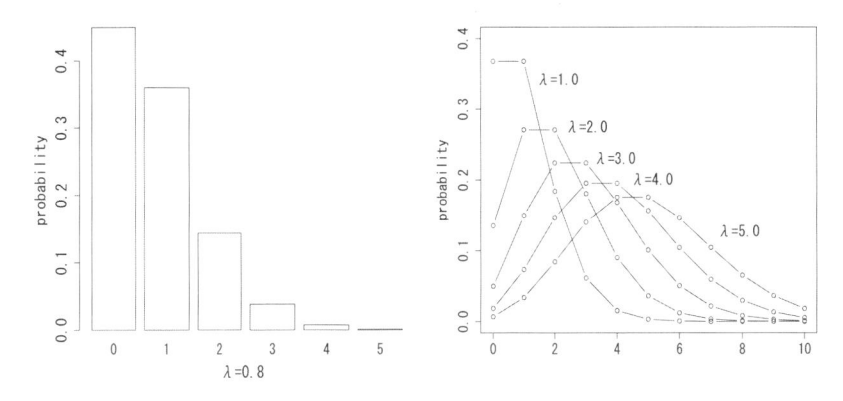

図 3.4　ポアソン分布の確率関数

現象に適用できます．単位時間あたりでなくても，単位面積当たりのレストランの軒数・爆弾命中数などにも適用できます．

統計学者のボルトキーヴィッチがプロイセン陸軍で馬に蹴られて死亡した兵士数に適用したのがポアソン分布の適用の始まりといわれています．

ポアソン分布の期待値と分散は

$$E[X] = \lambda \tag{3.27}$$

$$V[X] = \lambda \tag{3.28}$$

のように，両方とも母数に等しいことが特徴です．

図 3.4 の左図に $\lambda = 0.8$ のポアソン分布の確率関数を示しました．提出者がこのポアソン分布に従っているとします．ならば誰かがレポートを提出したその次の 10 秒間に誰も提出しない確率は 0.449 $(= f(x = 0|\lambda = 0.8))$ です．あるいは 3 人以上提出する確率は 0.047 $(= 1 - F(x = 2|\lambda = 0.8))$ です．

図 3.4 の右図に $\lambda = 1, 2, 3, 4, 5,$ のポアソン分布の確率関数を示しました．期待値と分散がだんだん大きくなっていくようすが示されています．

3.4.2　指 数 分 布

母数 λ のポアソン分布に従う確率事象が初めて観察されるまでの時間 X は

$$f(x|\lambda) = \lambda e^{-\lambda x}, \quad 0 \leq x, \quad 0 < \lambda \tag{3.29}$$

という確率密度関数に従います．これがポアソン事象の生起間隔の確率密度です．

ただし単位時間を $X=1$ で評価します．分布関数は

$$F(x|\lambda) = 1 - e^{-\lambda x} \tag{3.30}$$

です．これを**指数分布** (exponential distribution) といいます．

また指数分布の期待値と分散は

$$E[X] = 1/\lambda \tag{3.31}$$

$$V[X] = 1/\lambda^2 \tag{3.32}$$

です．要するに単位時間当たり平均 λ 回生じるポアソン事象は，平均 $1/\lambda$ 単位時間に 1 回観察されます．たとえば先の授業内レポートの例では，ポアソン分布の単位時間は 10 秒間ですから，平均して 12.5 秒 $(=(1/0.8)\times 10)$ 間隔でレポートは提出されます．さらに $\sqrt{1/0.8^2}\times 10 = 12.5$ ですから平均提出時間からの平均的な散らばりも 12.5 秒となります．これはもちろん偶然ではなく，指数分布は平均と標準偏差が常に等しくなります．

また誰かがレポートを提出し，その後の 30 秒間にレポート提出のない確率を計算してみましょう．単位時間で考えると $p(X>3\,(=30/10))$ です．分布関数を評価して

$$1 - F(x=3|\lambda=0.8) = 1 - 1 + e^{-2.4} \simeq 0.091 \tag{3.33}$$

となり，9.1%ほどであることがわかります．

図 3.5 左図に，$\lambda = 1, 1/2, 1/3, 1/4, 1/5$ の指数分布の確率密度関数を示しました．λ が小さくなるに従って期待値と分散が大きくなっていくようすが示されています．図 3.5 右図には，左図に対応する分布関数を示しました．

3.4.3 ガンマ分布

授業内レポートが課される教室には 50 人の学生がいます．全員が提出し終わるまでの時間はどのくらいでしょう．

母数 λ の指数分布に従う α 個の独立な確率変数の和 X は

$$f(x|\alpha, \lambda) = \frac{\lambda^\alpha}{\Gamma(\alpha)} x^{\alpha-1} e^{-\lambda x}, \quad 0 \leq x, \quad 0 < \lambda, \quad 0 < \alpha \tag{3.34}$$

という確率密度関数 [10] に従います．これを**ガンマ分布** (gamma distribution)

---

[10] $\Gamma(\alpha)$ は全体の積分を 1 にするための正規化定数です．

3.4 いくつかの重要な分布

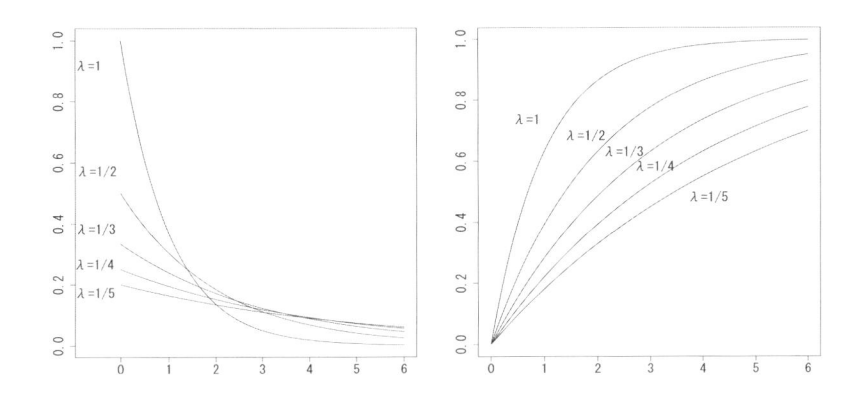

図 3.5 指数分布の確率密度関数 (左) と分布関数 (右)

といいます. $\alpha = 1$ のガンマ分布は指数分布です.

ガンマ分布の期待値と分散は

$$E[X] = \alpha/\lambda \tag{3.35}$$
$$V[X] = \alpha/\lambda^2 \tag{3.36}$$

です.

期待値に注目すると 50 人全員が提出するまでには, 平均的に 10 分 25 秒 (= 625 = (50/0.8) × 10) かかることが分かります. 中央値は 10 分 21 秒 [*11] です. 95%の確率で 12 分 57 秒 [*12] 以内に 50 人が提出し終わります. したがって最初の 10 分間を加えて, 授業内レポート執筆には 23 分間ほどの時間を用意しておけばよいということがわかります. これが「レポート問題」の答えです.

図 3.6 左図には $\alpha = 2$ に固定して, λ を変化させた場合のガンマ分布を示しました. 図 3.6 右図には $\lambda = 2$ に固定して, α を変化させた場合のガンマ分布を示しました. 右図の $\alpha = 1$ の曲線は指数分布です. また $\alpha = 2, \lambda = 2$ のガンマ分布は左右の図で共通しているので太い線で描いています.

α が大きくなるにつれて, あるいは λ が小さくなるにつれて期待値と分散が大きくなります.

[*11] $F(x|\alpha = 50, \lambda = 0.8) = 1/2$, となるのは 62.1 であり, 1 単位が 10 秒なので 621 秒です.

[*12] $F(x|\alpha = 50, \lambda = 0.8) = 0.95$, となるのは 77.7 であり, その 10 倍で 777 秒 (12 分 57 秒) となります. ただし 12 分 57 秒は, 95%の学生が提出し終わる時間ではありません. 学生が全員提出し終わるまでの時間を毎回計測したらその内の 95%が 12 分 57 秒以内だということです.

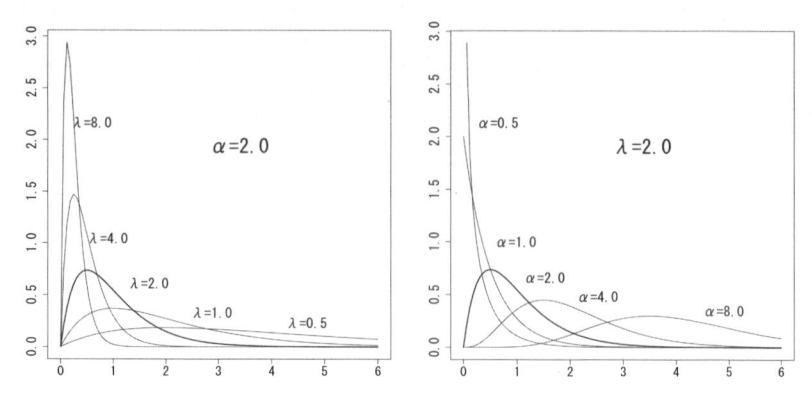

図 3.6 ガンマ分布の確率密度関数

3.5 母数の定義域が無限大を含む事前分布

2項分布のベイズ推定では,母数の定義域が有限の場合について考察しました.本節では,母数の定義域が無限を含む場合について考察します.

> 波平釣果問題:波平さんは,家族の夕食のおかずを確保すべく,毎週末釣りに出かけます.しかし釣果は振るわず,過去10回では1回当たり0匹,1匹,0匹,0匹,2匹,0匹,1匹,0匹,0匹,1匹と散々です.釣れないときには,妻の船さんは夕食のおかずを別に用意しなくてはなりません.釣果がポアソン分布に従っているとすると,その可能性はどれほどでしょう.

3.5.1 ポアソン分布の母数の最尤推定量

n 個の独立な観測 $\boldsymbol{x} = (x_1, \cdots, x_n)$ が得られたときの,ポアソン分布の最尤推定量を導きます.ただしガンマ分布とともに分析をするので,λ という記号が重ならないように母数を λ から θ に置き代えますので注意してください.

尤度関数は (3.26) 式をもとに

$$f(\boldsymbol{x}|\theta) = \prod_{i=1}^{n} \frac{e^{-\theta} \theta^{x_i}}{x_i!} \tag{3.37}$$

となります.対数尤度関数は

3.5 母数の定義域が無限大を含む事前分布

$$\log f(\boldsymbol{x}|\theta) = \log \theta \sum_{i=1}^{n} x_i - n\theta + C \tag{3.38}$$

です．定数 C は母数を含まない部分です．これを母数 θ で微分すると

$$\frac{d \log f(\boldsymbol{x}|\theta)}{d\theta} = \theta^{-1} \sum_{i=1}^{n} x_i - n \tag{3.39}$$

となります．これを 0 と置いた尤度方程式を解くと，最尤推定量

$$\hat{\theta} = \frac{1}{n} \sum_{i=1}^{n} x_i \tag{3.40}$$

が求まります．先の例で最尤推定値は $\hat{\theta} = (1+2+1+1)/10 = 0.5$ です．

3.5.2 自然共役事前分布

ベルヌイ分布・2項分布の自然共役事前分布はベータ分布でした．ここではポアソン分布の自然共役事前分布がガンマ分布であることを示します．まずポアソン分布の尤度のカーネルは

$$f(\boldsymbol{x}|\theta) = \prod_{i=1}^{n} \frac{e^{-\theta} \theta^{x_i}}{x_i!} \propto e^{-n\theta} \theta^{\sum x_i} \tag{3.41}$$

です．

ガンマ分布を事前分布に使用するということは，θ が確率変数になります．ガンマ分布のカーネルは x から θ に置き代えて，

$$f(\theta|\alpha, \lambda) \propto e^{-\lambda \theta} \theta^{\alpha-1} \tag{3.42}$$

と表現されます．

事後分布のカーネルは，尤度と事前分布の積でしたから

$$f(\theta|\boldsymbol{x}) \propto f(\boldsymbol{x}|\theta) f(\theta) \propto e^{-(\lambda+n)\theta} \theta^{(\alpha+\sum x_i)-1} \tag{3.43}$$

$$[\lambda' = \lambda + n, \ \alpha' = \alpha + \sum x_i \text{ と置くと} \quad]$$

$$= e^{-\lambda' \theta} \theta^{\alpha'-1} \tag{3.44}$$

となり，事後分布がガンマ分布であることが示されました．

奥様の船さんは，もう少し自分の主人の釣りの腕前はよいだろうと思いました．θ の平均は 2 くらい，標準偏差は 0.8 くらいであろうと思いました．事前分布を

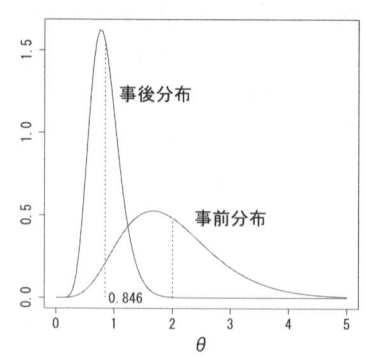

図3.7 ガンマ分布によるポアソン分布の母数の事後分布

$f(\theta|\alpha = 6, \lambda = 3)$ のガンマ分布とすると事後分布は $f(\theta|\alpha = 11, \lambda = 13)$ のガンマ分布になります．$\theta_{eap} = 11/13 \simeq 0.846$ です．事後標準偏差は $0.255 = \sqrt{11/13^2}$ です．この状況を示したのが図3.7です．期待値がピークと一致していないのはどちらの分布も正に歪んでいるからです．

釣果がボウズ[*13]となり，船さんがおかずを用意する確率はどれほどでしょう．このためには推定された母数をポアソン分布に代入して $p(X = 0)$ を評価します．最尤推定では $f(x = 0|\theta = 0.5) \simeq 0.607$ でした．ベイズ推定では $f(x = 0|\theta = 0.846) \simeq 0.429$ でした．

3.5.3 無情報的事前分布

おかずを食べ損なっても自己責任ですから，夫を高く評価する妻の主観分布は，私的分析としては申し分ありません．しかし論文や報告書における公的分析でこのような主観的な事前分布を利用すると批判を免れません．

2項分布のベイズ推論における公的分析では無情報的事前分布を利用しました．方法は2つありました．1つは一様分布を利用すること，もう1つは一様な自然共役事前分布を利用することでした．本節でも，基本的にこの2つの方法を踏襲します．しかし今回は一筋縄にはいきません．

● 一様分布から

(2.34) 式の一様分布は，母数の定義域の長さが有限の場合には $f(\theta|\alpha = 0, \beta =$

[*13] 釣果が0匹のこと．0匹ならお坊さんと同じで殺傷はしていません．ここから魚が釣れないことをボウズといいます．

1) $= C$ のように定数になりました．このため (3.25) 式のように事前情報を持たない解に帰着し，無情報としての役割を果たせます．

しかしポアソン分布の母数 θ の定義域は $(0, +\infty)$ であり，長さが無限大です．確率密度の値は

$$C = \lim_{\beta \to +\infty} f(\theta|\alpha = 0, \beta) = \lim_{\beta \to +\infty} 1/\beta = 0 \tag{3.45}$$

となってしまいます．これはまともな確率密度関数とはいえず，これを**変則分布** (improper distribution) といいます．$C = 0$ では，(3.25) 式が成り立たなくなります．この問題に対処する方法は2つあります．幸いなことに (3.25) 式の右辺全体の極限をとると尤度に比例した事後分布に収束することが知られています．0 にはなりません．このことから変則分布による悪影響は本質的なものとはみなさず，一様分布の値 C をとてもとても小さな正の値 ϵ とみなして (3.25) 式を利用する [*14] という方法です．

一様分布を無情報的事前分布として利用する2つ目の方法は，十分に大きな β を採用する方法です．たとえば $\beta = 10000$ とすれば，$C = 1/10000$ となり，事前分布を積分すれば1になります．波平さんが1回の釣りで平均的に1万匹も魚を釣るはずはありません．1万以上に母数が存在しないという事前分布に対して「それはお前の勝手な主観的だろう！」と批判する人は (たぶん) いません．したがって常識的な範囲では無情報的になり，公的分析に利用できます．こちらの方法は数理的な破綻がないので使っていて気持ちがいいのが長所です．

一様分布を無情報的事前分布として選ぶ方法の利点は，尤度モデルの数理的性質とは無関係に，オールマイティに利用できることです．

● **自然共役事前分布から**

(3.41) 式と (3.43) 式をよく見比べると，$\alpha = 1$, $\lambda = 0$ のときに尤度に一致し，事前分布は無情報的になることがわかります．$\alpha = 1$ ということはガンマ分布の特殊ケースである指数分布だということです．問題は λ であり，これを完全に0にしてしまうと確率密度のない変則分布になってしまいます．

図 3.5 の左図に，指数分布の形状が示されていました．これを観察すると，λ が0に近づくということは，要するに一様分布に近づいていくということです．そこで十分に小さな値を選んで，たとえば $\lambda = 0.00001$ の指数分布を事前分布に

[*14] 積分すると無限大になる変則分布を事前分布に利用するという意味です．実装する場合には対数尤度のみ利用します．

選べば実用上尤度だけに基づく解と変わらなくなります．

自然共役事前分布の中から無情報的な分布を事前分布として選ぶ方法の欠点は，尤度モデルの数理的性質に合わせて選ぶ必要があることです．長所は事後分布が明示的に求まることです．ただし次章以降から論じるように，ベイズ統計学の主流は，シミュレーションによる事後分布の評価に移行していますから，その長所の優位性はなくなったといっても過言ではありません．

3.6 予測分布

尤度を作るときに採用したモデルの分布 [15] を用いて，将来観察されるデータ x^* を予測したい場合があります．「波平釣果問題」なら船さんが夕食を用意しなくてはならない確率だったり，「正選手問題」なら次の試合における選手 A と選手 B の対戦成績です．このような場合に役に立つのが**予測分布** (predictive distribution) です．将来のデータ x^* を予測するための予測分布 [16] には 2 種類あります．

1 つは，(推定値で所与とした母数による) **条件付き予測分布** (conditional predictive distribution) [17] です．モデルの分布を $f(x|\theta)$ とした場合に，条件付き予測分布は

$$f(x^*|\hat{\theta}) \tag{3.47}$$

です．θ_{eap} など，事後分布からの点推定値を $\hat{\theta}$ に利用します．「波平釣果問題」における「船さんが夕食を用意しなければならない確率」が既に登場していますが，EAP 推定値をポアソン分布に代入して求めたこの確率

$$0.429 \simeq f(x^* = 0|\theta_{eap} = 0.846) \tag{3.48}$$

が条件付き予測分布による将来の予測です．

もう 1 つは，**事後予測分布** (posterior predictive distribution)

---

[15] 「波平釣果問題」ならポアソン分布，「正選手問題」なら 2 項分布あるいはベルヌイ分布です．
[16] 将来のデータ x^* は予測しませんが，ベイズの定理の正規化定数 (3.4) 式

$$f(\boldsymbol{x}) = \int_{-\infty}^{+\infty} f(\boldsymbol{x}|\theta)f(\theta)d\theta \tag{3.46}$$

を事前予測分布 (prior predictive distribution) といいます．
[17] 渡部洋『ベイズ統計学入門』(福村出版, 1999) p.69.

$$f(x^*|\boldsymbol{x}) = \int_{-\infty}^{+\infty} f(x^*|\theta)f(\theta|\boldsymbol{x})d\theta \tag{3.49}$$

です．ここで $f(x^*|\theta)$ はモデル分布であり，$f(\theta|\boldsymbol{x})$ は事後分布です．これは事後分布におけるモデル分布の期待値です．事後予測分布には積分計算が含まれていますので (母数の数が増えた場合には特に) 解析的に求らない場合 [*18)] がほとんどです．ただし次章で学ぶ MCMC 法により，オールマイティに評価することができます．

EAP を利用した条件付き予測分布は，期待値でモデルの確率評価を求めています．事後予測分布は，モデルの確率評価の期待値を求めています．両者は確率評価と期待値の演算の順番を変えたものと解釈されます．

条件付き予測分布の長所は，事後の行動原理が点推定値にだけ依存することによる扱いの容易さです．短所は，事後分布の豊かな情報を点推定値だけで要約してしまっている情報損失です．母数の数が多い場合に利用するとよいでしょう．

逆に事後予測分布の長所は，事後分布の情報をあまさず利用する精密さです．短所は，事前データ・事後分布を持ち続ける煩雑さ，積分の困難さです．母数の数が少なく，丁寧に予測したい場合に利用するとよいでしょう．

3.7 本書の立場

ベイズ統計学は，現時点において，事前分布の選択に関する議論が決着していません．このためさまざまな流儀がベイズ統計学には存在します．本書では割愛しますが「○○ベイズ」という用語はたくさんあります．したがってベイズ統計学を学ぶ側は，その教科書がどのような立場 [*19)] で書かれたのかを認識する必要があります．事前分布に関して，本書は「公的分析では無情報的事前分布を使用し，尤度への影響を最小限にするべきである．私的分析では自己責任で原則的に自由である．しかしマイノリティを差別する使用はしないでほしい」という立場をとります．ベイズ流に分析するなら，まずそれが公的分析なのか私的分析なのかをはっきり区別すべきです．公的分析をする場合は，万人が認める特段の理由

[*18)] 「波平釣果問題」は解析的に約 0.4425 と求まります．条件付き予測分布よりもわずかに確率が高くなりました．導出に関しては付録を参照してください．

[*19)] どのような立場もとらずに，いろいろな立場を解説したベイズ統計学の良書もあります．ただしベイズ統計学には，その主観性が激しく攻撃されてきた歴史があり，その歴史を鑑みるに，評価に言及せずにいろいろな立場を並列に紹介した教科書は必ずしも初心者向きとはいえません．

がない限り，特定の信念を表明した (分散が小さい) 事前分布は使用しません．

　本書の立場は，ベイズ統計学の威力を存分に引き出していないと批判されることがあります．その通りです．しかしそれは「もったいない」という主旨の批判であり，立場や使用を否定する批判ではありません．本書の立場は，ベイズ統計学の中で，最も拒否されにくいという意味で初学者に適しています．ただし無情報的事前分布にはいくつかのバリエーションがあります．ベイズ統計学を初めて学ぶ読者のための本書は一様分布を基本[20]とします．オールマイティであり，統計学を専門としないデータ解析者の学習の負担が最も少ないからです．

　第6章，第7章，第8章では，公的分析を念頭に置いて適用例を示します．これまで主流だった GS 法では，条件付き事後分布を導くために便利な自然共役事前分布を主として利用しました．しかし本書が基本に据える HMC 法ではその必要がありませんから，事前分布には原則的に一様分布を利用します．ただし場合によっては一様分布に近い自然共役事前分布を使用することもあります．

3.8 「3囚人問題」の正解は 1/2 でよい

　本章ではベイズ流の母数の評価方法を学びました．この知識を利用して，第1章で学んだ「3囚人問題」を再考し，この問題がパラドクスでないことを示します．まず恩赦される事前確率に関しては，問題文に「罪状はいずれも似たりよったりで」と明記されていることから，等確率 ($p(A_a) = p(B_a) = p(C_a) = 1/3$) が許容できます．

　しかし囚人 A が恩赦されるときに事象 B_d が生じる条件付き確率[21] $p(B_d|A_a)$ が 1/2 であることは，必ずしも自明ではありません．看守が迷った時の選択確率については，問題文に記載が全くありませんので，回答者がこの条件付き確率の存在そのものに，そもそも気が付いていない可能性[22]があるからです．

---

[20] コーシー分布 (Cauchy distribution) や，半コーシー分布 (half-Cauchy distribution) もオールマイティに利用されます．
[21] 本来，尤度であるべき場所ですが，第3の使用法によって主観確率になっている場所です．
[22] 遠い昔に「3囚人問題」を初見し，回答を試みたとき，少なくとも著者はこの確率の存在にまったく気が付きませんでした．存在に気が付かなかったのですから，当然，$p(B_d|A_a) = 1/2$ という事前信念は持ちません．初見にて条件付き確率の存在に気が付き，しかも事前信念 1/2 を持つ回答者はいるのでしょうか．もし $p(B_d|A_a) = 1/2$ という事前信念をもたなかったなら，計算の基礎となる前提が異なっているのですから，直感的な解と「模範解答」がズレても驚くに値しません．

3.8 「3囚人問題」の正解は 1/2 でよい

条件付き確率の存在に気が付かず，回答者が直観的な事前信念を持たなかった可能性を鑑み，そこに無情報的事前分布を仮定します．具体的には「囚人 A が恩赦されるときに，囚人 B が処刑されると宣告される確率」は区間 [0,1] の一様分布に従う確率変数 x とします．すなわち

$$f(x) = 1, \quad \text{ただし } 0 < x < 1 \quad (3.50)$$

$$p(B_d|A_a) = x, \qquad p(C_d|A_a) = 1 - x \quad (3.51)$$

です．ベイズの定理は

$$f(A_a|B_d) = \frac{f(B_d|A_a)p(A_a)}{f(B_d|A_a)p(A_a) + f(B_d|B_a)p(B_a) + f(B_d|C_a)p(C_a)} \quad (3.52)$$

$$= \frac{f(B_d|A_a) \times (1/3)}{f(B_d|A_a) \times (1/3) + (1/3)} = \frac{f(B_d|A_a)}{f(B_d|A_a) + 1} \quad (3.53)$$

と変形されます．右辺の $f(B_d|A_a)$ に確率変数 x を代入すると，左辺も確率変数となります．これを θ と表記すると

$$\theta = g(x) = \frac{x}{x+1} \quad (3.54)$$

です．変数変換の公式によって，確率変数 θ の分布 (囚人 A が恩赦される事後確率の事後分布) は

$$f(\theta) = \frac{1}{(\theta-1)^2}, \quad \text{ただし } 0 < \theta < 1/2 \quad (3.55)$$

と導出[*23]されます．この事後分布の形状は図 3.8 に示した通りです．$\theta_{map} = 1/2$ ですから，「「3 囚人問題」の正解は **1/2** でもよい」ことが示されました．囚人 A が恩赦されるときに「囚人 B が処刑される」と宣言される確率に関して，素朴に無情報であった回答者にとっては，直観に合う 1/2 という答えこそが事後確率 (密度) が最も大きくなる正解です．

ちなみに

$$\theta_{eap} = \int_0^{1/2} \frac{\theta}{(\theta-1)^2} d\theta \approx 0.30685 \quad (3.56)$$

であり，

$$\int_0^{1/3} \frac{1}{(\theta-1)^2} d\theta = 1/2 \quad (3.57)$$

[*23] 変数変換の公式 $f(\theta) = f(g^{-1}(\theta))\text{abs}(dx/d\theta)$ に，$x = g^{-1}(\theta) = -\theta/(\theta-1)$ を考慮して，$dx/d\theta = 1/(\theta-1)^2$ と $f(g^{-1}(\theta)) = 1$ を代入すると θ の分布 $f(\theta)$ が求まります．

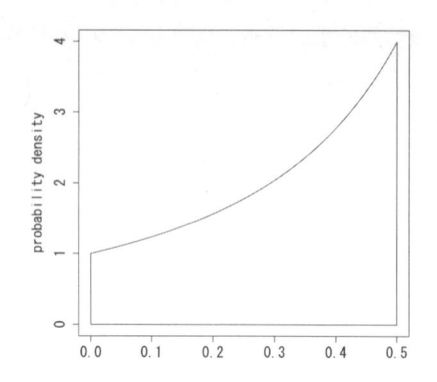

図 3.8 囚人 A が恩赦される確率の事後分布

ですから，$\theta_{med} = 1/3$ です．したがって「3囚人問題」の正解は **1/3** でもよい [*24] のです．「なぜ 1/2 などと間違ってしまうのだろう」とか「正解は 1/3 だけである」などと考えてはいけません．「模範解答」は条件付き確率に関する制約が強すぎて，人間の素直な直観を反映していないからです．

3.9 章末問題

1) 2項分布のカーネル (3.7) 式やベータ分布のカーネル (3.12) 式の表現を参考にして，$\sigma^2 = 1$ の場合の正規分布のカーネルを示しなさい．$\mu = 0$ の場合の正規分布のカーネルを示しなさい．μ と σ^2 に，制約がない場合の正規分布のカーネルを示しなさい．
2) 「正選手問題」において，監督の個人的印象が「それ以前の 1 週間では 9 勝 1 敗くらいで A が優勢だった」とき，EAP 推定値 (3.19) 式と MAP 推定値 (3.20) 式を示しなさい．
3) 前問と同じ 2 つの状況で，事後分散 (3.23) 式と事後標準偏差を求めなさい．

[*24] 「3 囚人問題」と同型である問題に「モンティ・ホール問題」があります．ご存知ない読者は「モンティ・ホール問題」がどのような問題か調べてみましょう．「モンティ・ホール問題」でも「3 囚人問題」と同様の考察が可能です．挑戦者が最初に選んだ扉が当たりのときに，司会者がどちらの扉を開けるかという条件付き確率に対して，1/2 ではなく一様分布を与えます．最初に選んだ扉が当たりである確率の事後分布の MAP 推定値は 1/2 となります．その意味で「モンティ・ホール問題」もパラドクスではありません．

4) 「正選手問題」において，監督の個人的印象が「それ以前の1週間では3勝7敗くらいでAが劣勢だった」とき，EAP推定値とMAP推定値を示しなさい．

5) 前問と同じ2つの状況で，事後分散 (3.23) 式と事後標準偏差を求めなさい．

6) 今後ベイズ統計学がさらに広まると「入社試験問題」のような状況は，公にならない私的分析において増加します．自己責任で自己利益を追求する私的分析においてベイズ統計学はどのように利用されるべきでしょう．

7) あるデパートの案内デスクを訪れるお客さんはポアソン分布に従い，15分に2人です．案内嬢Aの今日の勤務時間はあと15分なのですが，この間にお客がひとりも来ない確率を求めなさい．ちょうど2人来る確率，4人以上来る確率も求めなさい．

8) 前問のデパートの案内デスクを訪れるお客さんは，指数分布に従います．30分間に1人もお客さんが来ない確率を求めなさい．あるいは5分以内にお客さんが来る確率を求めなさい．

9) セールスマンAは，平均的に1週間に3個の商品を売り上げています．しかし新しいお守りを買ったところ，1週間に8個の商品が売れました．商品の売り上げがポアソン分布に従っているとすると，この売り上げ増は有意[25]と言えるでしょうか．

10) 自殺者が1時間当たり3.18人[26]のポアソン分布に従っているとき，次の自殺者1名が現れるまでの時間は指数分布に従います．平均的に何分で1名が自殺するでしょう．また次の1時間に誰も自殺しない確率を求めなさい．

11) ある川の渡し船は，6人のお客がそろわないと出発しません．旅人の到着は1時間に4人のポアソン分布に従っています．この渡し船が1時間以内に出発する確率と2時間たっても出発できない確率を求めなさい．

12) 「波平釣果問題」において，船さんの信念が事前分布を $f(\theta|\alpha=4, \lambda=4)$ のガンマ分布であるとします．この信念は，θ の平均と標準偏差がどれほどの信念 ((3.35) 式と (3.36) 式を利用しなさい) でしょう．またこのとき，θ の EAP 推定値はいくつでしょう．また夕食を用意しなければならない確率はどれほどですか．条件付き予測分布を用いて求めなさい．

---

[25] 8個以上売り上げる確率が5%以下なら有意と判定することにします．
[26] 2012年の日本の自殺者は27,858人ですから，1時間当たりでは約3.18人です．

13)「正選手問題」では $\theta_{eap} = 0.638$ と推定されました.この推定値を使い「次の5試合で選手Aが選手Bに3勝2敗する確率」を求めなさい.ただしモデル分布としては2項分布を用い,条件付き予測分布の方法を利用します.

4 メトロポリス・ヘイスティングス法

■ ■ ■

本章では，マルコフ連鎖モンテカルロ法 (Markov chain Monte Carlo methods, MCMC) の中のメトロポリス・ヘイスティングス法 (Metropolis-Hastings methods, MH) を解説します．

4.1 事後分布からの乱数の発生

ベイズ統計学では，データからの知見を事後分布を経由して入手します．しかし事後分布の解析的な評価は，ほとんどの実践的場面で困難を極めます．たとえば母数の値を点で評価するには (3.19) 式で学んだように EAP 推定量

$$\hat{\theta}_{eap} = \int \theta f(\theta|\boldsymbol{x}) d\theta \tag{4.1}$$

のような母数に関する積分が必要です．

微分は演算が閉じて[*1)]いますから，定義されるなら必ず解けて評価できます．数値的に導関数を評価するのではなく，数式として計算機に微分させることさえも可能です．しかし積分は演算が閉じていませんから，評価できる積分と評価できない積分があります．

第3章では，2項分布モデルやポアソン分布モデルの事後分布を，比較的容易に導出しました．これは教材だから，簡単に導出できたのです．ベイズ統計学の理論的道筋を明快に示すために，簡単に事後分布の導けるものだけを選びました．モデルを複雑にしたり，別の分布を適用すると積分を評価できなくなる場合の方が圧倒的に多くなります．

母数が1つの場合は，細く切り刻んだ短冊の面積の和として積分を数値的に評価することが常に可能です．したがって実用的には (4.1) 式の積分を評価するこ

[*1)] 微分は，2乗は1乗になるし，対数は分数になるし，指数は何もなくなるし，というように初等的な演算に還元されます．

とができます．しかし分析の実践場面では，母数が多次元ベクトル $\boldsymbol{\theta}$ と [*2] なることがほとんどです．この場合たとえば d 次元母数ベクトル $\boldsymbol{\theta} = (\theta_1, \theta_2, \cdots, \theta_d)$ の 1 番目の母数 θ_1 の EAP 推定値を求めるためには

$$\hat{\theta}_{1\ eap} = \int \theta_1 f(\theta_1|\boldsymbol{x}) d\theta_1 \tag{4.2}$$

$\begin{bmatrix} \text{多変数の周辺化を (2.57) 式で学びました．まず，この公式の } x, y \text{ を } \theta_2, \cdots, \theta_d \\ \text{に置き代えます．次に } z \text{ を } \theta_1 \text{ に置き代え，} \theta \text{ を } \boldsymbol{x} \text{ に置き代えます．そして} \\ f(\theta_1|\boldsymbol{x}) \text{ を (2.57) 式の右辺とみて，左辺に向けて変形します．} \end{bmatrix}$

$$= \int \theta_1 \int \cdots \int f(\theta_1, \theta_2, \cdots, \theta_d|\boldsymbol{x}) \ d\theta_d d\theta_{d-1} \cdots d\theta_1 \tag{4.3}$$

$$= \int \theta_1 \int \cdots \int f(\boldsymbol{\theta}|\boldsymbol{x}) \ d\theta_d d\theta_{d-1} \cdots d\theta_1 \tag{4.4}$$

のように事後分布 $f(\boldsymbol{\theta}|\boldsymbol{x})$ の d 次元の積分を評価しなければなりません．これを一般的に，解析的に解くことは不可能です．数値的に評価することも，とても難しい課題となります．

そこで直接的な積分をあきらめ，発想を転換します．事後分布 $f(\boldsymbol{\theta}|\boldsymbol{x})$ は母数の確率分布なのですから，その確率分布から乱数を発生させるのです．たとえば第 2 章では $\boldsymbol{x} = (162, 172, 178, 154, 173, 174, 166, 166, 166, 164)$ の身長データが登場しました．尤度を正規分布で表現し，何らかの事前分布を利用すると $f(\mu, \sigma^2|\boldsymbol{x})$ という事後分布が構成されます．この確率密度関数から，確率変数 μ, σ^2 の実現値を乱数として，たとえば表 4.1 のように 100000 個発生 [*3] させます．伝統的な統計学では，母数 $\boldsymbol{\theta}$ が固定され，観測変数が確率分布に従い，観測変数が実現値として観察されます．ここでは状況が逆であることに注意しましょう．観測変数が固定され，確率変数である母数 $\boldsymbol{\theta}$ が事後分布に従い，母数の実現値が表 4.1 で観察されています．

表 4.1 が十分に事後分布を近似しているとしましょう．このとき身長の母平均 μ の EAP 推定値は，表 4.1 の μ の列の平均値としてえられます．推定の不安定さの指標であった事後標準偏差 [*4] は，μ の列の標準偏差を計算するだけで評価できます．MED 推定値は μ の列の中央値です．MAP 推定値は，適切な階級幅

[*2] 正規分布の場合は $\boldsymbol{\theta} = (\mu, \sigma^2)$ のように次元数が $d = 2$ でした．しかし実践的なデータ解析では，d が数十次元あるいは数百次元にもなります．ときには数千次元になることだってあるのです．

[*3] この場合は母数が $d = 2$ なので表 4.1 は 2 列になっていますが，一般的には d 列になります．また母数の実現値の数も 100000 個とは限らず，それより多い場合も少ない場合もあります．

[*4] 事後標準偏差は，伝統的な統計学における標準誤差に相当する概念でした．

表 4.1 事後分布に従う乱数の例

No.	μ	σ^2
1	172.4	50.2
2	169.2	47.6
3	170.1	51.3
⋮	⋮	⋮
100000	168.4	49.8

を設けてヒストグラムを描き，最も度数の大きくなった階級値です．95%確信区間は，100000個の実現値をソートして両側の2500個 (2.5%) を捨てた範囲となります．事後同時分布に従う精度のよい乱数がえられれば，母数に関する推論は極めてスムーズに行われ，$f(\boldsymbol{\theta}|\boldsymbol{x})$ の積分から解放されます．めでたし，めでたしと言いたいところですが，そう簡単に事後分布に従う乱数列を手にすることはできません．

2つの問題があります．1つ目は，仮に確率分布が評価できても，必ずしも当該の確率分布に従う乱数を発生させられるとは限らないという問題です．任意の確率分布に従う乱数を発生させることは容易ではありません．

正規分布などの有名な分布に従う乱数は計算機言語に実装されています．しかし通常，計算機言語に実装されている正規乱数は $f(x|\mu,\sigma)$ です．表 4.1 は $f(\mu,\sigma|\boldsymbol{x})$ からの実現値であり，通常こちらは実装されていません．

2つ目は，事後分布に含まれる正規化定数は評価できないことの方が多いという問題です．事後分布は (3.5) 式とも表現されました．右辺の分子をカーネルといい，分母を正規化定数といいました．カーネルは母数を代入すればそのまま値を評価できます．しかし正規化定数には d 次元の積分が含まれていますから，簡単には評価できません．正規化定数には母数が含まれていませんから，カーネルを評価した値は事後分布に比例した値になります．しかし正規化定数が不明である以上，事後確率密度そのものは評価できません．

事後分布のカーネルだけを用い，事後分布 $f(\boldsymbol{\theta}|\boldsymbol{x})$ に従う表 4.1 のような乱数を発生させるには，どうしたらいいのでしょうか．これが本章と次章の目標です．以下，いくつかの節でその準備を行い，その後に「事後分布からの乱数の発生」の課題に挑みます．

4.2 マルコフ連鎖

> **ネクタイ問題**：ある高校では，制服のネクタイが公式に3種類用意され，それは校章レジメンタル(紋)，ストライプ(縞)，ペイズリー(玉)です．今年の1年生は100人です．第1日目である入学式の日は例年，紋，縞，玉のネクタイを，それぞれ0.6, 0.25, 0.15の確率で着用して登校することが経験的に知られています．この高校の生徒は，前日に締めたネクタイ柄 (i) にだけ基づいて当日のネクタイ柄 (j) を決めます．その確率を i 行 j 列の行列で示したのが表4.2です．生徒は3つのネクタイしか着用しません．第2日目には生徒たちのネクタイ柄の分布はどうなるでしょう．さらに日々の移り変わりの中で，ネクタイの柄の分布は結局どうなっていくのでしょう．

第 t 日のネクタイの柄を表す確率変数を，時点を表す添え字 $t(=1,\cdots,T)$ を用いて $X^{(t)}$ とします．このように時間とともに変化する確率変数，あるいは現象のことを**確率過程** (stochastic process) といいます．この場合，標本空間は $1, 2, 3$ であり，それぞれ紋，縞，玉のネクタイを表すものとします．$X^{(t)}$ の実現値は t ごとに毎日100個観察されます．

一般的な確率過程 $X^{(t)}$ は

$$p(X^{(t)}|X^{(t-1)}, X^{(t-2)}, \cdots, X^{(1)}) \tag{4.5}$$

のように，それ以前の歴史的経緯を踏まえた条件付き確率によって確率分布が記述されます．

それに対して表4.2は，1期前からだけ影響を受ける条件付き確率 $p(X^{(t)}|X^{(t-1)})$ を表現しています．たとえば前日に玉のネクタイを着用した生徒が，次の日に縞

表4.2 ネクタイ変更の条件付き確率

		当日 (j)		
		紋	縞	玉
前日 (i)	紋	0.3	0.3	0.4
	縞	0.1	0.5	0.4
	玉	0.2	0.6	0.2

のネクタイを着用する確率は

$$0.6 = p(X^{(t)} = 2 | X^{(t-1)} = 3) \tag{4.6}$$

だということが読み取れます．このように条件付き確率が

$$p(X^{(t)} | X^{(t-1)}, X^{(t-2)}, \cdots, X^{(1)}) = p(X^{(t)} | X^{(t-1)}) \tag{4.7}$$

と表現される確率過程を，特に**マルコフ連鎖** (Markov chain) といいます[*5]．

また表 4.2 のようなマルコフ連鎖を規定する条件付き確率

$$P = \begin{bmatrix} 0.3 & 0.3 & 0.4 \\ 0.1 & 0.5 & 0.4 \\ 0.2 & 0.6 & 0.2 \end{bmatrix} \tag{4.8}$$

を**遷移核** (transition kernel, あるいは推移核) [*6]といいます．

4.3 定常分布への収束

$p_i^{(t)} = p(X^{(t)} = i)$ と表記すると，$X^{(t)}$ の確率分布は $\boldsymbol{p}^{(t)} = (p_1^{(t)}, p_2^{(t)}, p_3^{(t)})$ であり，$X^{(1)}$ の確率分布は $\boldsymbol{p}^{(1)} = (0.6, 0.25, 0.15)$ でした．さて「ネクタイ問題」の第 2 日目には生徒たちのネクタイ柄の分布はどうなるでしょう．この問いは $X^{(2)}$ の (無条件) 確率分布を求めることと同義です．これは全確率の公式 (1.25) 式を適用し

$$p(X^{(2)} = j) = \sum_{i=1}^{3} p(X^{(2)} = j | X^{(1)} = i) p(X^{(1)} = i) \tag{4.9}$$

と求まります．

たとえば 2 日目に紋のネクタイを着用する確率は

$$p_1^{(2)} = 0.3 \times 0.6 + 0.1 \times 0.25 + 0.2 \times 0.15 = 0.235 \tag{4.10}$$

で 23.5% となります．同様に 2 日目に縞，玉のネクタイを着用する確率も計算すると，$\boldsymbol{p}^{(2)} = (0.235, 0.395, 0.37)$ となります．さらに，$\boldsymbol{p}^{(t)}$ の確率分布の要素は

[*5] m 期前からだけの条件付き分布になる確率過程を m 次マルコフ連鎖を呼ぶ場合もあります．本書では $m = 1$ の場合だけを扱い，これを単にマルコフ連鎖と呼びます．

[*6] 連続型確率変数の場合は条件付き分布を当該マルコフ連鎖の遷移核といいます．遷移核は必ずしも行列で表現されるとは限りません．

$$p(X^{(t)} = j) = \sum_{i=1}^{3} p(X^{(t)} = j | X^{(t-1)} = i) p(X^{(t-1)} = i) \quad (4.11)$$

によって順番に計算*[7]できます．これを確率過程の**遷移** (transition, あるいは**推移**) といいます．この式を使い，$\bm{p}^{(2)}$ から $\bm{p}^{(3)}$ を計算し，$\bm{p}^{(3)}$ から $\bm{p}^{(4)}$ を計算し，という具合に順番に計算できます．

さて「ネクタイ問題」の最後の問いですが，ネクタイの柄の確率分布は結局どうなっていくのでしょう．表4.3の左に，$\bm{p}^{(1)}$ から $\bm{p}^{(8)}$ までの変化を示しました．また図4.1に $\bm{p}^{(1)}$ から $\bm{p}^{(10)}$ までの変化を図示しました．

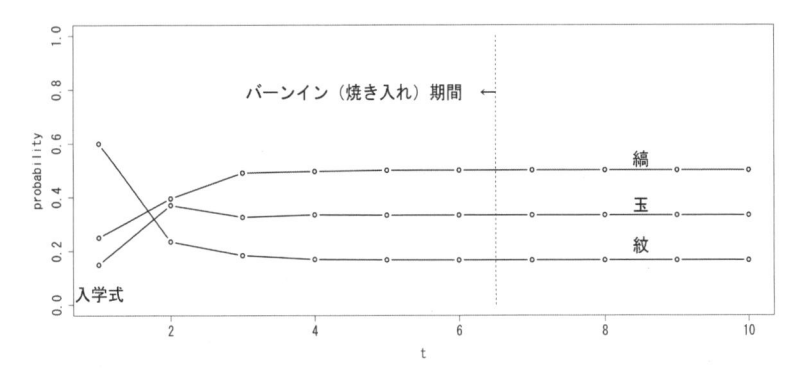

図 4.1 入学式以降のネクタイの着用分布

$\bm{p} = (1/6, 1/2, 1/3)$ のあたりで変化がなくなっていることが観察されます．仮にこの確率を使って次の日の紋のネクタイを着用する確率を計算すると

$$p_1 = 0.3 \times 1/6 + 0.1 \times 1/2 + 0.2 \times 1/3 = 1/6 \quad (4.12)$$

のように前日の紋のネクタイを着用する確率に戻り，紋のネクタイを着用する確率は 1/6 から変化しないことが分かります．同様に計算すると縞や玉のネクタイを着用する確率は，それぞれ 1/2, 1/3 となり，もうこれ以上この先は変化しないことが確認できます．以上の考察から，「ネクタイ問題」の答えは，「この学校の生徒のネクタイの柄は，ほぼ7日目以降，紋：縞：玉 = 1/6 : 1/2 : 1/3 で安定す

---

*[7] 行列計算を使うと，横ベクトル $\bm{p}^{(1)}$ と行列 P を用いて，$\bm{p}^{(1)} P = \bm{p}^{(2)}$ であることを確認できます．さらに $\bm{p}^{(t-1)} P = \bm{p}^{(t)}$ や，$\bm{p}^{(1)} PP = \bm{p}^{(3)}$ も確認できます．$PP = P^2$ のような表記を使うと $\bm{p}^{(1)} P^{t-1} = \bm{p}^{(t)}$ であることも分かります．

4.3 定常分布への収束

る」であることが分かりました.

変化しなくなった確率分布 $\boldsymbol{p}$ を,当該マルコフ連鎖の**定常分布** (stationary distribution) あるいは**不変分布** (invariant distribution) [*8)] といいます.またこの挙動を**定常分布への収束**といい,収束[*9)] までの期間を**バーンイン** (burn-in, 焼き入れ) 期間 B といいます.表 4.3 左表を見ると有効数字 4 ケタでは,7 日目に収束していますから,入学式から 6 日目までがバーンイン期間 ($B=6$) といえます.

$t=1$ の初期状態が $\boldsymbol{p}^{(1)} = (0.6, 0.25, 0.15)$ である場合には,マルコフ連鎖は定常分布に収束しました.それでは初期状態が異なる場合にはどうなるのでしょうか.でたらめに選んだ初期状態 $\boldsymbol{p}^{(1)} = (0.3, 0.3, 0.4)$ と,$\boldsymbol{p}^{(1)} = (0.1, 0.1, 0.8)$ とで遷移の経緯を示したのが,表 4.3 の表中と表右です.

表 4.3 定常分布への収束の確認

t	1 紋	2 縞	3 玉	1 紋	2 縞	3 玉	1 紋	2 縞	3 玉
1	0.6000	0.2500	0.1500	0.3000	0.3000	0.4000	0.1000	0.1000	0.8000
2	0.2350	0.3950	0.3700	0.2000	0.4800	0.3200	0.2000	0.5600	0.2400
3	0.1840	0.4900	0.3260	0.1720	0.4920	0.3360	0.1640	0.4840	0.3520
4	0.1694	0.4958	0.3348	0.1680	0.4992	0.3328	0.1680	0.5024	0.3296
5	0.1674	0.4996	0.3330	0.1669	0.4997	0.3334	0.1666	0.4994	0.3341
6	0.1668	0.4998	0.3334	0.1667	0.5000	0.3333	0.1667	0.5001	0.3332
7	0.1667	0.5000	0.3333	0.1667	0.5000	0.3333	0.1667	0.5000	0.3334
8	0.1667	0.5000	0.3333	0.1667	0.5000	0.3333	0.1667	0.5000	0.3333

表 4.3 に登場する 3 つの初期状態に関しては,実用的な意味では,$t=5$ から 7 くらいまでがバーンイン期間といえます.

マルコフ連鎖は,遷移カーネルと初期状態が

1) **既約的** (irreducible): 有限回の推移で状態空間の要素すべてが互いに到達可能である性質.たとえば縞のネクタイを着用したら二度と玉のネクタイはできない場合は,既約的ではないといいます.

2) **正再帰的** (positive recurrent): 状態空間の任意の要素は,限りなく何度

[*8)] **平衡分布** (equilibrium distribution, 均衡分布と訳すこともあります) とも呼ばれます.

[*9)] 通常,**収束** (convergence) とは,1 つの数に数列が限りなく近づくという意味です.しかし,ここでの収束は,目標とする分布に分布の列が限りなく近づくということであり,これを**分布収束** (convergence in distribution) といいます.

も訪問される性質．たとえばある時期を境に紋のネクタイは着用しない場合は，正再帰的ではないといいます．
3) **非周期的 (aperiodic)**： 連鎖の状態が一定の周期を有していない性質．たとえば紋の次は必ず縞，縞の次は必ず玉，玉の次は必ず紋を着用する場合は周期的であるといいます．

という3つの条件を有するとき，マルコフ連鎖は定常分布に収束することが知られています．

上記3つの条件は，事後分布の乱数を発生させるようなデータ解析の実践場面では，ほぼ確実に満たされる条件です．このためマルコフ連鎖の収束可能性に関しては心配はいりません．ただし確率論的に収束が保証されていても，実質的なバーンイン期間は10億年かもしれません．バーンイン期間が現実的に利用可能なほどに短いか否かは，また別の問題となります．

4.4　詳細釣り合い条件

「ネクタイ問題」はネクタイ変更の遷移核が明らかな状態で，ネクタイの最終的な着用状態である定常分布を求める問題でした．しかし本章の目的は，事後分布が明らかな状態で，事後分布に従う乱数を手にすることでした．言い換えるならば，事後分布が定常分布になるように，遷移核を設計することが求められています．このようにサンプリングしたい分布に対して，それを「定常分布」とするマルコフ連鎖を構成する方法をマルコフ連鎖モンテカルロ法 (Markov chain Monte Carlo methods, MCMC) と総称します．MCMC法ではサンプリングしたい分布 (この場合は事後分布ですが) を**目標分布** (target distribution) といいます．MCMCでは定常分布が既知であり，遷移核が未知です．ここが「ネクタイ問題」とは逆だ，ということに注意してください．

マルコフ連鎖が定常分布に収束するための十分条件としては，**詳細釣り合い条件** (detailed balance condition) があります．これは標本空間のすべての事象の組 i, j に関して

$$p(X=i|X'=j)p(X'=j) = p(X'=j|X=i)p(X=i) \tag{4.13}$$

が満たされることです．ネクタイ問題で例をあげてみましょう．事象の組み合わせは，紋と縞，縞と玉，玉と紋の3つだから，詳細釣り合い条件を具体的に書き

4.4 詳細釣り合い条件

下すと

$$p(縞 \mid 紋) \times 1/6 = p(紋 \mid 縞) \times 1/2 \tag{4.14}$$

$$p(玉 \mid 縞) \times 1/2 = p(縞 \mid 玉) \times 1/3 \tag{4.15}$$

$$p(紋 \mid 玉) \times 1/3 = p(玉 \mid 紋) \times 1/6 \tag{4.16}$$

となります．既知である定常分布が代入してあります．遷移核 (条件付き確率) の部分に表 4.2 の数値を代入すると 3 つの条件が成り立っていることが確認できます．

ただし，ここでの例が詳細釣り合い条件を満たしていることは，ある意味で偶然です．目標となる確率分布に対して詳細釣り合い条件を満たすように遷移核を選べば，必ず当該の確率分布に収束して定常分布となります．しかし詳細釣り合い条件はマルコフ連鎖が定常分布に収束するための十分条件であり，必要十分条件ではありません．逆は必ずしも真ではないのです．したがって先に遷移核が存在し，定常分布に収束したとしても，必ずしも詳細釣り合い条件が成り立つとは限りません (章末問題 5 参照)．

詳細釣り合い条件を変形して，その意味を考えてみましょう．両辺を添え字 i に関して和をとり，左辺に (1.20) 式を適用すると

$$p(X' = j) = \sum_i p(X' = j | X = i) p(X = i) \tag{4.17}$$

となります．この式は (4.11) 式と見かけ上は同じです．しかし意味が違います．(4.11) 式は全確率の公式そのものであり恒等式です．だから遷移の途中のバーンイン期間 (たとえば入学式の日) にも成り立つのです．それに対して (4.17) 式は，目標分布 $p(X')$ と $p(X)$ が同一の分布であるとの制約の下で，遷移核 $p(X' = j | X = i)$ に成り立つ条件式です．その意味で (4.17) 式は方程式です．要するに詳細釣り合い条件とは，分布が変化しないように制約を入れた全確率の公式です．

ここまでは，わかりやすさを優先して離散型確率変数を利用して解説をしてきました．しかし母数 θ は連続型確率変数であることがほとんどです．マルコフ連鎖を連続型確率変数で設計できるようにしなくてはなりません．詳細釣り合い条件を確率密度関数で書き換えると

$$f(\theta|\theta')f(\theta') = f(\theta'|\theta)f(\theta) \tag{4.18}$$

となります．目標分布が $f(\theta)$ であり，遷移核が $f(\theta'|\theta)$ です．目標分布が $f(\theta')$

であり，遷移核が $f(\theta|\theta')$ といっても同じです．連続型確率変数ですから MCMC が収束するためには，標本空間の任意の 2 点 (θ と θ') でこの条件が成り立っている必要があります．離散型確率変数から連続型確率変数に替わっただけでなく，実現値を使った表現になっています．この違いはもう少し後で説明します．

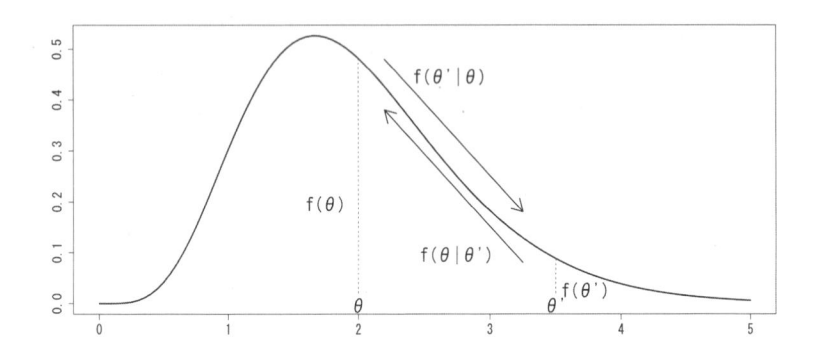

図 4.2 詳細釣り合い条件のイメージ

図 4.2 に詳細釣り合い条件のイメージを示しました．点 θ を分布の中心付近の点とし，点 θ' を分布の周辺部の点としましょう．詳細釣り合い条件の意味するところは

$$f(\theta') : f(\theta) = 1 : a \qquad ならば$$
$$f(\theta|\theta') : f(\theta'|\theta) = a : 1$$

ということです．図 4.2 は，$a = 5$ くらいで描いていますので，$\theta' \to \theta$ の移動は，$\theta \to \theta'$ の移動より 5 倍くらい生じやすいということです．言い換えるならば中心付近から周辺部へは移動しにくいけれど，周辺部から中心付近へは移動しやすいということです．

この関係が，あらゆる 2 点間で成り立っています．ならば，どこからでもいいから結果として θ に移動してくる確率密度 (θ が観察される確率密度) は，(4.18) 式の両辺を θ' で積分し [*10]

$$f(\theta) = \int f(\theta|\theta') f(\theta') d\theta' \tag{4.19}$$

[*10] 式変形に (2.31) 式を利用します．

のように求まります ((4.17) 式に相当します). 発射地点 θ' から θ に飛んでくる確率密度のあらゆる発射地点に関する平均確率密度 (右辺) が, θ の確率密度そのもの (左辺) だということです. これはまさに確率密度 $f(\theta)$ の大きさに比例して θ が召喚されること ($f(\theta)$ からの正確なサンプルであること) を意味します. 以上が詳細釣り合い条件の本質です.

図 4.2 は区間 [0,5] で描かれていますが, この確率密度関数の定義域は $(0, +\infty)$ です. たとえば図から右にはみ出した $\theta' = 10$ くらいの辺境の地を考えると $a = 10000$ くらいになります. $\theta' \to \theta$ の移動は, $\theta \to \theta'$ の移動より 10000 倍くらい生じやすくなります. したがって詳細釣り合い条件が満たされていれば, 初期状態をデタラメな遠くにとっても, 辺境の地から中心部に乱数列は急速に引き寄せられます.

4.5 メトロポリス・ヘイスティングス法

既知な事後分布 $f(\theta)$ に対して (4.18) 式を満たすような遷移核 $f(\,|\,)$ をいきなり見つけることは困難です. そこで $f(\,|\,)$ の代わりに適当な遷移核 $q(\,|\,)$ を **提案分布** (proposal distribution) として利用します.

提案分布とは「目標分布からのサンプルとしてこんなものでは如何でしょう」と候補を提案してくれる条件付き確率分布です. 後に具体的に述べますが, 提案分布は乱数発生が容易な確率分布から選びます. でも適当に選びますから, 詳細釣り合い条件は必ずしも満たさず, たとえば

$$q(\theta|\theta')f(\theta') > q(\theta'|\theta)f(\theta) \tag{4.20}$$

のように等号ではつながりません. この式を詳細釣り合い条件に向けて確率補正をする方法がメトロポリス・ヘイスティングス法 (Metropolis-Hastings algorithm, MH, あるいは MH アルゴリズム) です.

MH 法は, ニコラス・メトロポリスによって 1953 年に物理化学領域で提案[*11] されました. 当時は提案者のメトロポリスも含めて, このアルゴリズムが複雑なベイズ解を手にするための一般的な方法とは無縁のものであると考えられていま

[*11] Metropolis, N., Rosenbluth, A. W., Rosenbluth, M. N., Teller, A. H. and Teller, E. (1953): Equations of state calculations by fast computing machines. *Journal of Chemical Physics*, **21**(6), 1087-1092.

した．この方法の真価に気が付き，アルゴリズムの形式で整理し，1970年に統計学の中心的雑誌である Biometrika に提案[*12]したのがキース・ヘイスティングスです．

(4.20) 式は θ への移動確率が，θ' への移動確率よりも，本来そうある確率より大きくなっている状態です．ここで不等号の向きは，本質的ではありません．後述するように，そうなるように θ と θ' を選んだと考えれば一般性を失わずどちらでも構いません．ここで正しい遷移確率との補正を行うために，符号が正の未知の補正係数 c と c' を導入し

$$f(\theta|\theta') = c\, q(\theta|\theta') \tag{4.21}$$

$$f(\theta'|\theta) = c'\, q(\theta'|\theta) \tag{4.22}$$

とします．補正後は

$$c\, q(\theta|\theta')f(\theta') = c'q(\theta'|\theta)f(\theta) \tag{4.23}$$

となって等号が成り立ちました．

でも2つ問題があります．1つ目の問題は，補正の係数が1つの方程式に2つある冗長さです．2つ目の問題は，確率的補正をすることが目的なのに，補正の係数が0以上1以下に収まっていないことです．補正の係数が0以上1以下に収まっていないと確率的行動がとりにくくなります．

2つの問題を同時に解決するために，両辺を c' で割り，c/c' で方程式を解けば

$$r = c/c' = \frac{q(\theta'|\theta)f(\theta)}{q(\theta|\theta')f(\theta')} \tag{4.24}$$

$$r' = c'/c' = 1 \tag{4.25}$$

となります．(4.20) 式より，r は必ず0以上1以下に収まります．代入すると

$$r\, q(\theta|\theta')f(\theta') = r'\, q(\theta'|\theta)f(\theta) \tag{4.26}$$

をえます．この式は，$r\, q(\theta|\theta')$ と $r'\, q(\theta'|\theta)$ とを遷移核として採用すれば，詳細釣り合い条件を満たす遷移が実現できることを示しています．

さて準備が整いましたので，今までの解説を整理してMH法を以下に示します．

[*12] Hastings, W. K. (1970): Monte Carlo sampling methods using Markov chains and their applications. *Biometrika*, **57**(1), 97-109.

4.5 メトロポリス・ヘイスティングス法

MH アルゴリズム

1) 提案分布 $q(\ |\theta^{(t)})$ を利用し，乱数 a を発生します．
2) 以下の命題を判定します．

$$q(a|\theta^{(t)})f(\theta^{(t)}) > q(\theta^{(t)}|a)f(a) \tag{4.27}$$

- [真]：(4.20) 式の不等号条件より，$\theta = a$, $\theta' = \theta^{(t)}$ の状態と判定されます．この場合，提案分布は $q(\theta|\theta')$ なのですから，(4.26) 式左辺の係数 r を使って確率的補正をする必要があります．

$$r = \frac{q(\theta^{(t)}|a)f(a)}{q(a|\theta^{(t)})f(\theta^{(t)})} \tag{4.28}$$

を計算し，確率 r で a を受容し，$\theta^{(t+1)} = a$ とします．確率 $1-r$ で a を破棄し，$\theta^{(t+1)} = \theta^{(t)}$ とします．

- [偽]：(4.20) 式の不等号条件より，$\theta' = a$, $\theta = \theta^{(t)}$ の状態と判定されます．この場合，提案分布は $q(\theta'|\theta)$ なのですから，(4.26) 式右辺の係数 r' を使って確率的補正をする必要があります．確率 $1 (= r')$ で必ず a を受容し，$\theta^{(t+1)} = a$ とします．事実上補正しません．

3) $t = t+1$ として，1 へ戻ります．

ここまでを理解したならば MH 法は「提案された候補点 a を確率 $\min(1, r)$ で受容 ($\theta^{(t+1)} = a$) し，さもなくばその場に留まる ($\theta^{(t+1)} = \theta^{(t)}$) ことを繰り返す」アルゴリズムと短く簡潔に表現することも可能です．

ここでは一般的に MH 法の勉強をしましたが，(4.28) 式中の $f(\ )$ は，そもそも事後分布 (3.3) 式でした．代入すると

$$r = \frac{q(\theta^{(t)}|\theta_a)f(\theta_a|x)}{q(\theta_a|\theta^{(t)})f(\theta^{(t)}|x)} \tag{4.29}$$

$$= \frac{q(\theta^{(t)}|\theta_a)\frac{f(x|\theta_a)f(\theta_a)}{f(x)}}{q(\theta_a|\theta^{(t)})\frac{f(x|\theta^{(t)})f(\theta^{(t)})}{f(x)}} \tag{4.30}$$

$$= \frac{q(\theta^{(t)}|\theta_a)f(x|\theta_a)f(\theta_a)}{q(\theta_a|\theta^{(t)})f(x|\theta^{(t)})f(\theta^{(t)})} \tag{4.31}$$

と式変形されます．これはたいへん有用な式変形です．事後分布の正規化定数

$f(x)$ が約分されて消え，式中には事後分布のカーネルしか残らないからです．

カーネルは母数を代入すればそのまま値を評価できます．しかし正規化定数には積分が含まれていますから，簡単には評価できませんでした．したがって，MHアルゴリズムを利用することにより，困難であった積分計算を巧妙に回避することが可能になります．

乱数の発生は困難だけれども値の評価は容易な事後分布のカーネルと，乱数発生が容易な提案分布とを利用して，事後分布から母数の実現値の (疑似乱数) 列を入手する方法が MH 法です．

4.5.1 確率過程の確率変数

話はすこし前に戻ります．「ネクタイ問題」には学校の 1 年生は 100 人であるとの記述がありました．しかしこの 100 人という情報は問題を解くために全く利用されませんでした．どうしてでしょう．

時間に関する添え字 t のない確率変数の例として，身長という確率変数 X を考えると 1 年生では 100 個の実現値 x_i ($i=1,\cdots,100$) が観察されます．その意味で，確率変数と実現値は区別しやすいのです．

確率過程の確率変数の例である入学式の確率変数 $X^{(1)}$ からも実現値 $x_i^{(1)}$ ($i=1,\cdots,100$) (100 人の生徒が入学式に実際どのネクタイを着用したか) が観察されます．第 t 日目の確率変数 $X^{(t)}$ からも 100 個の実現値 $x_i^{(t)}$ ($i=1,\cdots,100$) が観察されます．

こう考えると確率過程の確率変数は，身長 X と変わらないようにも思えます．その通りであり，原理的にはまったく同じです．しかし「ネクタイ問題」は確率過程の問題としてはめったにない稀な部類です．ただし (稀ではあっても) 本来の姿を示した例です．

大多数の確率過程は，確率変数 1 つに対して，実現値が 1 つしか観察されません．時間に沿って変化する確率過程の典型的な確率変数としては「気温」「株価」などがありますが，特定地点や特定銘柄終値の実現値は 1 つしかありません．MCMC 法の確率過程も同様であり，確率変数 1 つ $\Theta^{(t)}$ に対して，実現値が 1 つ $\theta^{(t)}$ しか観察されません．このため実現値を表現する添え字 i がありません．

4.5.2 確率過程の実現値のイメージ

MCMC 法の勉強をするときには，自分には一緒に勉強する 100 人の友達がい

4.5 メトロポリス・ヘイスティングス法

ると想像してください．自分が乱数を発生させるときには，友達100人が各自の自宅で同時にスタートボタンを押していると想像してください．MHアルゴリズムの確率変数 $\Theta^{(t)}$ からも100個の実現値 $\theta_i^{(t)}$ ($i = 1, \cdots, 100$) があり，でも自分にはその中の1個しか見えないんだ[*13]と理解しましょう．確率過程の勉強をするときには，常にこのアナロジーを念頭に置きましょう．生徒100人という記述は実現値がたくさんあることの象徴的表現です．

「ネクタイ問題」を考えるときは確率過程の確率変数 $X^{(t)}$ を中心に解説されたのに対して，MHアルゴリズムの解説では確率過程の実現値 $\theta^{(t)}$ を中心に解説されました．どうしてでしょう．

「ネクタイ問題」は，初日の着用確率である初期状態が確率分布として与えられていました．したがって母数の遷移が語られています．だから確率変数 $X^{(t)}$ を利用して表記をしています．(有効数字を4桁とすると) バーンイン期間が $t < 6$ であることも，着用確率が明らかだからはっきり宣言できるのです．

こういう状況は現実のデータ解析にはありません．実践的なデータ解析場面では，確率過程の実現値 $x^{(t)}$ しか観察できません．違いを強調するためにMH法の説明では $\theta^{(t)}$ を利用して表記しました．しかし実現値 $\theta^{(t)}$ の背後には常にそれと1対1対応する確率変数 $\Theta^{(t)}$ が (表に現れないだけで)，常に存在していることを忘れないようにしましょう．

もちろんMH法では，バーンイン期間を明確に宣言することはできません．「ネクタイ問題」とは異なり確率過程の分布が未知だからです．確率変数1つから実現値を1つしか観測できませんから，後述するように図4.1に相当する図や指標を観察しながら推測します．

$B < t$ で収束しているとすると，$T - B$ 個の確率変数 $\Theta^{(t)}(B < t)$ はすべて定常分布に従います．したがって1つの確率変数から1つの実現値しか観測できなくても，$\theta^{(t)}(B < t)$ は単一の分布である定常分布からの $T - B$ 個のサンプルなのです．

[*13] 実際の応用では，確率変数 $\Theta^{(t)}$ と $\Theta^{(t-1)}$ の相関などという概念が登場します．本書では付録で解説します．こういう場合は，100人の友達に頼んで t 番目と $t - 1$ 番目の乱数を教えてもらい，100個のデータの組で散布図を描くことを想像しましょう．こうしないと $\Theta^{(t)}$ と $\Theta^{(t-1)}$ との相関は理解困難な概念になりがちです．

4.6 独立 MH 法

ここからは MH 法のいくつかの特殊なケースについて具体的に調べてみましょう.提案分布は,一般的には条件付き分布の形式で表現されていました.しかし,あえて 1 時点前の条件付でない無条件分布を提案分布を使うことも可能です.この場合は提案される候補が互いに独立になります.このような MH 法を特に**独立 MH 法** (independent MH algorithm) といいます.

4.6.1 波平釣果問題

第 2 章で登場した「波平釣果問題」を再び取りあげます.波平の釣りの成果がポアソン分布に従っていると仮定するならば,その実力は母数 θ で表現されました.母数 θ に対する妻・船の主観による事前分布と,実際の釣果データによる尤度から,母数 θ の事後分布は $f(\theta|\alpha=11, \lambda=13)$ のガンマ分布になりました.ガンマ分布の期待値と分散は,それぞれ (3.35) 式と (3.36) 式で与えられていました.だから本来ならばそもそも MH 法を使用する必要はありません.しかし理論値と比較して,結果が正しいか否かをすぐに確認することができて便利なので,ここでは MH 法の教材として利用します.

まず (4.28) 式中の事後カーネルは,(3.44) 式を参考にして

$$f(\theta) = e^{-13\theta}\theta^{10} \tag{4.32}$$

となります.次に (4.28) 式中の提案分布としては (それでなければいけないということは,まったくないのですが) 平均 1, 分散 0.5 の正規分布 $q(\theta)$ としてみます.ここでは条件付き分布ではない通常の正規分布を選んだことになります.

独立 MH 法は提案分布が無条件分布ですから,一般的に,補正係数 (4.28) 式は

$$r = \frac{q(\theta^{(t)})f(a)}{q(a)f(\theta^{(t)})} \tag{4.33}$$

と表現されます.提案された候補点 a を確率 $\min(1, r)$ で受容 ($\theta^{(t+1)} = a$) し,さもなくばその場に留まる ($\theta^{(t+1)} = \theta^{(t)}$) ことを繰り返します.

10 万回サンプリングし,はじめの 1000 個をバーンイン期間 ($B=1000$) と見積もり,破棄して相対度数により描いたヒストグラムが図 4.3 の左図です.目標

4.6 独立 MH 法

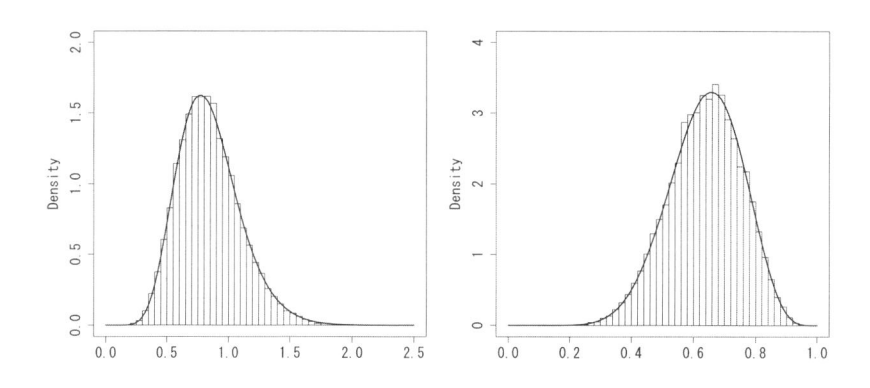

図 4.3 ガンマ分布 (左図) とベータ分布 (右図) のサンプリング結果

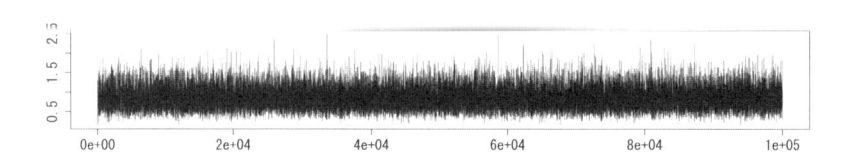

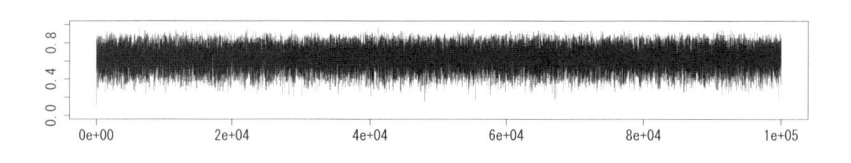

図 4.4 ガンマ分布 (上図) とベータ分布 (下図) のトレースライン

分布であるガンマ分布 $f(\theta|\alpha = 11, \lambda = 13)$ の確率密度関数も同時に描いてあります．とても正確に近似できているようすが観察されます．受容率は 41% でした．9万9000 (=10万 −1000) 個の疑似乱数の平均値は 0.843 であり，理論値が $\theta_{eap} \simeq 0.846$ です．標準偏差は 0.253 であり，事後標準偏差の理論値は 0.255 です．これならば多くの実践場面で使用できるでしょう．

図 4.4 の上図に，10 万個の疑似乱数のトレースライン (trace line) を描きました．先にも述べたように，バーンイン期間は推測するしかないのですが，帯のように平行移動している形状が収束の視覚的サインです．

4.6.2 正選手問題

第2章で登場した「正選手問題」を再び取りあげます.選手Aの勝ち数が2項分布に従っていると仮定するならば,その実力は母数θで表現されました.監督の主観による事前分布と,実際の対戦成績による尤度から,選手Aの実力θの事後分布は$p' = 10.2, q' = 5.8$のベータ分布に従いました.ベータ分布の平均と分散は,それぞれ(2.44)式と(2.45)式で与えられていました.独立MH法で再現し,理論値との比較をしてみましょう.

まず(4.28)式中の事後カーネルは,(3.18)式を参考にして

$$f(\theta) = \theta^{p'-1}(1-\theta)^{q'-1} = \theta^{9.2}(1-\theta)^{4.8} \qquad (4.34)$$

となります.次に(4.28)式中の提案分布としては,母数の定義域に合わせて区間[0,1]の一様分布を利用してみましょう.ここでも「波平釣果問題」と同様に,条件付き分布ではない無条件の確率分布を選んだことになります.

区間[0,1]の一様分布の確率密度の値は,どこでも一様に1.0です.このため補正係数は,

$$r = \frac{f(a)}{f(\theta^{(t)})} \qquad (4.35)$$

のように(4.28)式から提案分布が消えて簡略化されます.提案された候補点aを確率$\min(1,r)$で受容($\theta^{(t+1)} = a$)し,さもなくばその場に留まる($\theta^{(t+1)} = \theta^{(t)}$)ことを繰り返します.

10万回サンプリングし,はじめの1000個をバーンイン期間($B = 1000$)と見積もり,破棄して相対度数により描いたヒストグラムが図4.3の右図です.目標分布である$p' = 10.2, q' = 5.8$のベータ分布の確率密度関数も同時に描いてあります.受容率は37%でした.9万9000 (=10万 −1000) 個の疑似乱数の平均値は0.637であり,理論値が$\theta_{eap} \simeq 0.638$です.標準偏差は0.117であり,事後標準偏差の理論値は0.117です.これならば十分に実用に供せます.

図4.4の下図に,10万個の疑似乱数のトレースラインを描きました.上図と同様に,一定の高さで平行移動し,上にも下にもドリフトしていない収束した疑似乱数の典型的な特徴が観察されます.上図がグラフの下部で描かれているのは,目標とするガンマ分布が正に歪んでいるためです.上図がグラフの上部で描かれているのは,目標とするベータ分布が負に歪んでいるためです.

バーンイン期間は$B = 1000$と見積もりましたが,トレースラインを観察すると,もっと前から収束しているように見えます.

4.6.3 提案分布の選び方

図 4.5 に「波平釣果問題」の目標分布である $f(\theta|\alpha=11, \lambda=13)$ のガンマ分布と，提案分布として利用した平均 1.0，分散 0.5 の正規分布を実線で示しました．目標分布と提案分布の形状は，互いに異なっていますが，以下の 2 つの意味でこの提案分布は適切です．第 1 に，面積の半分くらいが重なっているので受容率が高くなります．第 2 に，目標分布のほとんどが提案分布に覆われているので収束が早くなります．

確率論的には定常分布への収束が保証されていますが，実用的には望ましくない提案分布の 3 つの例を破線で示しました．A は平均 1.0，分散 2.0 の正規分布です．目標分布のほとんどが提案分布に覆われているので収束は遅くありません．しかし目標分布との重なり面積が小さくて受容率が低くなります．B は平均 1.0，分散 0.01 の正規分布です．散布度が小さく密度関数の上部は図からはみ出しています．目標分布との重なり面積は大きいのですが，目標分布の下の方の被覆が極めて少ないので，収束は遅くなります．C は平均 3.0，分散 0.5 の正規分布です．被覆も重なり面積もほとんどなく，この提案分布では現実的な時間内に収束することは望めません．

独立 MH 法は，提案分布の良しあしによって，収束までの成績に大きな違いが生じます．前節では目標分布が明らかだったので適切な提案分布を選ぶことができましたが，通常のデータ解析の実践の場では，目標分布の位置さえ不明なことがほとんどですから図 4.5 の C のような提案分布を選んでしまう危険があります．

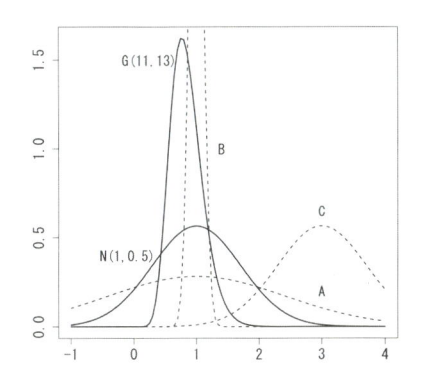

図 4.5 目標分布と提案分布の関係

4.7 ランダムウォーク MH 法

この問題を解決するためには,ランダムウォーク (random walk, 酔歩) を利用することが効果的です.これは候補の提案を

$$a = \theta^{(t)} + e \tag{4.36}$$

とする方法です.これをランダムウォーク MH 法といいます.ここで e は,平均 0 の正規分布や,区間 $[-\delta, \delta]$ の一様分布など,対称な分布からの実現値です.正規分布を選べば,それは平均が $\theta^{(t)}$,分散が σ_e^2 の条件付き正規分布を選んだことになります.

提案分布は,正規分布や一様分布でなくても構いません.ただし対称な分布を選ぶと便利です.対象な分布を選ぶと提案分布は

$$q(a|\theta^{(t)}) = q(\theta^{(t)}|a) \tag{4.37}$$

となります.このためランダムウォーク MH 法における補正係数は,

$$r = \frac{f(a)}{f(\theta^{(t)})} \tag{4.38}$$

となり,(4.28) 式から提案分布が常に消えます[*14].提案された候補点 a を確率 $\min(1, r)$ で受容 ($\theta^{(t+1)} = a$) し,さもなくばその場に留まる ($\theta^{(t+1)} = \theta^{(t)}$) ことを繰り返します.

今度は「波平釣果問題」の事後分布から 100 万 100 回[*15] サンプリングします.初期値は $\theta^{(1)} = 4.0$ と[*16] してみました.分散を $\sigma_e^2 = 0.1$ とし,図 4.6 の上図に $t < 100$ までのトレースラインを示しました.$\theta^{(1)} = 4.0$ から,すぐに 0.6 付近に近づいていくようすが示されています.図 4.6 の下図に $t < 100$ 万 100 までのトレースラインを示しました.不変分布への収束のサインである「平行な帯」の特徴が,しっかりと示されています.

はじめの 100 個をバーンイン期間 ($B = 100$) と見積もって破棄し,100 万個の

[*14] ここでは独立 MH 法で一様分布を選んだ場合と結果的に一致しました.
[*15] 今回はモードやメディアンや確信区間を推定するので,結果を安定させるために,標本数を多めにとりました.
[*16] ランダムウォークの効果を調べるためにわざと遠くから出発しました.

4.7 ランダムウォーク MH 法

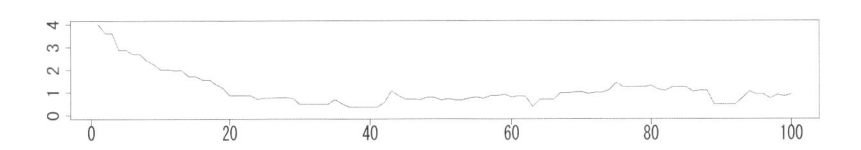

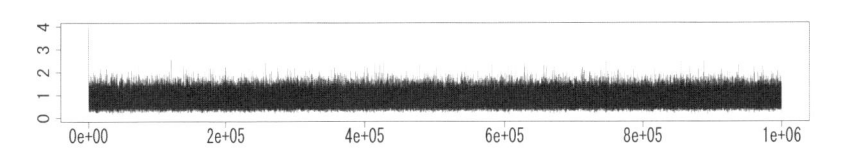

図 4.6 $t < 100$ までの上図，$t < 100$ 万 100 までの下図

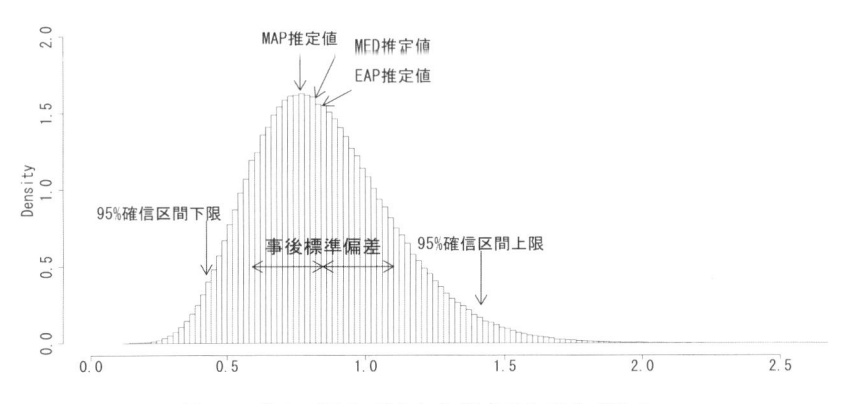

図 4.7 サンプリングされた標本のヒストグラム

乱数で描いたヒストグラムが図 4.7 [*17)] です．目標分布である $p' = 10.2, q' = 5.8$ のベータ分布は，期待値が 0.846, sd が 0.255, モードが 0.769, 中央値が 0.821, 2.5%下側点が 0.422, 2.5%上側点が 1.415 であることが理論的に知られています．

図 4.7 のヒストグラムから各種統計量を計算すると，$\hat{\theta}_{eap} = 0.846$，事後標準偏差が 0.255, $\hat{\theta}_{map} = 0.76$, $\hat{\theta}_{med} = 0.821$，95%確信区間が $[0.423, 1.415]$ と推定されました．実用的には十分な精度でシミュレートできているといえるでしょう．受容率は 64% でした．

[*17)] 表 4.1 では，$d = 2$ の 10 万個の乱数でしたが，ここでは $d = 1$ の 100 万個の乱数ができました．

4.8 生成量・研究仮説が正しい確率

元来の期待値の定義式 (2.32) 式のデータと母数を入れ替えた式が，EAP 推定量の定義式 (3.19) 式，(4.1) 式です．期待値は大数の法則 (1.5) 式によって，T が十分に大きければ

$$\hat{\theta}_{eap} = \frac{1}{T-B} \sum_{t=B+1}^{T} \theta^{(t)} \tag{4.39}$$

のように実用的な範囲で評価することができます．ここで B はバーンイン期間です．これが MCMC を行う動機の本質でした．

元来の分散の定義式 (2.33) 式のデータと母数を入れ替えた式が，事後分散 (3.23) 式です．事後分散の平方根が事後標準偏差であり，これは伝統的な統計学における標準誤差に相当し，推定量の不安定さの指標として利用しました．事後分散は，先と同様に大数の法則に従って

$$\hat{V}[\Theta] = \frac{1}{T-B} \sum_{t=B+1}^{T} (\theta^{(t)} - \hat{\theta}_{eap})^2 \tag{4.40}$$

で評価[*18]することができます．

期待値の定義式 (2.32) 式を拡張した

$$E[g(X)] = \int g(x) f(x|\theta) dx \tag{4.41}$$

を分布 $f(x|\theta)$ による関数 $g(x)$ の期待値といいます．この観点からは，たとえば分散は「データ分布による関数 $g(x) = (x - E[X])^2$ の期待値」と表現されます．

一般化された期待値 (4.41) 式のデータと母数を入れ替えると

$$E[g(\Theta)] = \int g(\theta) f(\theta|\boldsymbol{x}) d\theta \tag{4.42}$$

となります．事後分布による関数 g の期待値も大数の法則により

$$\frac{1}{T-B} \sum_{t=B+1}^{T} g(\theta^{(t)}) \tag{4.43}$$

[*18] T が十分に大きいので不偏性のための補正は無視します．

で評価*[19]できます．ここで $g(\theta^{(t)})$ は**生成量** (generated quantities) といいます．MCMCは関数の実現値 (生成量) を大量に与えてくれますから，その標準偏差は生成量の事後標準偏差の推定値となり，パーセンタイルを利用すれば生成量の確信区間も求まります．

これはMCMC法の特筆すべきメリットです．関数 g には特段の強い制約はありません．だから，たとえば母数の差の関数を用いれば，分布の差に関する考察ができます．事後分布中のモデル分布 $f(\boldsymbol{x}|\theta)$ にも特段の強い制約はありません．したがって実用上考えられる統計モデルでこの性質が利用できます．

さまざまな生成量の中で特に有用なのが，研究仮説 U に関する2値の生成量

$$u^{(t)} = g(\theta^{(t)}) = \begin{cases} 1 & \theta^{(t)} \text{に関して研究仮説 } U \text{ が成立} \\ 0 & \text{それ以外の場合} \end{cases} \quad (4.44)$$

です．$u^{(t)}$ の平均値は，$E[U|\boldsymbol{x}]$ のEAP推定量であり，研究仮説が正しい確率の評価を与えてくれます．

$u^{(t)}$ の推定値は我々が知りたい確率を直接的に教えてくれます．それと比較するなら，伝統的な統計学における p 値は二階から目薬であり，残念ながら有用性に乏しい．伝統的な統計学における p 値は，初心者からしばしば誤解されます．その誤解とは「p 値は帰無仮説が正しい確率である．」あるいは「$1-p$ 値は帰無仮説が誤っている確率である．」というものです．誤解の責任は初心者の不勉強だけにあるのではありません．この誤解は，統計的分析はこうあって欲しいという素朴な願い，あるいは自然な期待の表明なのです．伝統的な統計学は，検定力も含めて，その願い・期待に答えられていません．分析者が知りたいのは，ズバリ研究仮説が正しい確率です．

これらの性質を縦横に利用して適用例を示したのが第6, 7, 8章です．統計学を必ずしも専門としないデータ解析者には，もはや高度な数学は必ずしも必要ありません．伝統的な統計学よりも数学的敷居はずっと低く，分析可能な範囲はうんと広くなるのです．

4.8.1 標準偏差・歪度・尖度の推測

ポアソン分布は平均が θ でした．したがって「波平釣果問題」で推定された母数

---

*[19] 母数や母数の関数の事後分布の性質を調べるためには，バーンイン以後 ($t = B+1, B+2, \cdots, T$) の乱数や生成量を用い，バーンイン期間 ($t = 1, 2, \cdots, B$) の乱数や生成量は使用しません．

表 4.4 標準偏差・歪度・尖度の EAP 推定値・事後標準偏差 (post.sd)・確信区間

	EAP	post.sd	95%下側	95%上側
sd	0.910	0.138	0.651	1.189
歪度	1.126	0.179	0.841	1.537
尖度	4.299	0.433	3.707	5.363
夕食	0.442	0.106	0.243	0.655

は 1 回の釣りで平均的に何匹釣れるかの目安として利用できます．その事後標準偏差は目安の不安定度の指標です．標準偏差は平均的な釣果から平均的に何匹バラつくかの目安となります．その事後標準偏差はバラつきの不安定度の指標です．

ポアソン分布は，標準偏差が $\sqrt{\theta}$，歪度が $1/\sqrt{\theta}$，尖度が $3 + (1/\sqrt{\theta})$ であることが知られています．ならば 1 回の平均的な釣果の標準偏差・歪度・尖度の EAP 推定値とその事後標準偏差と 95%確信区間は，それぞれ

$$g(\theta^{(t)}) = \sqrt{\theta^{(t)}}, \qquad g(\theta^{(t)}) = \frac{1}{\sqrt{\theta^{(t)}}}, \qquad g(\theta^{(t)}) = 3 + \frac{1}{\sqrt{\theta^{(t)}}} \qquad (4.45)$$

の平均と標準偏差と上側と下側の 2.5%のパーセンタイル点を求めることによって評価できます．結果を表 4.4 に示します．

4.8.2 事後予測分布の評価

(3.49) 式で定義された事後予測分布は事後分布におけるモデル分布の期待値でした．したがって $g(\theta^{(t)})$ にモデル分布を代入すれば，事後予測分布を評価することができます．ここでは船さんが夕食を用意しなければならない確率でしたから

$$g(\theta^{(t)}) = f(x^* = 0|\theta^{(t)}) \qquad (4.46)$$

とします．右辺はポアソン分布の PMF です．平均と標準偏差と両側 2.5%のパーセンタイル点を求めることによって，EAP 推定値とその事後標準偏差と 95%確信区間を評価します．結果は表 4.4 の最下行に示しました．

4.9 章末問題

★はソフトウェアを利用する問題です．
1) r_1^2 と r_2^2 を，互いに独立に区間 [0,1] の一様分布に従う乱数とします．このと

き $r_1^2 + r_2^2 < 1$ のとき $x = 4$ となり，そうでないときに $x = 0$ となる確率変数 X の期待値は円周率 π ($= 3.1415\cdots$) となります．なぜでしょうか．[ヒント：条件が成り立ったときの実現値が $x = 1$ であるベルヌイ分布の確率変数 X の期待値が $\pi/4$ になる理由を考えよう．]

2) ★ 前問の確率変数の実現値 x を 10 個, 100 個, 1000 個, 10000 個, 100000 個発生させ，標本平均 $\bar{x}$ の変化を観察してみよう．

```
n<-10000; x<-numeric(n)
for (i in 1:n){x[i]<-(runif(1)^2+runif(1)^2<1)*4}; mean(x)
```

3) 毎日同じでは飽きるので，ランチメニューの変更が表 4.5 の遷移核に従っているとします．$\bm{p}^1 = (0.3, 0.2, 0.5)$ であれば，$\bm{p}^2$ と $\bm{p}^3$ はどうなるでしょう．

表 4.5　ランチメニューの条件付き変更確率

		当日 (j) ラーメン	カレー	焼きそば
	ラーメン	0.2	0.2	0.6
前日 (i)	カレー	0.1	0.6	0.3
	焼きそば	0.3	0.5	0.2

4) ★ 前問の定常分布を求めなさい．

5) 前問で求めた定常分布と遷移核は詳細釣り合い条件を満たしているか否か確認しなさい．

6) ★ 「波平釣果問題」の事後分布であるガンマ分布 $f(\theta|\alpha = 11, \lambda = 13)$ を独立 MH 法でシミュレートします．ただしサンプルを 10 個, 100 個, 1000 個, 10000 個, 100000 個発生させ，平均を計算し，理論値の $\theta_{eap} \simeq 0.846$ と比較しなさい．

7) ★ 前問の独立 MH 法の提案分布を平均が 3.0, 分散が 0.5 の正規分布 (図 4.5 の C) としてサンプルを 100000 個発生させ平均を計算し，理論値が $\theta_{eap} \simeq 0.846$ と比較しなさい．

8) ★ 「波平釣果問題」の事後分布であるガンマ分布 $f(\theta|\alpha = 11, \lambda = 13)$ をランダムウォーク MH 法でシミュレートします．10 万回サンプリングし，はじめの 1000 個をバーンイン期間と見積もります．分散を $\sigma_e^2 = 1.0$ と $\sigma_e^2 = 0.001$ の 2 通りで，受容率・トレースラインを観察し，平均を計算して理論値である $\theta_{eap} \simeq 0.846$ と比較しなさい．

9) ★「正選手問題」の事後分布である $p' = 10.2, q' = 5.8$ のベータ分布をランダムウォーク MH 法でシミュレートします．10 万回サンプリングし，はじめの 1000 個をバーンイン期間と見積もります．分散を $\sigma_e^2 = 0.1$ とし，受容率・トレースラインを観察し，平均を計算して理論値である $\theta_{eap} \simeq 0.638$ と比較しなさい．これは (2.16) 式より，そのまま「選手 A が次の試合で選手 B に勝つ確率」の推定値です．また「次の試合で選手 A が選手 B に 3 勝 2 敗する確率」を求めなさい．

10) ★ 事後予測分布の方法で「次の 5 試合で選手 A が選手 B に 3 勝 2 敗する確率」とその標準偏差を求めなさい．[ヒント：ランダムウォーク MH 法でシミュレートした乱数を 2 項分布の母数とすると 3 勝 2 敗する確率が 10 万個計算されます．その平均と標準偏差を求めます．]

5 ハミルトニアンモンテカルロ法

■ ■ ■

本章では，MCMC の中の実践的方法としてハミルトニアンモンテカルロ法 (Hamiltonian Monte Carlo method, HMC, あるいはハイブリッドモンテカルロ法ともいう)[*1] を利用した事後分布の評価方法を学びます．

5.1 HMC 法の必要性

ランダムウォーク MH 法を成功させるには，(4.36) 式中の e の sd である σ_e を適切に指定する必要があります．σ_e が大きい場合には，1 回の遷移における平均的な移動距離が長くなります．しかし移動距離が長くなりすぎると，目標分布の密度が高い領域を遷移中に飛び出すケースが多発し，受容率が低くなるという問題が生じます．

σ_e が小さい場合には，1 回の遷移における平均的な移動距離が短くなります．しかし移動距離が短くなりすぎると，母数空間の狭い範囲を遷移することになり，目標分布の性質を代表したサンプルを得るまでに長い時間を要します[*2]．

母数が少なく，事後分布を目視できる状態の時には，σ_e の調整は比較的容易です．しかしデータ解析の実践場面では高次元の母数空間を遷移する必要があります．2 次元空間には 4 つの象限があります．d 次元空間には 2^d 個の象限がありますから，たとえば $d=10$ なら象限の数は 1024 個となりますし，$d=100$ なら象限の数は 30 ケタ以上になります．したがって広い高次元空間をランダムに遷移していたのでは乱数の候補はほとんど受容されません．

このため母数の数が多くなると σ_e の調整は困難になります．特に受容率の低下が著しくなり，ランダムウォーク MH 法は実践的でなくなります．ランダムで

[*1] Duane, S., Kennedy, A. D., Pendleton, B. J. and Roweth, D. (1987): Hybrid Monte Carlo, *Physics Letters*, B(195), 216-222.
[*2] これは確率変数 $\Theta^{(t-1)}$ と $\Theta^{(t)}$ の相関が高くなることによって生じる不具合です．この問題は付録にて詳述します．

はなく，むしろ確率密度の高い領域へ積極的に遷移する方法が必要となります．

ベイズモデルの事後分布をオールマイティにシュミレートするためには，高次元空間で平均移動距離が長くとれ，同時に受容率を高く保てる方法が必須となります．この要請を満たす方法が，本章で解説される HMC 法です．

HMC 法では，その名を冠したハミルトニアンが本質的な働きをします．ハミルトニアン (Hamiltonian) は，物理学におけるエネルギーに対応する物理量です．**解析力学** (analytical mechanics) と**量子力学** (quantum mechanics) で利用されますが，本節では解析力学における性質を解説します．解析力学におけるハミルトニアンは物体の有する力学的エネルギーを位置と運動量で表現した関数であり，運動の経路の予測に利用されます．解析力学は高校物理には登場しませんので，かりに高校時代に物理学を履修していても「ハミルトニアンは知らない」という読者の方も多いでしょう．そこで本章では読者の方が高校で物理学を学習しなかったと仮定して，一からゆっくりハミルトニアンの意味を説明します．

5.2 初等物理量

図 5.1 のようなジェットコースターのコースを考えます．● がジェットコースターです．地上におけるジェットコースターの重心の位置 (position) を θ とします．θ は高さではなく水平方向の位置を表現しています．ただしここでは，時間

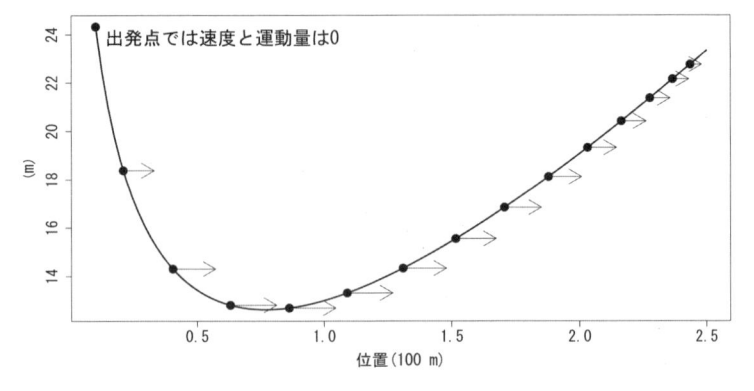

図 5.1 ジェットコースターの軌跡 (横軸は位置 θ，縦軸は高さ)

(time) を表す添え字 τ (タウ) を使って，時間 τ における位置を $\theta(\tau)$ と表現し [*3] ます．

5.2.1 速度と加速度

図5.1ではジェットコースターの軌跡を，左から右へ等時間間隔で示しました．坂を下るに従って加速し，上るに従って減速しているようすがうかがわれます．平均速度 = 距離/時間 ですから，時間 τ [*4] における瞬間速度 v (以下，単に速度, velocity) は，位置を時間で微分して

$$v(\tau) = \frac{d\theta(\tau)}{d\tau} \quad (\text{速度は，時間による位置の微分}) \tag{5.1}$$

となります．

等速で走行している新幹線の中では安眠することさえできますが，もっとずっと低速のジェットコースターであっても搭乗者はスリルを感じます．スリルの主要な原因は速度の変化であり，下りでは取り残されるような，上りではつんのめるような感覚を味わいます．このような時間 τ における速度の変化率のことを加速度 (acceleration) $a(\tau)$ といい，以下のように計算します．

$$a(\tau) = \frac{dv(\tau)}{d\tau} \quad (\text{加速度は，時間による速度の微分}) \tag{5.2}$$

[(5.1) 式を代入して]

$$= \frac{d^2\theta(\tau)}{d\tau^2} \quad (\text{加速度は，時間による位置の2次微分}) \tag{5.3}$$

5.2.2 運動量と力

先に等速で走行している新幹線の中では安眠することさえできるといいました．

[*3] 位置は時間の関数なのだから，本来 $\theta = f(\tau)$ と書くべきです．でもこの流儀だと関数を表現する記号がたくさん必要になるので，物理学では $\theta = \theta(\tau)$ と書きます．第2章で習った確率変数は $x = f(\text{事象})$ ではなく，$x = X(\text{事象})$ のように関数とその値 (実現値) は大文字と小文字の関係で表現していましたね．それと似ていますが，物理学のお約束では，大文字小文字の区別すらしません．これから順番に登場する速度・加速度・運動量・力なども時間の関数です．同じルールでそれぞれ $v = v(\tau), a = a(\tau), p = p(\tau), F = F(\tau)$ と表現します．記号の節約です．

[*4] 第4章で t という時間の添え字が登場しました．t は遷移の回数を表現する添え字であり，本質的に離散的な時間です．したがって t で微分することはできません．それに対して時間 τ は本質的に連続的であり，微分可能な物理的な実時間です．本章の後半で添え字 τ は，1回の遷移に要する時間を表現するための添え字として使用されます．したがって添え字 t と τ は HMC 法の中で共存し，それぞれ別の役割を担当します．

しかし，静止している状態とは明らかに違います．考えたくないことですが，ひとたび脱線すれば大惨事になるからです．

何が違うかというと，止めようとするときの苦労が違います．このような，動いている物体を止めるときに感じられる方向性を持った量のことを運動量といいます．重たい物体ほど止めにくい性質があります．また速い物体ほど止めにくい性質があります．そこで，時間 τ における**運動量** (momentum) $p(\tau)$ [*5)] を

$$p(\tau) = mv(\tau) \quad (運動量は，質量と速度の積) \tag{5.4}$$

と定義します．ここで m は物体の**質量** (mass) [*6)] です．図 5.1 には矢印で，ジェットコースターの運動量を表現しています．ジェットコースターの質量は一定ですから，(矢印の長さ) 運動量は速度に比例しています．

速度の変化率が加速度であるのに対して，運動量の変化率を**力** (force) といいます．時間 τ における力は，運動量を時間で微分し

$$F(\tau) = \frac{dp(\tau)}{d\tau} = \frac{dmv(\tau)}{d\tau} \tag{5.5}$$

[定数倍の微分は微分の定数倍だから　　　　　　　]

$$= m\frac{dv(\tau)}{d\tau} = ma(\tau) \quad (力は，質量と加速度の積) \tag{5.6}$$

と変形されます．

力は質量と加速度の積であるともいえます．力の例としてスケートリンク上で静止している友達を押すことを想像しましょう．移項すると $a(\tau) = F(\tau)/m$ ですから，体重の重たい人には，それに比例した力を加えないと，同量の加速は得られません．

図 5.2 に，初等的な物理量である位置・速度・加速度・運動量・力・質量の関係を示しました．ただし図の中の微分は，時間による微分を表しています．

5.3 力学的エネルギー

運動する物体はエネルギー (energy) を持っています．エネルギーとは仕事を

[*5)] これまで記号 p は確率を表現してきましたが，本章では運動量を表現します．
[*6)] 地球上では質量は重さとして知覚されます．無重力の宇宙では重さはなくなりますが，質量は存在し質量の大きな物体は止めにくい性質があります．質量が物体の基本量であるのに対して，重さは重力で引っ張られる力です．

5.3 力学的エネルギー

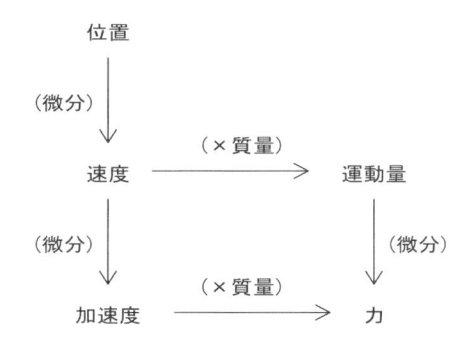

```
         位置
          │
        (微分)
          ↓
         速度 ──(×質量)──→ 運動量
          │                  │
        (微分)              (微分)
          ↓                  ↓
        加速度 ─(×質量)──→   力
```

図 5.2 初等的な物理量の関係

する能力であり，運動する物体のエネルギーは力と移動距離の積

$$E(\tau) = F(\tau) \times 移動距離\,(\tau) \tag{5.7}$$

で定義することができます．

徳川家康の名言『東照宮遺訓』に「人の一生は重き荷を負うて 遠き道を行くが如し」がありますが，この名言こそ，エネルギー (仕事) の本質を表現しています．荷が 2 倍なら力は 2 倍必要なのでエネルギーも 2 倍です．歩く距離が半分になればエネルギーも半分で済みます．

ジェットコースターが持っている主たるエネルギーは 2 種類 [7] あり，それはポテンシャルエネルギーと運動エネルギーです．ポテンシャルエネルギーと運動エネルギーとを合わせて**力学的エネルギー** (mechanical energy) といいます．それらを順番に見ていきましょう．

5.3.1 ポテンシャルエネルギー

(重力) ポテンシャルエネルギー (gravitational potential energy) は，物体が高所にあることによって蓄えられているエネルギーです．蓄えられていて，直接知覚されないのでポテンシャルエネルギーはわかりにくいのですが，たとえば高所にある湖の水は，水力発電によって電気を生み出すという仕事をします．太陽の熱エネルギーによって蒸発し，雨が降ってたまった湖の水は，熱エネルギーが

---

[7] ここではレールとの摩擦や空気抵抗はないものと考えます．したがって熱エネルギーや火花による光エネルギーなど，その他のエネルギーは考えません．

変化したポテンシャルエネルギーを持っています.

時間 τ におけるポテンシャルエネルギー $U(\tau)$ は,(5.7) 式から変形を始め,

$$U(\tau) = F(\tau) \times 移動距離 (\tau) \tag{5.8}$$

[移動距離は落下距離だから高さ (height) という意味で $h(\tau)$ とし]

$$= ma(\tau)h(\tau) \tag{5.9}$$

[重力による加速度は時間に寄らず一定なので $a(\tau) = g$ とおき]

$$= mgh(\tau) \quad (質量 \times 重力加速度 \times 高さ) \tag{5.10}$$

と導かれます.したがって高い場所の物体ほどたくさんの仕事を (たとえば発電) し,質量の大きな物体ほどたくさんの仕事をします.ジェットコースターのように,質量が一定なら,ポテンシャルエネルギーは高さにだけ比例します.

ここで g は**重力加速度** (gravitational acceleration) と呼ばれる定数であり,$g \approx 9.8 \text{ m/s}^2$ です[*8].空気抵抗のない空間で物体を自由落下させると重力の影響で,どんどん速度は増加します.速度の増加は一定であり,毎秒約 9.8 m/s^2 ずつ加速します.これを**等加速度直線運動** (uniformly accelerated linear motion) といいます.その一定の加速度を表現した定数が g です.

5.3.2 加速度と移動距離

ここで 1 つ問題を出します.停止した状態からずっと同じ強さでアクセルを踏み込み続けて車を加速することを考えます.時間によらず等加速度 a で車を走らせたら,時間 τ における,それまでの移動距離はどれほどでしょうか.これは

$$移動距離 (\tau) = \frac{1}{2}a\tau^2 \tag{5.11}$$

で求まります.何故でしょうか.

移動距離は時間と速度の積 (面積) です.しかし停止状態から等加速度運動していますから,速度は一定ではありません.図 5.3 で示されたように,τ 秒後の速度は $v(\tau) = a \times \tau$ m/s で求まります.したがって移動距離は,斜線で示したような,底辺が時間で高さが速度の三角形の面積に一致します.1/2 は三角形の面積を求めるときに現れたのです.この係数 1/2 は,後に,正規分布のカーネル

[*8] これは地球の地表付近の標準的な値です.正確には自転の影響がありますから,南極・北極地方は,赤道付近よりも 0.5%くらい g が大きくなります.ちなみに月では,$g \approx 1.622 \text{ m/s}^2$ と地球の約 6 分の 1 です.

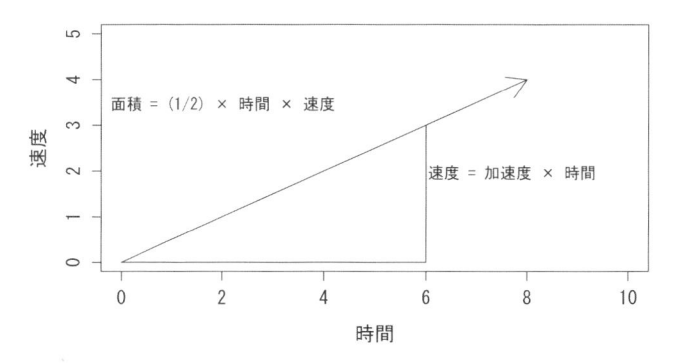

図 5.3 時間・加速度・速度・移動距離の関係

中の係数と不思議に一致します．

5.3.3 運動エネルギー

運動する物体が持っている2つ目のエネルギーが運動エネルギーでした．たとえばエンジン内のピストンは前後に動いて自動車を走らせます．このように，動いている物体が有する仕事をする能力を**運動エネルギー** (kinetic energy) といいます．時間 τ における運動エネルギー $K(\tau)$ は，(5.7) 式から変形を始め，

$$K(\tau) = F(\tau) \times 移動距離 (\tau) \tag{5.12}$$

$$\left[\begin{array}{l}\text{(5.11) 式では，時間によらず等加速度の場合を考えましたが，ジェット}\\ \text{コースターのように加速度が変化する場合には，} a \text{ を } a(\tau) \text{ で置きかえ}\end{array}\right]$$

$$= ma(\tau) \times \frac{1}{2}a(\tau)\tau^2 \tag{5.13}$$

$$\left[v(\tau) = a(\tau) \times \tau \text{ だから} \right]$$

$$= \frac{1}{2}mv(\tau)^2 = \frac{1}{2m}p(\tau)^2 \tag{5.14}$$

と導かれます．ジェットコースターのように，質量が一定なら，運動エネルギーは運動量の2乗に比例します．あるいは，運動エネルギーは速度2乗に比例するともいえます．

5.4 ハミルトニアン

ポテンシャルエネルギーと運動エネルギーとを合わせて**力学的エネルギー** (mechanical energy) といいます．その和

$$H(\tau) = U(\tau) + K(\tau) \tag{5.15}$$

をハミルトニアンといいます.

摩擦や空気抵抗などがない理想状態 *9) では, 力学的エネルギーは保存され, 物体は常にハミルトニアンが一定になるように運動します. これを力学的エネルギー保存の法則 (law of conservation of mechanical energy) といいます. 本節では位置を 1 次元 $\theta(\tau)$ で表現しましたが, 一般的には位置は 2 次元座標 $(\theta_1(\tau), \theta_2(\tau))$ で表現されます. 曲面を転がる物体は, 常に, ハミルトニアンが一定になるように経路を選んで (?) 移動 *10) します. 見方を変えるならば, この性質を利用すると運動する物体の経路を予測することが可能になります.

5.4.1 ポテンシャルエネルギーの再表現

ポテンシャルエネルギー (5.10) 式を少し変形します. ポテンシャルエネルギーは高さ h にだけ比例し, 2 次元平面座標 $(\theta_1(\tau), \theta_2(\tau))$ とは独立に, 別々に表現されています. 自然界の斜面 (たとえばスキー場のゲレンデ) の平面座標と高さ h は, 必ずしも単純な関数関係にありません. したがって一般的な定義としては, 平面座標と高さを別々に扱ったほうが便利です.

しかし私たちは, ポテンシャルエネルギーを統計学に応用しようとしています. あとで平面は母数空間に対応させ, 高さは負の対数確率に対応させる予定です. したがって自然界と違い,

$$h(\tau) = h(\theta(\tau)) \tag{5.16}$$

のように高さを平面座標で表現 *11) することが常に可能です. これを (5.10) 式に代入すると, ポテンシャルエネルギーは水平座標 (位置) の関数として

$$U(\tau) = mgh(\theta(\tau)) \tag{5.17}$$

と再表現されます.

---

*9) 熱エネルギー, 電気エネルギー, 光エネルギーなど, 力学的エネルギーが他のエネルギーに変化しない状態.
*10) 不思議です. 神が世界をそう創ったのでしょう.
*11) 現時点では, ジェットコースターのアナロジーを使い, 平面座標は 1 次元で解説しています. しかし平面を表す座標は, 母数の数である d 次元空間 $\boldsymbol{\theta} = (\theta_1, \theta_2, \cdots, \theta_d)$ となり, 最終的には $h(\tau) = h(\boldsymbol{\theta}(\tau))$ となります. 次元数がいくら増えても超平面の座標は, 後に事後分布 $h(\ )$ を介してのみ力学系に影響するので, 原理は 1 次元で勉強しています.

5.4.2 ハミルトンの運動方程式

いよいよ物体の運動を予測する方程式を作成します．坂を転がる物体は，時間の変化によらずに，常にハミルトニアンが一定です．これはすなわち時間でハミルトニアンを微分すると 0 になるということです．

$$\frac{dH(\tau)}{d\tau} = 0 \tag{5.18}$$

和の微分は，微分の和ですから，エネルギーごとに微分して移項すると

$$\frac{dK(\tau)}{d\tau} = -\frac{dU(\tau)}{d\tau} \tag{5.19}$$

となります．

運動エネルギーは運動量 $p(\tau)$ の関数であり，ポテンシャルエネルギーは座標 $\theta(\tau)$ の関数でした．両方とも時間 τ の関数です．ならば合成関数の微分の公式が利用できて，

$$\frac{dK(p(\tau))}{dp(\tau)}\frac{dp(\tau)}{d\tau} = -\frac{dU(\theta(\tau))}{d\theta(\tau)}\frac{d\theta(\tau)}{d\tau} \tag{5.20}$$

と変形できます．比例式を解き，定数 c を導入し

$$c \times \frac{dp(\tau)}{d\tau} = -\frac{dU(\theta(\tau))}{d\theta(\tau)} \tag{5.21}$$

$$c \times \frac{d\theta(\tau)}{d\tau} = \frac{dK(p(\tau))}{dp(\tau)} \tag{5.22}$$

という関係が得られます．定数は $c = 1$ とおいても，ハミルトニアンの τ による微分が 0 であるという性質に影響しないので

$$\frac{dp(\tau)}{d\tau} = -\frac{dU(\theta(\tau))}{d\theta(\tau)} \tag{5.23}$$

$$\frac{d\theta(\tau)}{d\tau} = \frac{dK(p(\tau))}{dp(\tau)} \tag{5.24}$$

とします．方程式の完成です．このように微分を含んだ方程式を，一般的に**微分方程式** (differential equation) といいます．特に (5.23) 式と (5.24) 式とを**ハミルトンの運動方程式** (Hamilton's equations of motion) といいます．

5.4.3 リープフロッグ法

運動方程式を具体的に解く方法を述べます．まず (5.23) 式を変形します．左辺は力 $F(\tau)$ です．右辺を展開すると

$$F(\tau) = -\frac{d}{d\theta(\tau)} mgh(\theta(\tau)) \tag{5.25}$$

となります．次に (5.24) 式を変形します．左辺は速度 $v(\tau)$ です．右辺を展開すると

$$v(\tau) = \frac{d}{dp(\tau)} \frac{1}{2m} p(\tau)^2 = \frac{1}{m} p(\tau) \tag{5.26}$$

となります．

ここで知りたいのは経路なので質量は $m=1$ とします．また地球ではなく重力加速度が $g=1$ の惑星で実験することにしましょう．せっかく書き換えた $F(\tau)$ と $v(\tau)$ ですが，概念が増えるとややこしいのでもとに戻します．以上からハミルトンの運動方程式は

$$\frac{dp(\tau)}{d\tau} = -h'(\theta(\tau)) \tag{5.27}$$

$$\frac{d\theta(\tau)}{d\tau} = p(\tau) \tag{5.28}$$

となります．ただし $h'(\theta(\tau))$ は $h(\theta(\tau))$ の $\theta(\tau)$ での微分です．

(5.27) 式の意味するところは，「運動量の微小な変化は斜面の勾配の逆」ということです．登りでは勢いがなくなり，下りでは勢いがつきますから，符号はマイナスです．(5.28) 式の意味するところは，「位置の微小な移動は運動量に等しい」ということです．

これを素直に表現し，経路を予測する方法の1つがオイラー法 (Euler's method) であり，

$$p(\tau+1) = p(\tau) - \epsilon h'(\theta(\tau)) \tag{5.29}$$

$$\theta(\tau+1) = \theta(\tau) + \epsilon p(\tau) \tag{5.30}$$

となります．ϵ は数値計算の際の定数です．$\epsilon \to 0$ と近づければ，ハミルトンの運動方程式に近づきます．運動方程式は時間の微分で瞬間の状態を表現しています．だから時間の経過に従って微分方程式を解き，経路を予測することを**時間積分** (time integration) とか，**経路積分** (path integral) といいます．

ただしオイラー法では，ハミルトニアンの保存の精度が良くないことが知られています．ハミルトニアンをより精度よく保存するためには

5.4 ハミルトニアン

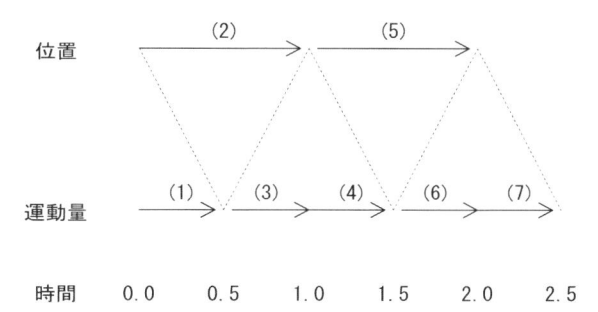

図 5.4 リープフロッグ法のイメージ

$$p\left(\tau + \frac{1}{2}\right) = p(\tau) - \frac{\epsilon}{2}h'(\theta(\tau)) \tag{5.31}$$

$$\theta(\tau+1) = \theta(\tau) + \epsilon p\left(\tau + \frac{1}{2}\right) \tag{5.32}$$

$$p(\tau+1) = p\left(\tau + \frac{1}{2}\right) - \frac{\epsilon}{2}h'(\theta(\tau+1)) \tag{5.33}$$

とします．(5.31) 式で運動量を半分だけ変化させ，(5.32) 式で半分だけ変化した運動量を利用して精度よく位置を特定し，(5.33) 式で精度の良い位置を使って運動量の全量を特定します．これをリープフロッグ法 (leap-frog method, カエル飛び法) といいます．時間の添え字は $\tau = 1, \cdots, L$ とします．L は数値計算上の定数であり，リープフロッグ法による物体の運動時間です．

図 5.4 にリープフロッグ法のイメージを示します．カエル飛びで互いが飛び越しあっているように見えます．矢印が更新を，破線でつないだ箇所が互いを参照する時点を示しています．

(5.31) 式によって運動量を半単位時間ぶん更新 (1) し，

(5.32) 式によって位置を 1 単位時間ぶん更新 (2) し，

(5.33) 式と (5.31) 式によって運動量を 1 単位時間ぶん更新 (3) (4) し，

(5.32) 式によって位置を 1 単位時間ぶん更新 (5) し，…

という状態が示されています．より近傍の半単位時間離れた相手によって更新が行われるので，オイラー法よりも精度よく微分方程式を解けます．

5.4.4 位相空間

ここまで添え字τは物理世界の実際の時間を表現していました．しかし次節からは確率密度関数内の1回の遷移する際の時間となり，τはHMC法の表舞台からいったん消えます．遷移する1回の時間は$L, (0 \leq \tau \leq L)$です．

この視点の下で，質量$m=1$の状態で運動エネルギー (5.14) 式は，
$$K(p) = \frac{1}{2}p^2 \tag{5.34}$$
のように運動量の関数となります．さらに重力加速度$g=1$の状態でポテンシャルエネルギー (5.17) 式は，
$$U(\theta) = h(\theta) \tag{5.35}$$
のように位置の関数となります．ハミルトニアン (5.15) 式は
$$H(\theta, p) = U(\theta) + K(p) = h(\theta) + \frac{1}{2}p^2 \tag{5.36}$$
位置と運動量の関数となります．

位置と運動量を座標 (直交軸) とする空間を**位相空間** (phase space) といいます．位相空間にはハミルトニアンの等高線を描くことができ，摩擦や空気抵抗がなければ，物体はこの空間を等高線に沿って永遠に流れ続けます．

位相空間には2つの性質[*12)]があります．1つは時間τに対して**可逆** (reversible) という性質です．運動している物体は，任意の時間で止め，逆向きの同じ強さの運動量を与えると今来た経路を正確に逆戻りします．

もう1つは，**体積保存** (conservation of volume) [*13)]の性質です．位相空間内の流れは，バケツの中の水をかき回したように，すべての点で流れ込む量と流れ出る量が釣り合って[*14)]います．位相空間内のハミルトニアンの等高線に沿った流れを予測する実装手続きがリープフロッグ法です．その際リープフロッグ法は，可逆と体積保存の性質をもシミュレートします．物理学の勉強はここまでです．

5.5 HMC 法

本節から本来の目的である統計学の世界に戻ります．ハミルトニアンを利用し，

[*12)] 直観的に納得できる性質なので，詳しい仕組みの説明は物理の教科書を見てください．
[*13)] 体積が保存されている状態はダイバージェンスが0ともいいます．体積が保存されていると，写像のヤコビ行列の行列式が1になり，位相空間上の同時分布が時間経過の下で不変となります．
[*14)] 注水中や排水中の洗濯槽では釣り合いません．天気図上の大気の流れも，高気圧が吹き出し口に，低気圧が吸い込み口になりますから，釣り合いません．

5.5 HMC 法

いよいよ本章の本来の目的である「遷移の距離を大きくし,なおかつ候補の受容率を高め,事後分布に従う乱数を得る方法」を論じます.

事後分布 $f(\theta|\boldsymbol{x})$ と,それとは独立な標準正規分布 $f(p)$ との同時分布

$$f(\theta, p|\boldsymbol{x}) = f(\theta|\boldsymbol{x})f(p) \tag{5.37}$$

を [*15)] 考えます.HMC 法では,この同時分布から乱数を発生させます.$f(\theta|\boldsymbol{x})$ と $f(p)$ は互いに独立ですから,$f(\theta, p|\boldsymbol{x})$ からの乱数 θ は,$f(\theta|\boldsymbol{x})$ からの乱数と同じです.

標準正規分布とは $\mu = 0, \sigma^2 = 1$ の特別な正規分布 ((2.39) 式参照) であり,

$$f(p|\mu = 0, \sigma^2 = 1) = \frac{1}{\sqrt{2\pi}}\exp\left[\frac{-1}{2}p^2\right] \propto \exp\left[\frac{-1}{2}p^2\right] \tag{5.38}$$

のようにカーネルを取り出しておきます.

正の値しかとらない任意の関数 f は,対数変換と指数変換に関して

$$f = \exp(\log(f)), \quad f = \log(\exp(f)) \tag{5.39}$$

のように元に戻るという一般的な性質があります.いささかトリッキーですが,前者の変換を同時事後分布に適用すると

$$f(\theta, p|\boldsymbol{x}) = \exp(\log(f(\theta, p|\boldsymbol{x}))) \tag{5.40}$$

$$= \exp(\log(f(\theta|\boldsymbol{x})) + \log(f(p))) \tag{5.41}$$

$$\propto \exp\left(\log(f(\theta|\boldsymbol{x})) + \log\left(\exp\left[\frac{-1}{2}p^2\right]\right)\right) \tag{5.42}$$

[後者の変換を用い]

$$= \exp\left(\log(f(\theta|\boldsymbol{x})) + \frac{-1}{2}p^2\right) \tag{5.43}$$

[かりに $-h(\theta) = \log(f(\theta|\boldsymbol{x}))$ とおくと]

$$= \exp\left(-h(\theta) - \frac{1}{2}p^2\right) \tag{5.44}$$

$$= \exp(-H(\theta, p)) \tag{5.45}$$

という驚くべき結果が導かれます.

対数事後分布を $-h(\theta)$ とおくということは,母数 θ を物理における平面位置と

[*15)] 標準正規分布の実現値の記号には,x ではなく,後の対応を考慮して運動量の p を使います.

見なすということです．対数確率の高さを物理空間の低さと見なすことです．この空間でビー玉を転がせば，自然に低いところ（事後確率の高いところ）を転がるという期待が持てます．

式変形の最後は，同時分布の θ, p が位相空間の位置座標と見なせることを意味しています．同時分布のカーネルがハミルトニアンそのものです．言い換えるならば，同時分布の確率の高さが，位相空間内のハミルトニアンの低さに対応するということです．

乱数発生の物理的アナロジーは以下です．適当な物理空間上に置いたビー玉をはじき ($t = 1$ 回目)，一定時間 L の経過ののち指で止めます．その場所の座標 θ を記録します．はじくときの運動量は正規分布の乱数で決めます．正負は均等に出現しますから方向もまったくランダムです．止めた場所で再びビー玉をはじき ($t = 2$ 回目)，一定時間の経過ののち指で止めて座標を記録します．これを繰り返して T 個の乱数を得ます．これが HMC 法による事後分布からの乱数発生の本質です．

はじいた瞬間のビー玉の状態を (θ, p) とし，時間 L 後の遷移先での状態を (θ', p') としましょう．体積が保存され，可逆ですから遷移の確率は

$$f(\theta', p'|\theta, p) = f(\theta, p|\theta', p') \tag{5.46}$$

のように等しくなります．またハミルトニアンが変化しないように遷移しますから

$$f(\theta, p|\boldsymbol{x}) = f(\theta', p'|\boldsymbol{x}) \tag{5.47}$$

です．したがって

$$f(\theta, p|\theta', p')f(\theta', p'|\boldsymbol{x}) = f(\theta', p'|\theta, p)f(\theta, p|\boldsymbol{x}) \tag{5.48}$$

であり，詳細釣り合い条件 (4.18) 式が成立します．

ただしリープフロッグ法では，0 ではない ϵ を使って，ビー玉の移動を予測していますから数値計算上の誤差が生じます．そこで遷移確率が等しい場合の補正係数 (4.38) 式を使い

$$r = \frac{f(\theta^{(a)}, p^{(a)}|\boldsymbol{x})}{f(\theta^{(t)}, p^{(t)}|\boldsymbol{x})} = \exp(H(\theta^{(t)}, p^{(t)}) - H(\theta^{(a)}, p^{(a)})) \tag{5.49}$$

とします．理論的にはハミルトニアンが保存され，数値計算上の誤差しかありませんから，exp の中身はほぼ 0 となり，r は 1 に近い値となります．このため受

容率はとても高くなります.

HMC 法アルゴリズム (母数が1つの場合)
1) 初期値 $\theta^{(1)}, \epsilon, L, T$, バーンイン期間を定めます. $t=1$.
2) 独立な標準正規乱数 $p^{(t)}$ を発生させます.
3) リープフロッグ法で遷移させ, 候補点 $\theta^{(a)}, p^{(a)}$ を入手します.
4) 確率 $\min(1, r)$ で受容 ($\theta^{(t+1)} = \theta^{(a)}$) し, さもなくばその場に留まります ($\theta^{(t+1)} = \theta^{(t)}$).
5) $T = t$ なら, 終了します.
6) $t = t+1$ として, 2 へ戻ります.

一般的傾向として, 同じ L に対して ϵ を大きくすると, 移動距離が長くなる代わりに, ハミルトニアンの保存が荒くなるので受容率が低くなります. 同じ L に対して ϵ を小さくすると受容率が高くなる代わりに移動距離が短くなるので, 相関が大きくなります. L を大きく, ϵ を小さくすると, 移動距離が長く, 受容率も高くなりますが, 1回の遷移のための計算コストが大きくなります. また, いたずらに L を大きくして計算コストを増やしても, 窪地を転がるビー玉から想像されるように, U ターンして戻り, 結果として移動距離が短くなることもあります.

5.5.1 リープフロッグ法計算例

事後分布がガンマ分布である場合を例にとり, リープフロッグ法の計算例を見てみましょう. カーネルは (3.44) 式なのですが, ここではカンマをとり

$$f(\theta|\boldsymbol{x}) \propto e^{-\lambda\theta}\theta^{\alpha-1} \tag{5.50}$$

とします. ポテンシャルエネルギーは, 対数をとって符号を反転し,

$$h(\theta) = \lambda\theta - (\alpha-1)\log(\theta) \tag{5.51}$$

となります. リープフロッグ法で必要な母数での微分は

$$h'(\theta) = \lambda - \frac{\alpha-1}{\theta} \tag{5.52}$$

です.

図 5.1 のジェットコースターのコースは, (5.51) 式のポテンシャルエネルギーを「波平釣果問題」と同じ, $\alpha = 11, \lambda = 13$ で描いた関数です.

表 5.1 ジェットコースターの滑走状態 1ε = 0.05

τ	p	θ	$h(\theta)$	$H(\theta,p)$	τ	p	θ	$h(\theta)$	$H(\theta,p)$
1	0.00	0.10	24.33	24.33	1	-1.14	2.43	22.75	23.40
2	3.05	0.21	18.38	23.02	2	-1.58	2.37	22.15	23.40
3	4.21	0.40	14.31	23.18	3	-2.02	2.28	21.36	23.40
4	4.58	0.63	12.81	23.29	4	-2.44	2.16	20.41	23.40
5	4.61	0.86	12.69	23.34	5	-2.86	2.03	19.32	23.40
6	4.48	1.09	13.31	23.36	6	-3.25	1.88	18.12	23.40
7	4.25	1.31	14.33	23.38	7	-3.62	1.71	16.84	23.39
8	3.96	1.52	15.55	23.39	8	-3.96	1.52	15.55	23.39
9	3.62	1.71	16.84	23.39	9	-4.25	1.31	14.33	23.38
10	3.25	1.88	18.12	23.40	10	-4.48	1.09	13.31	23.36
11	2.86	2.03	19.32	23.40	11	-4.61	0.86	12.69	23.34
12	2.44	2.16	20.41	23.40	12	-4.58	0.63	12.81	23.29
13	2.02	2.28	21.36	23.40	13	-4.21	0.40	14.31	23.18
14	1.58	2.37	22.15	23.40	14	-3.05	0.21	18.38	23.02
15	1.14	2.43	22.75	23.40	15	-0.00	0.10	24.33	24.33

ジェットコースターの初期位置は $\theta(1) = 0.1$ とします．最初は静止しているものとして $p(1) = 0$ とします．リープフロッグ法の定数は $\epsilon = 0.05, L = 15$ とします．$\tau = 1, 2, \cdots, 14, 15$ の期間で，ジェットコースターを走らせたのが図 5.1 であり，運動量・位置・ポテンシャルエネルギー・ハミルトニアンを示したのが表 5.1 の左表です．

高度が低くなり坂を下るにつれて運動量が増加し，高度が高くなり坂を上るにつれて運動量が減少しているようすが示されています．ハミルトニアンは一定ではありませんが，これは $\epsilon = 0.05$ と比較的精度が荒いためです．

時間反転・可逆を確認するために，$L = 15$ における運動量を反転させ，同じ位置からリープフロッグ法で経路積分した結果を表 5.1 の右表に示し，図 5.5 に位置と運動量を図示しました．リープフロッグ法では，ハミルトニアンの保存の限界も含めて時間反転が再現されているようすが示されています．

5.5.2 位相空間の図示

「波平釣果問題」と同じ，$\alpha = 11, \lambda = 13$ のガンマ分布の位相空間を図 5.6 の右図に示しました．ハミルトニアンの等高線を描いてあります．

黒のドットは，ジェットコースターの移動を等時間間隔で示したものです．

5.5 HMC 法　　　　　　　　　　　　　　　117

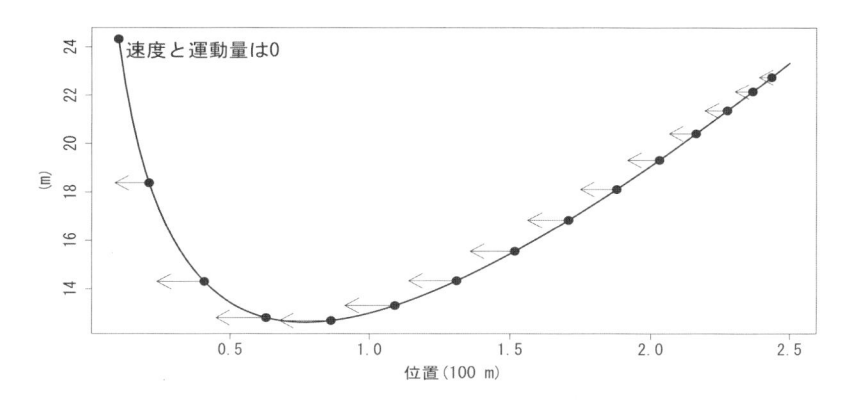

図 5.5　ジェットコースターの逆走 (時間反転・可逆の例示)

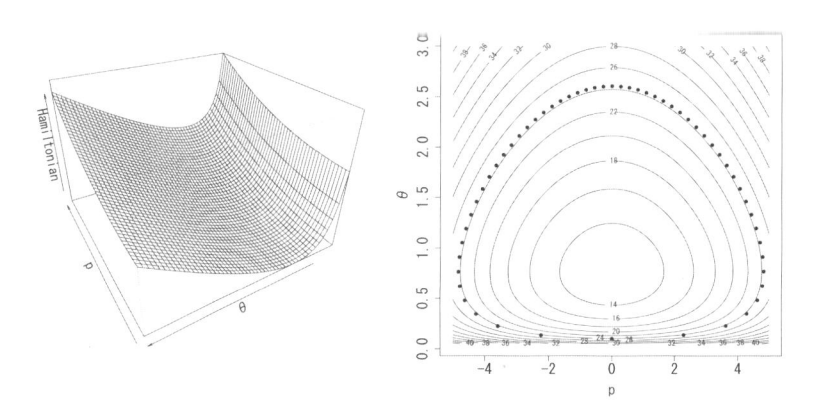

図 5.6　ガンマ分布の位相空間

$\epsilon = 0.01$ (図 5.1 や図 5.5 の 5 倍の精度) で移動させると $L = 168$ でほぼ 1 週しました．図 5.6 の右図では τ を 3 つおきに打点しています．物理空間のジェットコースターは (摩擦や抵抗がなければ) 行ったり来たりを永遠に繰り返します．これに対して位相空間内のジェットコースターは，等高線に沿って右回りに，黒ドットのコースを永遠に周回し流れ続けます．

図 5.6 の左図に，右図の右半分を 3 次元グラフで図示しました．右図の中央を縦に切断し，左方向から眺めています．平面軸の目盛に関しては，位置 θ は 0.05 から 3.0 まで，運動量 p は 0.0 から 5.0 までです．

表 5.2　ジェットコースターの滑走状態 $2\epsilon = 0.01$

τ	p	θ	$h(\theta)$	$H(\theta, p)$
1	0.00	0.10	24.33	24.33
11	4.43	0.39	14.46	24.28
21	4.82	0.87	12.70	24.29
31	4.44	1.33	14.45	24.29
41	3.79	1.74	17.11	24.29
51	3.01	2.09	19.76	24.29
61	2.16	2.34	21.96	24.29
71	1.27	2.52	23.48	24.29
81	0.36	2.60	24.23	24.29
91	-0.55	2.59	24.14	24.29
101	-1.46	2.49	23.23	24.29
111	-2.34	2.30	21.55	24.29
121	-3.18	2.02	19.24	24.29
131	-3.94	1.66	16.54	24.29
141	-4.55	1.24	13.96	24.29
151	-4.83	0.76	12.62	24.29
161	-4.10	0.30	15.89	24.28

$L = 168$ でほぼ1周する移動に関して，τ を 10 おきに選び出し，その状態を示したのが表 5.2 です．$\tau = 1$ から 81 くらいまでは，運動量が坂を下りるに従って大きくなり，坂を上るに従って小さくなります．$\tau = 91$ 以降は逆向きの運動量となり，運動量が坂を下りるに従って大きくなり，坂を上るに従って小さくなります．$\tau = 161$ で，ほぼ $\tau = 11$ の位置に戻り，最終的には完全に $\tau=1$ の状態に戻ります．そして最初からこの運動を繰り返します．

ハミルトニアンを小数第2位で四捨五入すると 24.3 となり，表 5.1 よりも安定しています．これは ϵ を 0.05 から 0.01 にしたために，物体の移動をより正確にシミュレートすることに成功しているからです．

5.5.3　HMC 法計算例

「波平釣果問題」と同じ，$\alpha = 11, \lambda = 13$ のガンマ分布の位相空間を HMC 法で遷移してみましょう．リープフロッグの移動時間は $L = 100$ とし，精度は $\epsilon = 0.01$ とします．母数の初期値 $\theta^{(1)}$ は $\alpha = 11, \lambda = 13$ のガンマ分布としては少し外れた 2.5 としてみました．ガンマ分布と標準正規分布の同時分布からの

5.5 HMC 法

表 5.3 $t = 3$ までの同時分布

	$t = 1$	$t = 2$	$t = 3$
θ	2.50	1.30	0.55
p	-1.21	0.31	-2.35

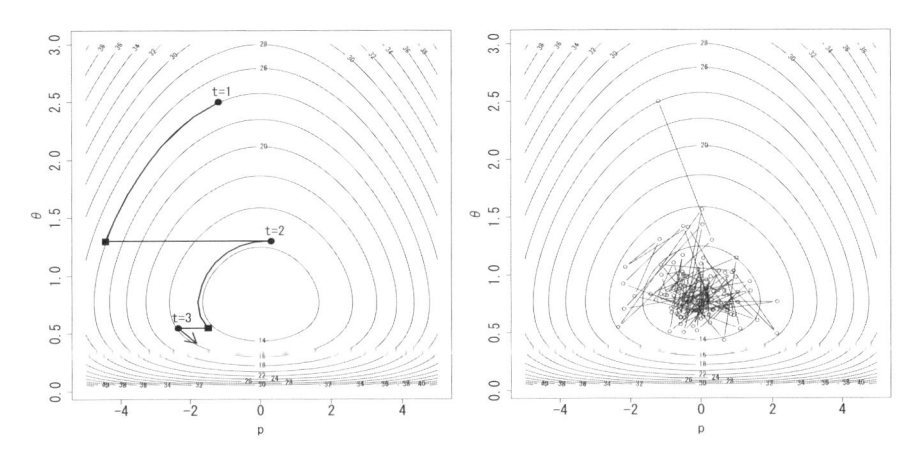

図 5.7 ガンマ分布の位相空間中の遷移. 左図は $t = 3$ まで, 右図は $t = 100$ まで

$t = 3$ までのサンプリング結果が表 5.3 です.

図 5.7 の左図に $t = 3$ までの位相空間中の遷移のようすを示しました. まず初期値として設定した $\theta^{(1)} = 2.5$ の位置で負方向への中程度の運動量 $p^{(1)} = -1.21$ がサンプリングされました. これを● ($t = 1$) で表します. ハミルトニアンが約 24 の等高線に沿って, $L = 100$ まで, 左の■の地点 ($\theta^{(2)} = 1.30$) までリープフロッグで移動します.

ここで突然, 正方向の弱い運動量 $p^{(2)} = 0.31$ を得ています. この「突然さ」が水平移動で表現されており, 結果として● ($t = 2$) に移るも, 運動量が弱くて重力に抗することができません. 緩やかに $L = 100$ までハミルトニアンの等高線に沿って左回りに下の■の地点 ($\theta^{(3)} = 0.55$) までリープフロッグで移動しています.

ここで突然, 負方向のかなり強い運動量 $p^{(3)} = -2.35$ を得ます. 水平移動して● ($t = 3$) に移り「よーしこれから急こう配の坂を上るぞ」というところで左図は終わっています.

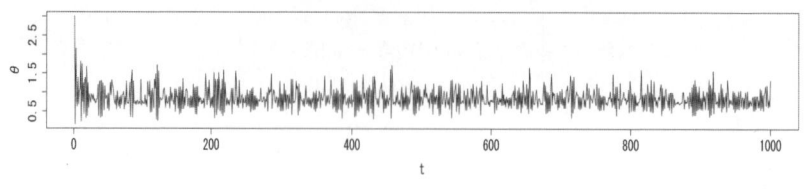

図 5.8 $T = 1000$ のトレースライン

図 5.7 の右図に $t = 100$ までの位相空間中の遷移のようすを示しました．ただし水平移動を示しても，サンプリングの観点からは意味がないので左図の●に相当する点だけを○で描いて，線で結んでいます．ハミルトニアンの低い領域 (確率密度の高い領域) を遷移しているのが分かります．

母数の初期値 $\theta^{(1)}$ として，$\alpha = 11, \lambda = 13$ のガンマ分布としては，わざと外れた 2.5 を選んだのに，分布の中心に引き寄せられていることが観察されます．

恣意的に設定した 1 個目だけを除いて，残り 99 個で平均を求めると $\bar{\theta} = 0.84$, $\bar{p} = -0.09$ であり，同時分布の位置としては，申し分ありません．

図 5.8 には，HMC 法による $\alpha = 11, \lambda = 13$ のガンマ分布からのサンプリングのトレースラインを示しました．$T = 1000, L = 100, \epsilon = 0.01$ です．初期値は，さらに外れた $\theta^{(1)} = 3.0$ を選びましたが，確率密度の高い領域に引き寄せられていることがわかります．1000 個の乱数はすべて (100%) 受容されました．ハミルトニアンの不変の性質を利用すると，ランダムウォーク MH 法などに比べて，格段に受容率が上昇します．

5.6 多次元の場合

母数が 1 つの場合は，位相空間は母数と運動量による 2 次元となります．ここにハミルトニアンの高さを加えると 3 次元となりますから，HMC 法を空間的に把握できるのは母数が 1 つの場合に限定されます．前節では分かりやすさを優先し，母数が 1 つの場合で HMC 法を解説しました．

しかし現実のデータ解析の場面では，たくさんの母数が必要となり，d 次元の母数ベクトル $\boldsymbol{\theta} = (\theta_1, \theta_2, \cdots, \theta_d)$ を推定する必要が生じます．本節では統計モデル中に母数が d 個ある場合の HMC 法について解説します．

事後分布は母数ベクトルを用いて $f(\boldsymbol{\theta}|\boldsymbol{x})$ と表記します．独立な d 個の標準正

5.6 多次元の場合

規乱数 $\boldsymbol{p} = (p_1, p_2, \cdots, p_d)$ との同時事後分布は，(5.37) 式より

$$f(\boldsymbol{\theta}, \boldsymbol{p}|\boldsymbol{x}) = f(\boldsymbol{\theta}|\boldsymbol{x})f(\boldsymbol{p}) = f(\theta|\boldsymbol{x})\prod_{i=1}^{d} f(p_i) \tag{5.53}$$

となります．独立な d 個の標準正規分布のカーネルは，(5.38) 式より

$$f(\boldsymbol{p}) \propto \exp\left[\frac{-1}{2}\sum_{i=1}^{d} p_i^2\right] \tag{5.54}$$

です．したがってハミルトニアン (5.36) 式は

$$H(\boldsymbol{\theta}, \boldsymbol{p}) = h(\boldsymbol{\theta}) + \frac{1}{2}\sum_{i=1}^{d} p_i^2 \tag{5.55}$$

となります．$h(\boldsymbol{\theta})$ がカーネル部分の対数確率の符号反転であることは変わりません．

同時事後分布のカーネル (5.45) 式は

$$f(\boldsymbol{\theta}, \boldsymbol{p}|\boldsymbol{x}) \propto \exp(-H(\boldsymbol{\theta}, \boldsymbol{p})) \tag{5.56}$$

です．

(5.31) 式から (5.33) 式までに登場するリープフロッグ法の記号は，運動量・母数・微分が，それぞれ $\boldsymbol{p}, \boldsymbol{\theta}, h'(\boldsymbol{\theta})$ のようにベクトルとなります．特に微分のベクトルは

$$h'(\boldsymbol{\theta}) = \left(\frac{dh(\boldsymbol{\theta})}{d\theta_1}, \cdots, \frac{dh(\boldsymbol{\theta})}{d\theta_d}\right) \tag{5.57}$$

です．リープフロッグ法の ϵ, τ, L はスカラーのままです．

補正係数 (5.49) 式は

$$r = \exp(H(\boldsymbol{\theta}^{(t)}, \boldsymbol{p}^{(t)}) - H(\boldsymbol{\theta}^{(a)}, \boldsymbol{p}^{(a)})) \tag{5.58}$$

とします．

以上の事から，母数が d 個の場合の HMC 法のアルゴリズム[16]は以下となります．

---

[16] 実践的な分析においては $\boldsymbol{p}^{(t)}$ を発生させる際の分散や ϵ や L を自動調節して収束を速めます．詳しくは付録の NUTS 法を参照してください．NUTS 法は HMC 法の実行中に ϵ や L を自動調節する1つの方法です．

HMC 法アルゴリズム (母数が d 個の場合)
1) 初期値 $\boldsymbol{\theta}^{(1)}, \epsilon, L, T$, バーンイン期間を定めます．$t=1$.
2) 独立な d 個の標準正規乱数 $\boldsymbol{p}^{(t)}$ を発生させます．
3) リープフロッグ法で遷移させ，候補点 $\boldsymbol{\theta}^{(a)}, \boldsymbol{p}^{(a)}$ を入手します．
4) 確率 $\min(1,r)$ で受容 ($\boldsymbol{\theta}^{(t+1)} = \boldsymbol{\theta}^{(a)}$) し，さもなくばその場に留まります ($\boldsymbol{\theta}^{(t+1)} = \boldsymbol{\theta}^{(t)}$).
5) $T=t$ なら，終了します．
6) $t=t+1$ として，2 へ戻ります．

5.6.1 正規分布の推定

母数の次元数が $d=2$ となると，位相空間は 4 次元になりますから図示はできません．しかし母数空間だけなら図示できます．ここでは HMC 法の $d=2$ の例として，確率分布として最も有名な正規分布の母数 (平均 μ, 分散 σ^2) を推定してみます．

100 人の日本人男性の身長をイメージして，平均 170, 分散 49 の正規分布からの乱数によって以下のような 100 人分の標本を作製しました．

```
162 172 178 154 173 174 166 166 166 164 167 163 165 170 177 169 166 164 164 187
171 167 167 173 165 160 174 163 170 163 178 167 165 166 159 162 155 161 168 167
180 163 164 168 163 163 162 161 166 167 157 166 162 163 169 174 182 165 181 162
175 188 170 165 170 182 162 180 179 172 170 167 167 175 184 169 160 165 172 168
169 169 160 169 176 175 174 167 169 162 170 172 182 177 167 172 162 176 177 185
```

標本平均は 168.96, 標本分散は 48.88 でしたから，これらが最尤推定値となります．平均 μ と分散 σ^2 の事前分布としては，区間 [0,big] の一様分布としました．ここで big は十分に大きな値とします．事後確率の対数は (2.65) 式より，

$$\log f(\mu, \sigma^2|\boldsymbol{x}) = \log f(\boldsymbol{x}|\mu, \sigma^2) + 定数 = \frac{-n}{2}\log \sigma^2 + \frac{-1}{2\sigma^2}\sum_{i=1}^{n}(x_i - \mu)^2 + 定数 \tag{5.59}$$

の右辺の 2 つの項であり，その母数による微分は (2.66) 式，(2.67) 式より，それぞれ

5.6 多次元の場合

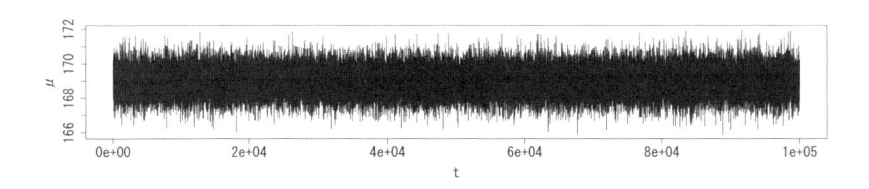

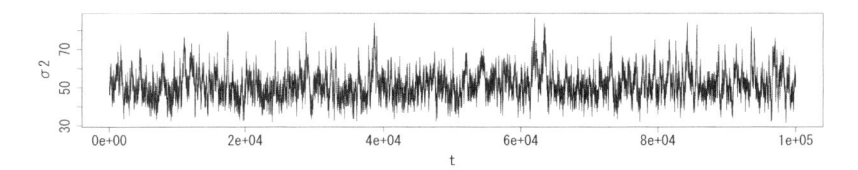

図 5.9 正規分布の平均 (上) と分散 (下) のトレースライン

$$\frac{d}{d\mu} \log f(\boldsymbol{x}|\mu, \sigma^2) = \frac{1}{\sigma^2} \sum_{i=1}^{n}(x_i - \mu) \tag{5.60}$$

$$\frac{d}{d\sigma^2} \log f(\boldsymbol{x}|\mu, \sigma^2) = \frac{-n}{2\sigma^2} + \frac{1}{2\sigma^4} \sum_{i=1}^{n}(x_i - \mu)^2 \tag{5.61}$$

となります．今回は連立方程式を解きませんから，「$= 0$」はありません．計算に必要な高さ $h(\boldsymbol{\theta})$ と，その微分はこれらの式の符号反転です．

$T = 100000$, $L = 100$, $\epsilon = 0.01$ として HMC 法を実施しました．受容率は 1.0 であり，100000 個すべて受容されました．事後分布からの平均と分散のトレースラインを図 5.9 に示します．

小数第 1 までの階級幅で度数分布を作成し，一番度数の多かった階級値を MAP 推定値とすると，$\hat{\mu}_{map}$=168.9, $\hat{\sigma}^2_{map}$=48.8 となり，ほぼ最尤推定値に一致しました．また $\hat{\mu}_{med}$=169.0, $\hat{\sigma}^2_{med}$=50.72, $\hat{\mu}_{eap}$=169.0, $\hat{\sigma}^2_{eap}$=51.51，でした．

100000 個のサンプルの同時分布を図 5.10 に示します．これで第 4 章第 1 節で掲げた目標が達成されました．横軸は平均であり，事後分布が左右対称であることが観察されます．縦軸は分散であり，事後分布が正に歪んでいることが観察されます．平均の推定値がほとんど変わらないのに，分散の推定値が $\hat{\sigma}^2_{map} < \hat{\sigma}^2_{med} < \hat{\sigma}^2_{eap}$ となっているのはこのためです．

事後標準偏差は平均と分散で，それぞれ 0.716, 7.525 でした．

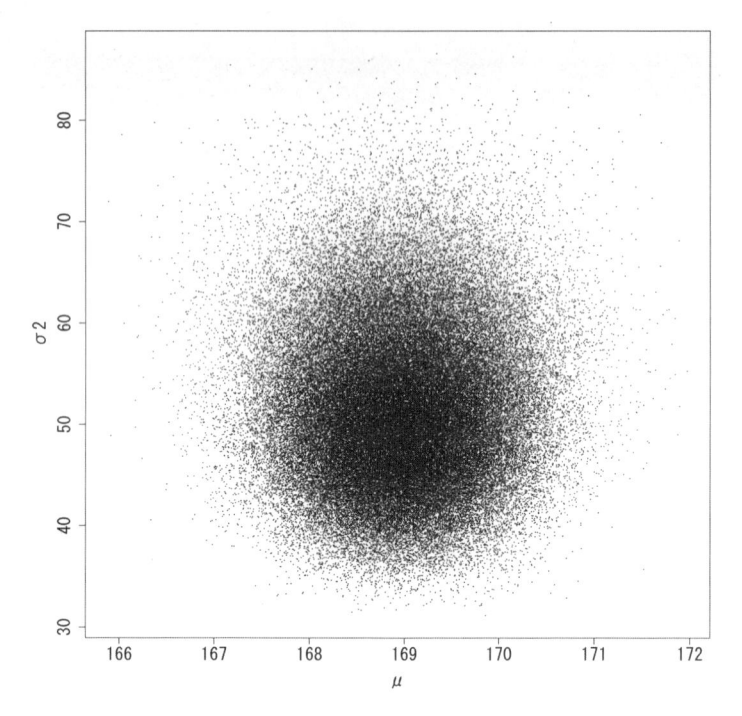

図 5.10 平均と分散の 100000 個のサンプル

5.7 章 末 問 題

★はソフトウェアを利用する問題です.
1) ある自転車は停止状態から 3 秒間走ります．出発点からの位置 θ (m) は時間 τ (秒) の関数 $\theta(\tau) = \tau^2$ です．(5.1) 式を参考に，1 秒後と 2 秒後における位置 (m) と速度 v (m/秒) を求めなさい．
2) 前問の自転車の，1 秒後と 2 秒後における加速度 (m/秒^2) を (5.2) 式と (5.3) 式を参考にして求めなさい．
3) 前問の自転車の重量 m は 10 kg です．2 秒後にかけている力は何ニュートンでしょう．ただし質量 kg と加速度 m/秒^2 の積の単位を N (ニュートン) と

5.7 章末問題

いいます．(5.6) 式を参考にして求めなさい．

4) 水平でまっすぐな線路の上に質量 3 トン貨車が止まっています．この貨車に速度 6 m/秒で走ってきた質量 6 トンの貨車が衝突し，連結して動き出しました．動き出したときの速度はいくらでしょう．運動量は衝突前後で保存されます．(5.4) 式を参考にしなさい．

5) 地球上で 4 m の高さから重さ 100 kg の鉄球を落下させます．地面に衝突するときの速度 v (m/秒) はどれほどでしょうか．［ヒント：高さ h (m) のポテンシャルエネルギーがすべて運動エネルギーに変わりますから，(5.10) 式と (5.14) 式が等しくなります．］

6) 以下の空所を埋めなさい．

エネルギーの単位は J（ジュール）[*17] といい，力と移動距離の積 (N×m) です．地球上で 4 m の高さに静止している重さ 100 kg の鉄球のポテンシャルエネルギー U は（ A ）J であり，運動エネルギーは $K = 0$ J です．2 m の高さまで落下したときは $U =$（ B ）J であり，$K =$（ C ）J であり，速度は $v =$（ D ）m/秒です．地表面では $U = 0$ J であり，$K =$（ E ）J です．このようにハミルトニアンは常に一定値（ F ）J となります．

7) ベータ分布のカーネルは (3.18) 式でした．リープフロッグ法を実行するためのポテンシャルエネルギー $h(\theta)$ と母数による微分 $h'(\theta)$ を示しなさい．

8) ★「正選手問題」の事後分布は $p = 10.2$, $q = 5.8$ のベータ分布でした．初期位置は $\theta^{(1)} = 0.1$ とし，最初は静止しているものとして $p(1) = 0$ とします．定数は $\epsilon = 0.05$, $L = 5$ としてリープフロッグ法を実行し，表 5.1 の左側の形式で移動のようすを報告しなさい．

9) ★ 前問の状態で $\epsilon = 0.01$, $L = 15$ とし，遷移の状態を観察しなさい．

10) ★ $p = 10.2$, $q = 5.8$ のベータ分布を HMC 法によってシミュレートし，EAP 推定値と理論値である約 0.638 とを比較しなさい．$T = 1000$, $L = 100$, $\epsilon = 0.01$ とします．

[*17] 力 N（ニュートン）は kg·m/秒^2 ですから，J（ジュール）は kg·m^2/秒^2 です．

6 正規分布に関する推測

本章以降では，HMC法を利用したベイズ分析の実用例を紹介します．母数の標本を利用したベイズ推定では，平均や分散等のEAP推定値の算出だけでなく，研究仮説が正しい確率の評価も簡単に行うことができます．これは伝統的な統計学の枠組みでは評価することができなかったものです．第6章では，正規分布モデルに注目し，生成量 $g(\theta^{(t)})$ を利用した研究仮説の検討方法や確信区間の解釈について説明を行います．

6.1 正規分布モデルにおける基本的な推測

ベイズ統計学における統計的な判断は，直接的に事後分布を評価して行います．主なアプローチとしてここでは，研究仮説が正しい確率を評価する方法と母数の確信区間を用いた表現を取りあげ，正規分布の平均と分散，そして分位数に関して推測を行います．

6.1.1 平均に関する推測

> カタログ刷新問題：ある企業Oは，売り上げの向上を目的に製品カタログの見直しを始めました．従来のカタログAと新たに作成したカタログBの比較を行うため，20人の顧客にカタログBを使用してもらい，そのときの平均購入金額を従来のものと比較しようと考えました．カタログAを使用していた期間の顧客の平均購入金額は2500円であり，20人の顧客それぞれの購入金額は表6.1に示したようになりました．このデータより，以下の3つの問題を考えてみましょう．
> 問1. カタログBにおける平均購入金額が従来のものと比べて高い確率はどのくらいでしょうか．

問 2. 企業 O は刷新時にかかるコストを勘案してカタログ B における平均購入金額が 3000 円を超える確率が 70% 以上であるときのみ，カタログを刷新する予定であるとします．カタログ B における平均購入金額が 3000 円を超える確率はどのくらいでしょうか．

問 3. カタログ B における平均購入金額の 2500 円に対する効果量が 0.8 より大きくなる確率はどのくらいでしょうか．

表 6.1 カタログ B を使用した顧客 20 人の購入金額に関するデータ (単位:円)

顧客	1	2	3	4	5	6	7	8	9	10
購入金額	3060	2840	1780	3280	3550	2450	2200	3070	2100	4100
顧客	11	12	13	14	15	16	17	18	19	20
購入金額	3630	3060	3280	1870	2980	3120	2150	3830	4300	1880

カタログ B を使用した 20 人の顧客それぞれの購入金額 X が平均 μ，分散 σ^2 の正規分布に従うと仮定します．問題における興味の対象はカタログ B における平均購入金額である μ です．まず，「カタログ B における平均購入金額が一定の値 c より高い」という研究仮説「$\mu > c$」を検討するため，以下の生成量を定義します．

$$u_{\mu>c}^{(t)} = g(\mu^{(t)}) = \begin{cases} 1 & \mu^{(t)} > c \\ 0 & \text{それ以外の場合} \end{cases} \quad (6.1)$$

この関数は μ が c より大きければ 1 を返し，そうでなければ 0 を返します．新たに生成された母数の標本 $u_{\mu>c}^{(t)}$ の平均を計算することで，研究仮説「$\mu > c$」が正しい確率を導くことができます．問 1 の場合，カタログ B における平均購入金額が従来のものより高いという研究仮説「$\mu > 2500$」が正しい確率を $u_{\mu>2500}^{(t)}$ の平均を計算することで導きます．問 2 に関しては，カタログ刷新時のコストを勘案したより実質科学的な研究仮説「$\mu > 3000$」が正しい確率を母数の標本 $u_{\mu>3000}^{(t)}$ の平均を計算することで導きます．

次に，問 3 について「カタログ B における平均購入金額の 2500 円に対する効果量が 0.8 より大きい」という研究仮説を検討します．効果量は，平均値間の差

や，目標値と平均値との差を標準偏差の単位で評価する指標です[*1]．1母集団の場合の効果量を生成量 $g(\theta^{(t)})$ として以下のように定義します．

$$es^{(t)} = g(\mu^{(t)}, \sigma^{(t)}) = \frac{\mu^{(t)} - \mu_0}{\sigma^{(t)}} \quad (6.2)$$

さらに，研究仮説「$es > 0.8$」を検討する生成量を

$$u^{(t)}_{es>0.8} = g(es^{(t)}) = \begin{cases} 1 & es^{(t)} > 0.8 \\ 0 & それ以外の場合 \end{cases} \quad (6.3)$$

と定義します．母数の標本 $u^{(t)}_{es>0.8}$ の平均を計算することで，研究仮説「$es > 0.8$」が正しい確率を調べることができます．このように，生成量を利用することで，研究仮説が正しい確率を検討することができるのが母数の標本を利用したベイズ推定の特徴です．

実際に，表 6.1 のデータを利用して，事後分布から 11000 回サンプリングを行い，最初の 1000 回を破棄して，残りの 10000 個の母数の標本を利用して[*2] 計算した μ, $U_{\mu>2500}$, $U_{\mu>3000}$, $U_{es>0.8}$ の EAP 推定値，事後標準偏差，95% 確信区間をまとめたものを表 6.2 に示します．サンプリング時の事前分布には，一様分布を使用しました．なお以降，とくに断らない限り，事前分布には一様分布を使用します．表 6.2 より，カタログ B における平均購入金額の EAP 推定値は約 2925 円であり，従来の平均購入金額より高い値であることがわかります．

$u^{(t)}_{\mu>2500}$ を利用して，「カタログ B における平均購入金額が従来のものより高い」という研究仮説を検討します．表 6.2 より，$U_{\mu>2500}$ の EAP 推定値は 0.987

表 6.2 カタログ B における平均購入金額に関する推定結果

	EAP	post.sd	95% 下側	95% 上側
μ	2924.862	182.410	2559.707	3279.175
$U_{\mu>2500}$	0.987	0.113	1.000	1.000
$U_{\mu>3000}$	0.337	0.473	0.000	1.000
$U_{es>0.8}$	0.139	0.346	0.000	1.000

[*1] Cohen, J. "*Statistical Power Analysis for the Behavioral Sciences*" (Lawrence Erlbaum, 1988) では効果量の目安として，0.20 を小さな差，0.50 を中くらいの差，0.80 を大きな差としています．

[*2] サンプリング条件を決定する際には，収束判定指標である $\hat{R}$ の値が 1.1 以下であることと，Effective Sample Size が十分大きな値であることを確認します．本章では引き続き上記のサンプリング条件を採用しますが，モデルとデータによって，適切なサンプリング条件は異なることに注意が必要です．収束判定指標の詳しい解説については付録 2 を参照してください．

であることが分かります．すなわち，研究仮説「$\mu > 2500$」が正しい確率は 98.7%です．これが問 1 の答えです *3)．次に，$u^{(t)}_{\mu>3000}$ を利用して，「カタログ B における平均購入金額が 3000 円を超える」という刷新時のコストを勘案した実質科学的な研究仮説を考察します．$U_{\mu>3000}$ の EAP 推定値は 0.337 ですので，問 2 の解答として研究仮説「$\mu > 3000$」が正しい確率は 33.7% であるといえます．この結果から，企業 O はカタログ刷新を控えた方が賢明でしょう．さらに，$u^{(t)}_{es>0.8}$ を利用して，「カタログ B における平均購入金額の 2500 円に対する効果量が 0.8 より大きい」という研究仮説を検討します．$U_{es>0.8}$ の EAP 推定値は 0.139 ですので，問 3 の解答として研究仮説「$es > 0.8$」が正しい確率は 13.9% です．

最後に，μ の確信区間を確認します．μ の 95% 確信区間は $[2559.707, 3279.175]$ であるので，カタログ B における平均購入金額が 2559.707 円から 3279.175 円の間に存在する確率が 95% であることが分かります．

6.1.2　分散に関する推測

工場機器買い換え問題：T 社は大手自動車メーカーの下請けとして，ベアリングを製造しています．工場で使っている機器は製造品の内径の平均を一定に保てることが技術的な持ち味なのですが，残念ながら内径のばらつき具合はある時期を境に大きくなることがわかっています．工場では，同じ機器を 10 年間使っています．ここのところ製品の内径のばらつき具合が以前より大きいような気がします．そこで，検品してみてこれまでの精度が得られていないようであれば，買い換えを検討することにしました．これまでのベアリングの内径の平均は規格に準拠した 145 mm であり，分散は 0.10 でした．検品用のベアリング 40 個の内径が表 6.3 に示されたものであったとき，検品用のベアリングの内径の分散が 0.10 を超える確率はどのくらいでしょうか．また，T 社の社長が出費を渋り，納品先の基準である分散 0.15 を超える確率が 80% 以上のときのみ買い換える予定であるとします．このとき，内径の分散が 0.15 を超える確率はどのくらいでしょうか．

---

*3)　$u^{(t)}_{\mu>2500}$ の標本は 0 か 1 のどちらかなので，標本分布は離散型となり確信区間の下限と上限も 0 か 1 のどちらかになります．

表 6.3　検品用 40 個のベアリングの内径に関するデータ (単位:mm)

no.	1	2	3	4	5	6	7	8	9	10
内径	145.55	145.41	144.26	145.05	145.84	145.06	145.19	145.30	144.47	144.84
no.	11	12	13	14	15	16	17	18	19	20
内径	145.18	145.00	144.95	144.88	145.25	145.38	145.28	144.66	145.26	144.47
no.	21	22	23	24	25	26	27	28	29	30
内径	145.24	144.29	145.21	144.77	145.51	144.33	144.47	144.90	144.76	145.46
no.	31	32	33	34	35	36	37	38	39	40
内径	145.04	144.98	145.41	145.45	144.83	144.71	144.65	144.21	145.10	145.10

ベアリングの内径 X が平均 145，分散 σ^2 の正規分布に従うと仮定します．精度をばらつき具合で表現すると，この問題での興味の対象は σ^2 です．まず，「検品用のベアリングの内径の分散が一定の値 c より大きい」という研究仮説「$\sigma^2 > c$」を検討するため，前項と同様に以下の生成量を定義します．

$$u^{(t)}_{\sigma^2 > c} = g(\sigma^{2(t)}) = \begin{cases} 1 & \sigma^{2(t)} > c \\ 0 & それ以外の場合 \end{cases} \quad (6.4)$$

$u^{(t)}_{\sigma^2 > c}$ の平均を計算することで，研究仮説「$\sigma^2 > c$」が正しい確率を導きます．このとき，$u^{(t)}_{\sigma^2 > 0.10}$ を利用することで，「検品用のベアリングの分散は従来の分散よりも大きい」という研究仮説「$\sigma^2 > 0.10$」が正しい確率を検討することができます．また，社長の出費を抑えたいという願望を反映したより実質科学的な研究仮説「$\sigma^2 > 0.15$」を考えます．この場合，$u^{(t)}_{\sigma^2 > 0.15}$ を利用することで，研究仮説「$\sigma^2 > 0.15$」が正しい確率を検討することができます．

実際に，表 6.3 のデータを利用して計算した σ^2, $U_{\sigma^2 > 0.10}$, $U_{\sigma^2 > 0.15}$ の EAP 推定値，事後標準偏差，95% 確信区間をまとめたものを表 6.4 に示します．表 6.4 より，検品用のベアリングの分散の EAP 推定値は 0.167 であり，これは従来の分散と納品先の基準より大きい値です．

$u^{(t)}_{\sigma^2 > 0.10}$ を利用して，「工場の機器の精度は従来の精度より落ちている」という研究仮説を検討します．表 6.4 より，$U_{\sigma^2 > 0.10}$ の EAP 推定値は 0.989 です．ここから，研究仮説「$\sigma^2 > 0.10$」が正しい確率は 98.9% であるといえます．次に，

表 6.4　ベアリングの内径の分散に関する推定結果

	EAP	post.sd	95% 下側	95% 上側
σ^2	0.167	0.040	0.107	0.261
$U_{\sigma^2 > 0.10}$	0.989	0.103	1.000	1.000
$U_{\sigma^2 > 0.15}$	0.619	0.485	0.000	1.000

$u^{(t)}_{\sigma^2>0.15}$ を利用して，「検品用のベアリングの分散が納品先の基準である 0.15 を超える」という実質科学的な研究仮説を考察します．$U_{\sigma^2>0.15}$ の EAP 推定値は 0.619 ですので，研究仮説「$\sigma^2 > 0.15$」が正しい確率は 61.9% です．この確率では T 社の社長を説得し，買い換えを決断させることは難しいでしょう．

最後に，σ^2 の確信区間を確認します．表 6.4 より，σ^2 の 95% 確信区間は [0.107, 0.261] でした．ここから，検品用のベアリングの内径の分散が 0.107 から 0.261 の間に存在する確率が 95% であることが分かります．

6.1.3 分位に関する推測

> **代表選考ボーダーライン問題**：K 君は走り幅跳びのオリンピック代表を目指して，日々練習に励んでいます．K 君が出場する次の大会はオリンピックの代表選考会として非常に重要なもので，大会の上位 25% の選手だけが最終選考に残れます．K 君としては，具体的なボーダーラインを意識して練習に励みたいところです．前年度のこの大会の出場者全 20 名の記録を表 6.5 に示しました．これらの記録から，具体的な目標を K 君に伝えてあげましょう．また，K 君の練習記録が平均 8 m 05 cm，標準偏差 10 cm のとき，K 君が最終選考に残る確率はどのくらいでしょう．

表 6.5 昨年度の大会における走り幅跳びの記録に関するデータ (単位:cm)

選手	1	2	3	4	5	6	7	8	9	10
記録	775	779	799	794	770	790	775	778	808	802
選手	11	12	13	14	15	16	17	18	19	20
記録	776	775	799	787	825	785	775	762	782	788

問題を読み替えると，昨年度の大会の全 20 名の出場選手のうち，下位 75% を含む記録が具体的なボーダーラインとして利用できそうです．走り幅跳びの記録 X が平均 μ，分散 σ^2 の正規分布に従うと仮定すると，興味の対象はこの正規分布の 0.75 分位数 [*4)] です．

[*4)] ある分布関数 $F(x)$ に従う確率変数 X の累積確率が $(1-q)$ となる実現値 $\xi_{(1-q)}$ を X の $(1-q)$ 分位数といいます．すなわち，
$$(1-q) = F(\xi_{(1-q)})$$
です．たとえば，$\xi_{0.5}$ は X の中央値を表します．

生成量 $g(\theta^{(t)})$ としての正規分布の 0.75 分位数 $\xi_{0.75}^{(t)}$ を，平均 $\mu^{(t)}$ と標準偏差 $\sigma^{(t)}$ を用いて，以下のように定義します．

$$\xi_{0.75}^{(t)} = g(\mu^{(t)}, \sigma^{(t)}) = \mu^{(t)} + z_{0.75}\sigma^{(t)} \tag{6.5}$$

ここで，$z_{0.75}$ は標準正規分布の 0.75 分位数です．これを求めるには，標準正規分布表を参照すればよく，$z_{0.75} = 0.675$ です．

続いて，「K 君が最終選考に残る」という研究仮説を検討します．これは K 君の練習記録の分布において昨年度の大会の 0.75 分位数を超える確率を確認する問題です．そこで，以下の生成量を定義します．

$$p_{1-\Psi(\xi_{0.75})}^{(t)} = g(\xi_{0.75}^{(t)}) = 1 - \Psi(\xi_{0.75}^{(t)}) \tag{6.6}$$

ここで，Ψ は平均 805，標準偏差 10 の正規分布の分布関数を表します．$p_{1-\Psi(\xi_{0.75})}^{(t)}$ の平均を計算することで，K 君が最終選考に残る確率を導きます．

表 6.6 昨年度の大会の 0.75 分位数に関する推定結果

	EAP	post.sd	95% 下側	95% 上側
$\xi_{0.75}$	797.082	4.142	789.877	806.302
$p_{1-\Psi(\xi_{0.75})}$	0.769	0.125	0.448	0.935

実際に，表 6.5 のデータを利用して計算した $\xi_{0.75}$，$p_{1-\Psi(\xi_{0.75})}$ の EAP 推定値，事後標準偏差，95% 確信区間をまとめたものを表 6.6 に示します．表 6.6 より，昨年度の大会の 0.75 分位数の EAP 推定値は 797.082 でした．これは K 君の練習平均記録より低い値です．

続いて，$p_{1-\Psi(\xi_{0.75})}^{(t)}$ を利用して，K 君が最終選考に残る確率を検討します．表 6.6 より，$p_{1-\Psi(\xi_{0.75})}$ の EAP 推定値は 0.769 であるので，K 君が最終選考に残る平均的な確率は 76.9% です．

最後に，$\xi_{0.75}$ の確信区間を確認します．表 6.6 より，$\xi_{0.75}$ の 95% 確信区間は [789.877, 806.302] でした．よって，昨年度の記録の 0.75 分位数が 789.877 から 806.302 の間に存在する確率が 95% であることが分かります．この上限値を目標にすれば，K 君は保険を効かせた良い調整ができるでしょう．

6.2　2 群の平均値の比較

ベイズ統計学と伝統的な統計学の大きな違いの 1 つは，母数を確率変数として

扱うか，それとも定数として扱うかでした．そのため，平均値の差に関する検討方法も異なります．伝統的な統計学では，2群の平均値差を検討するために t 検定を利用します．しかし，ベイズ統計学では，検定統計量を導出するのではなく，母数そのもの，もしくはその関数に関して事後分布を評価します．

平均値の差を検討する際のベイズ統計的なアプローチとして，ここでは3つ取りあげます．まずは，2つの群の平均値の差が0以上であるか「$\mu_2 - \mu_1 > 0$」を検討します．これにより，「$\mu_2 > \mu_1$」という研究仮説が正しい確率を算出することができます．続いて，2群の平均値の差がある一定の値以上であるか「$\mu_2 - \mu_1 >$ 定数」を評価します．実質科学的な観点から適切な定数を選ぶことで，具体的な決定を行う際の指針となります．最後に確信区間を算出し，母数が含まれる区間を確認します．

本節では，独立な2群と対応のある2群に関して，平均値の差に関する事後分布を利用した統計的な判断を行っていきます．

6.2.1 独立な2群の平均値差に関する推測

体内時計問題: 大学生のRさんは，授業で自分の体内時計に関する実験を行うことになりました．そこで，安静時（対照群）と運動後（実験群）で自分の体内時計がどのように変化をするかを調べるために，ストップウォッチを利用した実験を行います．スタートボタンを押した後，時計を見ずに30秒経ったと思った時点でストップボタンを押して，時間を計測します．計測回数は，各群20回です．Rさんは実験群の運動として，うさぎ跳びをして脈が速くなっている状況を設定しました．対照群と実験群のデータをまとめると表6.7のようになります．さて，Rさんの安静時と運動後では，体内時計に違いがあるでしょうか．また，2つの群の母平均の差が1秒以上となる確率はどのくらいでしょうか．

運動を行うと脈が速くなり，時間をはやめに数えると考えたRさんは，対照群よりも実験群の方が平均時間は短くなると予想しました．そこで，表6.7のデータを利用して，2つの群の平均値の差について検討します．まず，実験群の測定時間を X_1，対照群の測定時間を X_2 として，X_1 は平均 μ_1，分散 σ_1^2 の正規分布に，X_2 は平均 μ_2，分散 σ_2^2 の正規分布に従うと仮定します．ここで興味の対象

表 6.7 体内時計に関するデータ (単位:秒)

実験群									
30.86	29.75	31.55	32.29	29.90	31.71	31.35	29.03	30.37	31.55
29.26	32.29	29.90	30.18	30.72	32.28	30.72	29.90	31.55	31.55
対照群									
31.36	33.34	33.16	31.36	36.19	29.80	31.11	35.23	31.36	31.27
31.63	31.63	32.00	31.11	31.63	31.36	31.81	31.63	29.21	33.37

となるのは,実験群と対照群の平均測定時間の差です.そこで,サンプリングされた母数の標本を利用して,以下のような生成量 $g(\theta^{(t)})$ を定義します.

$$\delta^{(t)} = g(\mu_1^{(t)}, \mu_2^{(t)}) = \mu_2^{(t)} - \mu_1^{(t)} \tag{6.7}$$

これは,2つの群の平均値の差であり,$\delta^{(t)}$ の事後分布を考察することで,2つの群の平均測定時間に差があるかどうかを評価します.

続いて,2つの群の平均値の差が 0 より大きいという研究仮説「$\mu_2 - \mu_1 > 0$」を検討するために,$u_{\delta>0}^{(t)}$ という生成量を定義します.

$$u_{\delta>0}^{(t)} = g(\mu_1^{(t)}, \mu_2^{(t)}) = \begin{cases} 1 & \mu_2^{(t)} - \mu_1^{(t)} > 0 \\ 0 & \text{それ以外の場合} \end{cases} \tag{6.8}$$

この関数は,$\mu_2^{(t)}$ が $\mu_1^{(t)}$ より大きければ 1 を返し,そうでなければ 0 を返します.新たに生成された母数の標本 $u_{\delta>0}^{(t)}$ の平均を計算することで,研究仮説「$\mu_2 - \mu_1 > 0$」が正しい確率を調べることができます.

同様に,2 群の平均値の差がある一定の値 c より大きいという研究仮説を検討する生成量を

$$u_{\delta>c}^{(t)} = g(\mu_1^{(i)}, \mu_2^{(t)}) = \begin{cases} 1 & \mu_2^{(t)} - \mu_1^{(t)} > c \\ 0 & \text{それ以外の場合} \end{cases} \tag{6.9}$$

と定義します.母数の標本 $u_{\delta>c}^{(t)}$ を利用して,研究仮説「$\mu_2 - \mu_1 > c$」の正しさを確率で評価します.このように,サンプリングされた母数の標本を利用したベイズ推定では,生成量を利用することで,研究仮説が正しい確率を検討することができます.

実際に,表 6.7 のデータを利用して,2 群の平均値差に関する分析を行います.まず,実験群と対照群の平均と分散の EAP 推定値を確認します.事後分布から 11000 回のサンプリングを行い,最初の 1000 回を破棄して,残りの 10000 個の母数の標本を利用して EAP 推定値,事後標準偏差,95%確信区間をまとめた結

6.2 2群の平均値の比較

表 6.8 体内時計に関する推定結果

	EAP	post.sd	95%下側	95%上側
μ_1	30.843	0.244	30.346	31.336
μ_2	31.977	0.395	31.207	32.775
σ_1	1.091	0.193	0.791	1.532
σ_2	1.739	0.311	1.256	2.460
δ	1.134	0.465	0.212	2.046
$U_{\delta>0}$	0.991	0.093	1.000	1.000
$U_{\delta>1}$	0.609	0.488	0.000	1.000

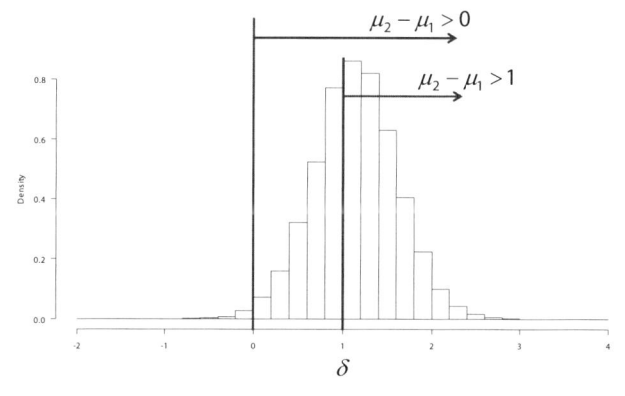

図 6.1 $\delta^{(t)}$ の事後分布

果が表 6.8 です．また，生成量 $\delta^{(t)}$ の事後分布は図 6.1 のようになります．

表 6.8 より，実験群の平均時間は 30.84 秒であり，対照群は 31.98 秒であることが分かります．標準偏差はそれぞれ 1.09 と 1.74 であり，対照群の方が散らばりが大きいことが読み取れます．また，生成量 $\delta^{(t)}$ の事後平均は 1.13 秒であり，平均して約 1 秒ほど実験群の方が早いことが示唆されます．

続いて，自分の研究仮説に関する確率と確信区間を確認します．$u_{\delta>0}^{(t)}$ を利用して，研究仮説「$\mu_2 - \mu_1 > 0$」を検討します．母数の標本を利用して $U_{\delta>0}$ の EAP 推定値を計算すると，表 6.8 より比率が 0.991 であることがわかります．つまり，研究仮説が正しい確率が 99.1% です．次に，$u_{\delta>1}^{(t)}$ を利用して，2 つの群の平均値の差が 1 秒以上であるという研究仮説「$\mu_2 - \mu_1 > 1$」を考察します．$U_{\delta>1}$ の EAP 推定値は，0.609 ですので，「対照群の平均測定時間が実験群と比較して 1 秒より大きい」という研究仮説は，60.9% の確率で正しいと結論づけることができます．

最後に，生成量 $\delta^{(t)}$ の確信区間を確認します．δ の95%確信区間は $[0.212, 2.046]$ であるので，平均測定時間の差が，0.212 秒から 2.046 秒の間に存在する確率が95%であることがわかります．

伝統的な統計学では，5%，1%，0.1%という有意水準を設定し，検定統計量から得られる限界水準 (p 値) との比較によって，仮説の採択・棄却を行います．その際に，限界水準が小さいほど，2群の平均値差には大きな差があるという間違った解釈がなされることがあります．一方，ベイズ統計学では，研究仮説が正しい確率を事後分布から直接算出することができます．限界水準を解釈するよりも，直感的に研究仮説の確率的な評価を行える点が，ベイズ推測のメリットの1つといえます．

6.2.2 対応のある2群の平均値差に関する推測

> **研修効果問題**：Y 社の営業部には2年目の社員が20人います．毎年の傾向として，4月から9月にかけての営業成績 (契約件数) はほとんど変わりはありません．そこで，今年から6月の終わりに営業成績を向上させるための研修を実施し，その効果を測定することにしました．20人の4月から6月までの営業成績と7月から9月までの成績は表6.9のようになりました．Y 社の営業部が行った研修は効果があったかを上層部に報告する必要があります．効果があったといえるでしょうか．

表6.9 研修効果に関するデータ (単位:件数)

社員	1	2	3	4	5	6	7	8	9	10
4-6月	6	11	10	13	17	10	10	7	9	1
7-9月	7	11	14	13	16	12	8	15	12	3
社員	11	12	13	14	15	16	17	18	19	20
4-6月	14	7	7	11	12	12	14	12	7	13
7-9月	17	11	9	11	14	12	11	15	11	17

4月から6月までの営業成績を X_1，7月から9月までの営業成績を X_2 とします．先ほどとは異なり，X_1 と X_2 は同一人物のデータですので，対応があります．そこで，2章で登場した同時分布を利用します．ここでは，2つの変数が2変量正規分布に従うと仮定します．2変量正規分布の密度関数は以下です．

6.2 2群の平均値の比較

$$f(x_1, x_2 | \mu_1, \mu_2, \sigma_1^2, \sigma_2^2, \rho) = \frac{1}{2\pi\sigma_1\sigma_2\sqrt{1-\rho^2}} e^{-q/2} \tag{6.10}$$

$$q = \frac{1}{1-\rho^2}\left[\left(\frac{x_1-\mu_1}{\sigma_1}\right)^2 - 2\rho\left(\frac{x_1-\mu_1}{\sigma_1}\right)\left(\frac{x_2-\mu_2}{\sigma_2}\right) + \left(\frac{x_2-\mu_2}{\sigma_2}\right)^2\right] \tag{6.11}$$

X_1 の平均は μ_1，分散は σ_1^2 であり，X_2 の平均は μ_2，分散は σ_2^2 です．また，2つの変数間の相関係数は ρ です．研修前と研修後で営業成績に違いが見られたかを，2つの変数の平均値差で検討します．

独立な2群の場合と同様に，母数の標本を利用して，以下の3つの生成量 $g(\theta^{(t)})$ を定義します．

$$\delta^{(t)} = g(\mu_1^{(t)}, \mu_2^{(t)}) = \mu_2^{(t)} - \mu_1^{(t)} \tag{6.12}$$

$$u_{\delta>0}^{(t)} = g(\mu_1^{(t)}, \mu_2^{(t)}) = \begin{cases} 1 & \mu_2^{(t)} - \mu_1^{(t)} > 0 \\ 0 & \text{それ以外の場合} \end{cases} \tag{6.13}$$

$$u_{\delta>2}^{(t)} = g(\mu_1^{(t)}, \mu_2^{(t)}) = \begin{cases} 1 & \mu_2^{(t)} - \mu_1^{(t)} > 2 \\ 0 & \text{それ以外の場合} \end{cases} \tag{6.14}$$

$\delta^{(t)}$ によって2群の平均値差の事後分布を確認します．また，$u_{\delta>0}^{(t)}$ により研究仮説「$\mu_2 - \mu_1 > 0$」を，$u_{\delta>2}^{(t)}$ により研究仮説「$\mu_2 - \mu_1 > 2$」を考察します．ここでは，契約件数が平均して2件を上回れば研修の効果があったと考え，$c = 2$ と設定しています．

研修効果に関するデータを利用して実際に分析を行います．事後分布から11000回のサンプリングを行って，後半の10000個の母数の標本を利用した推定結果を表6.10に示します．分析の結果，研修前の平均契約件数は10.15件，研修後は11.95件でした．相関係数は0.698であり，研修前に成績の良かった人は研修後も良い成績を取ることがわかります．また，生成量 $\delta^{(t)}$ の事後平均は1.797であり，研修後は平均して契約件数が1.8件伸びることが示唆されます．

表6.10の $U_{\delta>0}$ より，研究仮説「$\mu_2 - \mu_1 > 0$」が正しい確率は0.995ですので，「研修前の平均契約件数よりも研修後の平均契約件数の方が多い」という仮説は99.5%で正しいといえます．一方，研究仮説「$\mu_2 - \mu_1 > 2$」が正しい確率は0.369ですので，「研修後の平均契約件数が研修前と比較して2件より多い」という仮説の正しさは36.9%となります．よって，研修の効果はあまりなかったと上層部に報告し，来年度は別の研修を行った方が良いと判断できます．最後に，δ の確信区間を確認すると，0.488件から3.114件の間に平均値差が存在する確率

表 6.10 研修効果に関する推定結果

	EAP	post.sd	95%下側	95%上側
μ_1	10.154	0.883	8.403	11.896
μ_2	11.951	0.852	10.285	13.636
σ_1	15.391	5.768	7.837	29.629
σ_2	14.262	5.202	7.312	26.972
ρ	0.698	0.122	0.407	0.880
δ	1.797	0.658	0.488	3.114
$U_{\delta>0}$	0.995	0.069	1.000	1.000
$U_{\delta>2}$	0.369	0.483	0.000	1.000

が95%であることがわかります．

本節の目的は2群の平均値差を検討することでしたが，最後に付加的な分析として，相関係数に関する研究仮説の検討および確信区間の算出を取り上げます．相関係数に関する母数の標本 $\rho^{(t)}$ を利用して，2つの生成量を定義します．

$$u_{\rho>0}^{(t)} = g(\rho^{(t)}) = \begin{cases} 1 & \rho^{(t)} > 0 \\ 0 & \text{それ以外の場合} \end{cases} \quad (6.15)$$

$$u_{\rho>0.5}^{(t)} = g(\rho^{(t)}) = \begin{cases} 1 & \rho^{(t)} > 0.5 \\ 0 & \text{それ以外の場合} \end{cases} \quad (6.16)$$

生成量 $u_{\rho>0}^{(t)}$ の平均を計算することで，相関係数が0より大きいという研究仮説「$\rho > 0$」が正しい確率を評価することができます．同様に，生成量 $u_{\rho>0.5}^{(t)}$ の平均から，相関係数が0.5より大きいという研究仮説「$\rho > 0.5$」が正しい確率を確認します．

相関係数に関する分析結果を表6.11に，$\rho^{(t)}$ の事後分布を図6.2に示します．表6.11より，研究仮説「$\rho > 0$」が正しい確率は100%，研究仮説「$\rho > 0.5$」が正しい確率は93.2%であることがわかります．

伝統的な統計学において，相関係数の推測を行う際には，フィッシャーの z 変換を利用することで標本分布を正規分布に近似させます．一方，サンプリングされた母数の標本を利用したベイズ推測では，変換による近似を行う必要がなく，相関係数 ρ の事後分布を直接求めることができます．

表 6.11 相関係数に関する推定結果

	EAP	post.sd	95%下側	95%上側
$U_{\rho>0}$	1.000	0.010	1.000	1.000
$U_{\rho>0.5}$	0.932	0.252	0.000	1.000

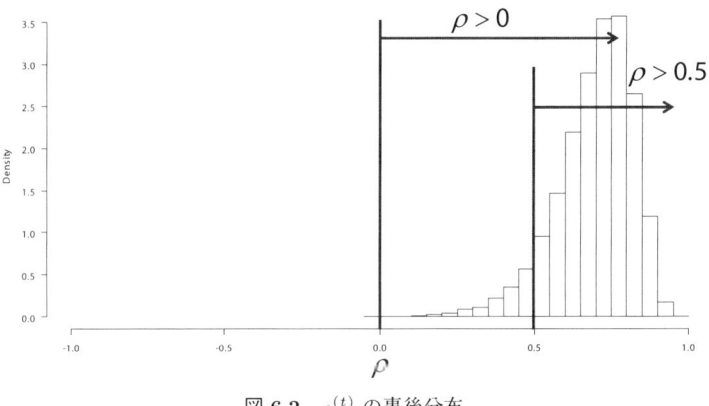

図 6.2　$\rho^{(t)}$ の事後分布

6.3　章 末 問 題

1) ★ あるパン屋の主人は自分が理想とする小麦についに出会いました．主人はもちろん新しい小麦に替えたいと思っていますが，その小麦は従来のものよりコストがかかるため，過去の週平均売上である7万円を大幅に上回る必要があります．12週の週平均売上が7万5000円を超える確率が80%以上である場合のみ小麦を替えることを奥さんは許すことにしました．12週の売上が表6.12に示したものであるとき，12週の平均売上のEAP推定値と週平均売上が7万円を超える確率，7万5000円を超える確率をそれぞれ求めなさい．

表 6.12　新しい小麦を使ったパンの売り上げに関するデータ (単位:円)

週	1	2	3	4	5	6
売上	76230	73550	80750	71500	75420	74840
週	7	8	9	10	11	12
売上	71580	76920	68450	76990	64070	76200

2) ★ お菓子会社の F はお菓子を袋詰めする際の新方法を開発しました．従来の方法でも，お菓子の重量の平均は 130 g で一定に保つことができたのですが，今回の方法はその散らばり具合をより抑えることができるようです．従来の分散は 1.5 であり，会社の上層部は新たにかかるコストを勘案し，新方法で袋詰めしたお菓子の重量の分散が 1 以下である確率が 70% 以上のときのみ，新方法を採用するつもりです．新方法で袋詰めしたお菓子の重量が表 6.13 のようなものであるとき，新方法における分散の EAP 推定値と分散が 1.5 以下である確率，1.0 以下である確率をそれぞれ求めなさい．

表 6.13 新方法における袋詰め重量に関するデータ (単位:g)

商品	1	2	3	4	5	6	7
重量	128.27	130.00	130.68	128.82	130.08	129.24	129.82
商品	8	9	10	11	12	13	14
重量	131.76	128.19	131.01	128.81	131.53	129.36	130.82
商品	15	16	17	18	19	20	
重量	130.89	130.35	130.18	131.00	131.03	128.84	

3) ★ カラオケ好きの B 子さんは，来る全国カラオケ大会の予選に向けて毎日練習しています．採点は 100 点満点で採点機器が行い，この大会の上位 10% が本選に進めます．昨年の大会での出場者の得点を表 6.14 に示します．標準正規分布の 0.90 分位数 $z_{0.90} = 1.282$ を利用して，昨年の大会のボーダーラインの EAP 推定値を求めなさい．また，B 子さんの日々の得点が平均 87 点，標準偏差 5 点であったとき，B 子さんが本選に進める確率はどのくらいでしょうか．

表 6.14 昨年のカラオケ大会の得点に関するデータ (単位:点)

出場者	1	2	3	4	5	6	7	8	9	10
得点	75	82	77	86	98	91	85	84	82	79
出場者	11	12	13	14	15	16	17	18	19	20
得点	88	79	84	87	69	93	84	82	89	78
出場者	21	22	23	24	25	26	27	28	29	30
得点	90	74	75	84	89	81	74	79	82	84

4) ★ 「体内時計問題」において，2 つの群の分散が同一であるという仮定の下で，2 群の平均値に差があるかを検討しなさい．まず，2 群の平均値差 δ の EAP

推定値を算出し，次いで2つの研究仮説（「$\mu_2 - \mu_1 > 0$」と「$\mu_2 - \mu_1 > 1$」）が正しい確率を求めなさい．

5) ★ ダイエットプログラムの効果を調べるために，プログラム実施前と実施後で体重がどのように変化するかを測定しました．20人の被験者に協力を依頼し，ダイエットプログラムを1週間続けてもらった結果を表6.15に示します．実施前後の平均値差のEAP推定値を算出し，また，2群の平均値差が0 kgより大きいという研究仮説と，2 kgより大きいという研究仮説が正しい確率を求めなさい．

表6.15 ダイエット効果に関するデータ（単位:kg）

被験者	1	2	3	4	5	6	7	8	9	10
実施前	53.1	51.5	45.5	55.5	49.6	50.1	59.2	54.7	53.0	48.6
実施後	51.3	48.2	49.6	59.6	44.2	47.6	54.9	56.5	48.4	50.6
被験者	11	12	13	14	15	16	17	18	19	20
実施前	55.3	54.6	51.7	48.6	56.4	58.9	53.3	42.4	51.9	39.1
実施後	53.6	57.5	52.0	46.9	56.8	50.0	53.8	38.3	52.6	41.0

7 さまざまな分布を用いた推測

■ ■ ■

　第6章では，正規分布を利用したベイズ的推測の方法について，伝統的な統計学との違いにも言及しながら詳しく解説しました．MCMC法を用いたベイズ的推測では，伝統的な統計学における推測統計の枠組みであまり注目されることのなかったポアソン分布や指数分布，ガンマ分布といった正規分布以外の分布についても，容易に考察することができます．本章では，正規分布以外の6種類の分布を取り上げ，それぞれの分布を用いたベイズ的推測の例と，結果の解釈方法について説明を行います．

7.1　ポアソン分布を用いた推測

　ここでは3.4節で出てきたポアソン分布をもう一度扱います．ポアソン分布の確率関数を再掲します．

$$f(x|\lambda) = \frac{e^{-\lambda}\lambda^x}{x!}, \ 0 \leq x < \infty, \ x\text{ は整数} \tag{7.1}$$

7.1.1　1つのポアソン分布を用いた推測

　3.4節でポアソン分布は多くの現象に適用できると説明しました．ここでは具体的に流れ星の例をあげ，ポアソン事象に関する推測について詳しく学習します．

流れ星問題1：H君は那須高原で流れ星を観測しています．流れ星をいくつ観測できたかを5分ごとに10回記録したところ，観測個数は1個，0個，0個，3個，0個，0個，0個，0個，0個，1個でした．
問1. 流れ星は5分間で平均何個見られるといえるでしょうか．
問2. 5分間で見られる流れ星の数には，どのくらいのばらつきがあると考えられるでしょうか．

7.1 ポアソン分布を用いた推測

問 3. 次の 5 分間で流れ星が 2 個観測できる確率はどのくらいでしょうか．

「流れ星問題 1」では単位時間 (5 分) 内に観測された流れ星の個数をデータとしており，このように個数や回数，人数などを数えたデータを一般に**計数データ** (count data)，あるいはカウントデータと呼びます．ポアソン分布は単位時間内における，生起が稀である事象の計数データが従う分布として広く用いられています．しかし，計数データにポアソン分布を当てはめるためには，単に稀にしか起こらない事象であるという以外に，次の 3 つの条件を満たしている必要があります．それは稀少性，独立性，定常性です [*1)]．稀少性とは同じタイミングで 2 回以上生起しないということ，独立性とは事象の生起はそれ以前の事象の生起に依存しないということ，定常性とは単位時間内の事象の生起確率は常に一定ということです．流れ星は，ぴったり同じタイミングで複数個生起することはありませんし (稀少性)，今生起した流れ星によって，次の流れ星が生起しやすくなったりすることはありません (独立性)．そして単位時間内に観測できる平均個数は一定と仮定できる (定常性) ため，ポアソン分布に従っていると考えることができます．

それでは「流れ星問題 1」の解説を行います．まず，問 1 を見てみましょう．観測個数 [*2)] をデータとして与え，HMC を用いてポアソン分布の母数 λ を推定します [*3)]．この λ が，単位時間内の平均観測個数となります．次に問 2 です．3.4 節でみたようにポアソン分布の分散は $V[X] = \lambda$ なので，問 1 で求めた λ の平方根をとることで，流れ星の数のばらつきを表す標準偏差を求めることができます．最後に，問 3 では，λ を利用して 1 回のサンプリングごとに次のような生成量 $p_{x=2}^{(t)}$ を定義します．

$$p_{x=2}^{(t)} = g(\lambda^{(t)}) = f(x^* = 2|\lambda^{(t)}) = \frac{e^{-\lambda}\lambda^2}{2!} \tag{7.2}$$

[*1)] 久保木久孝『確率・統計解析の基礎』(朝倉書店, 2007) p.65.
[*2)] 2011 年のペルセウス座流星群の ZHR (天頂 1 時間流星数) は 96 個であったことを参考にデータを作成しました． (http://www.amro-net.jp/meteor-results/08_per/2011per_j.html)
[*3)] 第 7 章では以後すべての例題において，事後分布から 100000 回のサンプリングを行い，最初の 5000 回をバーンイン期間として破棄し，残りの 95000 個の母数の標本を用いて計算した結果を示しています．なお，本章ではすべての例題を通して，seed=123 に設定しています．サンプリング回数またはシードの変更によって，本書で掲載されている結果とは異なる推定結果が得られる可能性がありますので，注意してください．

表 7.1 「流れ星問題 1」に関する推定結果

	EAP	post.sd	95%下側	95%上側
λ	0.600	0.243	0.221	1.163
$\sqrt{\lambda}$	0.759	0.155	0.470	1.078
$p_{x=2}$	0.098	0.051	0.020	0.211

生成量 $p_{x=2}^{(t)}$ は，ポアソン分布の確率関数 (7.1) 式に $x=2$ を代入しています．$\lambda^{(t)}$ による条件付き事後確率 $p_{x=2}^{(t)}$ を利用して，単位時間内に 2 個観測できる確率について考察します．

実際に推定した結果を表 7.1 に示しました．λ の EAP 推定値と 95%確信区間から，問 1 の答えとして，5 分間に観測される流れ星の個数の平均は 0.6 個であり，95%の確率で約 0.2 個から 1.2 個の間の値をとるといえます．また問 2 に対して，$\sqrt{\lambda}$ の EAP 推定値より，5 分間に見られる流れ星の数のばらつきは平均的に 0.759 個であることが分かります[*4]．最後に，$p_{x=2}$ の推定結果より，問 3 で聞かれている次の 5 分間で流れ星が 2 個観測される確率は，95%の確率で約 2%から 21%の間に存在し，その平均確率は約 10%であることが分かりました．

7.1.2　2 つのポアソン分布を用いた推測

第 3 章の例題や「流れ星問題 1」は 1 つのポアソン分布に関する問題でした．次は 2 つのポアソン分布の母数の差について例を使って推測してみましょう．

> ウミガメ問題：A 島と B 島にそれぞれ取材班が行き，1 か月間ウミガメの取材をしました．同じ 1 か月の中で，A 島に行った取材班はまったくウミガメに出会わなかった日が 25 日，1 匹見られた日が 4 日，2 匹見られた日が 1 日でした．一方，B 島に行った取材班はまったくウミガメに出会わなかった日が 16 日，1 匹見られた日が 11 日，2 匹見られた日が 1 日，3 匹見られた日が 2 日でした．このとき，A 島より B 島のほうがウミガメに出会える確率が高いと判断してよいでしょうか．

[*4]　$\sqrt{\lambda}$ の EAP 推定値の 2 乗は λ の EAP 推定値と一致していません．λ の EAP 推定値は，1 回のサンプリングごとに λ を計算したものの平均値であり，$\sqrt{\lambda}$ の EAP 推定値は 1 回のサンプリングごとに $\sqrt{\lambda}$ を計算したものの平均値です．前者の平方根 (平均の平方根) は必ずしも後者 (平方根の平均) に一致するとは限らないためです．

7.1 ポアソン分布を用いた推測

表 7.2 「ウミガメ問題」に関する推定結果

	EAP	post.sd	95%下側	95%上側
λ_A	0.234	0.088	0.094	0.436
λ_B	0.668	0.149	0.410	0.989
δ	0.434	0.173	0.110	0.790
$U_{\delta>0}$	0.995	0.069	1.000	1.000

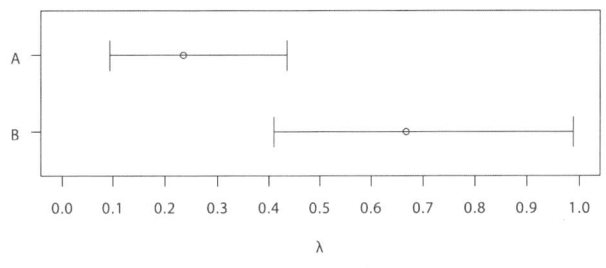

図 7.1 λ_A と λ_B の確信区間

興味の対象となるのは，A 島と B 島における単位時間 (1 日) にウミガメが見られる平均回数を表す母数 λ_A と λ_B の差です．本例題ではこれを 3 つの観点から考察します．

まず，A 島の母数 λ_A，B 島の母数 λ_B を推定します．表 7.2 より A 島と B 島における，1 日にウミガメが見られる回数はそれぞれ平均的に $\lambda_A=0.234$, $\lambda_B=0.668$ となりました．ここで λ_A と λ_B の 95%確信区間を図示すると，図 7.1 のようになります．この図からも分かるように，2 つの 95%確信区間はわずかですが重複しています．このことから 2 つの島の母数に差があると結論付けることは難しいように思います．しかし 2 つの異なるポアソン分布の母数 λ_A と λ_B とで確信区間を比較することは「A 島よりも B 島のほうがウミガメに出会える確率が高い」という仮説を直接的に検討していることになりません．そこで 2 つの母数について $\lambda_B > \lambda_A$ という仮説を検討するために，母数の標本を利用して生成量 $\delta^{(t)}$ を定義します．

$$\delta^{(t)} = g(\lambda_A^{(t)}, \lambda_B^{(t)}) = \lambda_B^{(t)} - \lambda_A^{(t)} \tag{7.3}$$

これは 2 つの島の母数 λ_A と λ_B の差であり $\lambda_B > \lambda_A$ ならば正の値をとります．$\delta = (\lambda_B - \lambda_A)$ の 95%確信区間を見ると，2 つの母数の差 δ が 0.110 から 0.790 の間に存在する確率が 95%であることが分かります．ただし，この場合 $\delta^{(t)}$ については上側に関心がないため，事後分布の下側 2.5%点 (95%下側) が 0 より大きけ

れば，97.5%の確信で $(\lambda_B - \lambda_A) > 0$ と言えます．今回は下側 2.5%点が $0.11 > 0$ なので $\lambda_B > \lambda_A$ であると主張してもよさそうです．

さらに，MCMC 法では $\lambda_B > \lambda_A$ という仮説が正しい確率についても直接求めることができます．この確率を検討するため，$u_{\delta>0}^{(t)}$ という生成量を定義します．

$$u_{\delta>0}^{(t)} = g(\delta^{(t)}) = \begin{cases} 1 & \delta^{(t)} > 0 \\ 0 & それ以外の場合 \end{cases} \quad (7.4)$$

この関数は $\lambda_B^{(t)}$ が $\lambda_A^{(t)}$ より大きければ 1 を返し，そうでなければ 0 を返します．$u_{\delta>0}^{(t)}$ の平均を計算することで，2 つの母数の差が 0 より大きくなる確率を評価します．$U_{\delta>0}$ の EAP 推定値は 0.995 であり，これは $\lambda_B > \lambda_A$ という仮説の正しい確率が 99.5% であることを表しています．以上より，δ の確信区間が 0 をまたいでおらず，かつ，$U_{\delta>0}$ が 99.5% という結果になったので，2 つの島の母数には差があると自信を持って主張することができます．仮説が成立する確率そのものに関するこのような推測は，伝統的な統計学ではできないことであり，ベイズ統計学の利点といえるでしょう．

7.2 指数分布を用いた推測

第 3 章で学習した通り，ポアソン分布に従う確率事象が初めて観察されるまでの時間が従う分布を指数分布と呼びます．指数分布の確率関数と分布関数を再掲します．

$$f(x|\lambda) = \lambda e^{-\lambda x}, \quad 0 \leq x, \quad 0 < \lambda \quad (7.5)$$

$$F(x|\lambda) = 1 - e^{-\lambda x} \quad (7.6)$$

レストランの注文間隔の例を使って，指数分布の母数の推定とその解釈について学習していきます．

> レストラン問題：R さんがアルバイトをしているレストランでは，今日ランチの時間帯に入ってから，5 分，1 分，18 分，5 分，1 分，8 分，8 分，2 分，14 分，12 分の間隔でハンバーグの注文が入っています．
> 問 1. この店のハンバーグの平均的な注文間隔時間はどのくらいでしょうか．

7.2 指数分布を用いた推測 147

> **問 2.** 残りのランチタイムは 5 分です．R さんはその 5 分以内で 1 回以上ハンバーグの注文が入る確率が 30% よりも低ければ，後片付けを始めようと考えています．R さんは後片付けを始めてもよいでしょうか．

まず，問 1 を解説します．観測された注文間隔時間をデータとして与え，指数分布の母数 λ を推定します．分布の期待値 $E[X] = 1/\lambda$ が求めたい注文間隔時間になります．そこで，λ を利用して次のような生成量 $\mu^{(t)}$ を定義します．

$$\mu^{(t)} = g(\lambda^{(t)}) = \frac{1}{\lambda^{(t)}} \tag{7.7}$$

$\mu^{(t)}$ の事後分布に関して考察することで，ハンバーグの平均的な注文間隔時間を推定することができます．

問 2 では，(7.6) 式を使い，次のような生成量 $p_{x=5}^{(t)}$ を定義する必要があります．

$$p_{x=5}^{(t)} = g(\lambda^{(t)}) = F(x' = 5|\lambda^{(t)}) = 1 - e^{-5\lambda^{(t)}} \tag{7.8}$$

$p_{x=5}^{(t)}$ は 5 分以内に 1 回以上注文が入る確率を表す $\lambda^{(t)}$ による条件付き事後確率です．

実際に推定した結果を表 7.3 に示しました．はじめに問 1 について考察します．まず 1 分間あたりの注文回数は λ の EAP 推定値から，0.148 回であることが分かります．そして μ の EAP 推定値と確信区間より，ハンバーグの平均注文間隔は約 7 分であり，さらにこの時間が約 4 分から 14 分の間に存在する確率が 95% であることが分かりました．問 2 に対して，$p_{x=5}$ の EAP 推定値より次の 5 分間で 1 回以上注文が入る確率はおよそ 51% であり，30% よりも高いので，R さんはまだ後片付けをしない方が良いと答えることができます．

最後に，残り 5 分以内にハンバーグの注文が入る確率が 30% より小さくなる確率についても考えてみましょう．問 2 で利用した $p_{x=5}$ より，以下のような生成量を定義します．

表 7.3 「レストラン問題」に関する推定結果

	EAP	post.sd	95%下側	95%上側
λ	0.148	0.044	0.075	0.248
μ	7.398	2.443	4.037	13.404
$p_{x=5}$	0.513	0.103	0.311	0.710
$U_{p_{x=5}<0.3}$	0.019	0.135	0.000	0.000

$$u^{(t)}_{p_{x=5}<0.3} = g(\lambda^{(t)}) = \begin{cases} 1 & p^{(t)}_{x=5} < 0.3 \\ 0 & それ以外の場合 \end{cases} \tag{7.9}$$

この関数は $p^{(t)}_{x=5} < 0.3$ ならば 1,そうでないなら 0 を返します.$u^{(t)}_{p_{x=5}<0.3}$ の平均より,$p_{x=5}$ が 30%より小さくなる確率を評価します.注文が入る確率が 30%未満となる確率は $U_{p_{x=5}<0.3}$ の EAP 推定値より,たったの 1.9%であることが分かりました.

7.3 ガンマ分布を用いた推測

> **流れ星問題 2**:「流れ星問題 1」で登場した H 君は 50 分間夢中で観測した後,3 つお願い事があることを思い出しました.今から流れ星を 3 つ観測するためにはどのくらい待てばよいでしょうか.

ガンマ分布は,独立に指数分布に従う α 個の確率変数の和を表す分布でした.これは,α 個のポアソン事象が発生するまでにかかる合計時間を考えていることと同じです.したがって,「流れ星問題 2」のような「待ち時間」に関する問題には,ガンマ分布を適用することができます.3.4 節で出てきたガンマ分布の確率関数を再掲します.

$$f(x|\alpha,\lambda) = \frac{\lambda^\alpha}{\Gamma(\alpha)} x^{\alpha-1} e^{-\lambda x}, \quad 0 \le x, \quad 0 < \lambda, \quad 0 < \alpha \tag{7.10}$$

λ は「流れ星問題 1」と同様に,与えられたデータ (5 分ごとに流れ星の観測数を 10 回記録したデータ) からポアソン分布を使って推定します.ここでは流れ星を 3 つ観測するまでにかかる時間が知りたいため,$\alpha = 3, \lambda = \lambda^{(t)}$ のガンマ分布から,T 個の予測値を以下のように生成します.(7.11) 式中の ~ は,左辺の変数が右辺の確率分布に従うということを表す記号です.

$$x^{*(t)} \sim f(3, \lambda^{(t)}) \tag{7.11}$$

ただし,個々の $x^{*(t)}$ はガンマ分布に従いますが,T 個の $x^{*(t)}$ によって構成される分布はガンマ分布とはならず,新たに観測されるデータ x^* の予測分布の近似となります.この予測値に,単位時間である 5 をかけた $x^{*(t)} \times 5$ について T 個の平均値を求めることで,流れ星を 3 つ観測するまでの平均的な待ち時間を得ることができます.

表 7.4 「流れ星問題 2」に関する推定結果

	平均	標準偏差	95%下側	95%上側
$x^* \times 5$	29.903	24.258	4.693	92.413

実際に推定した結果が表 7.4 です．$x^* \times 5$ の推定結果から，H 君がこれから 3 個流れ星を観測するには，平均して約 30 分待つ必要があり，少なくとも 5 分程度待たなくてはならず，高々 1 時間半程度待てばよいことがわかりました．

7.4 幾何分布を用いた推測

2.2 節では，ベルヌイ試行の結果として得られる確率変数は，ベルヌイ分布

$$f(x|\theta) = \theta^x(1-\theta)^{1-x}, \quad x = 0, 1 \tag{7.12}$$

に従うことを確認しました．ここで，ベルヌイ試行の結果として得られる 2 値について，1 なら成功，0 なら失敗と考え，ベルヌイ試行を繰り返し行ったときに，初めて成功するまでの試行回数を x とします．この確率変数 x が従う分布を**幾何分布** (geometric distribution) といいます[*5]．確率関数は

$$f(x|\theta) = \theta(1-\theta)^{x-1}, \quad x = 1, 2, \cdots, n \tag{7.13}$$

となります．

ベルヌイ分布の確率関数 (7.12) 式では，x は 0 か 1 かのいずれかのみをとる確率変数でしたが，(7.13) 式の x は成功するまでの試行回数ですので $x = 1, 2, \cdots, n$ となる点に注意してください．ベルヌイ試行の結果として得られる成功の確率が θ，失敗の確率が $(1-\theta)$ ですから，(7.13) 式は，$(x-1)$ 回目までは失敗が続き x 回目でやっと成功する確率を表していることが分かります．また，幾何分布の平均と分散は以下の通りです．

$$E[X] = \frac{1}{\theta} \tag{7.14}$$

$$V[X] = \frac{1-\theta}{\theta^2} \tag{7.15}$$

それでは，幾何分布を利用した次の問題を考えてみましょう．

[*5] ベルヌイ試行を繰り返し行ったときに，初めて成功するまでに失敗した試行の数 $Y = X - 1$ もまた幾何分布に従いますが，確率関数およびその平均が (7.13) 式，(7.14) 式とは異なります．

> **当たり付き棒アイス問題**：小学6年生のTくんの毎夏の楽しみは，当たり付き棒アイスです．毎年，2人の兄とともにアイスを食べ，その年初めて当たりが出るまでの本数を日記に残してきました．この6年間の結果は19本目，34本目，11本目，26本目，22本目，30本目で当たりが出ています．今日で夏休みが終わるので，兄弟3人でそれぞれ1本ずつアイスを買って食べることにしました．末っ子のTくんは2人の兄よりも食べるのが遅いので，アイスの当たりを確認するのが決まって最後になってしまいます．このとき，兄2人にはハズレが出て，Tくんにだけ当たりが出る確率はどのくらいでしょうか．

アイスを購入して当たりが出るかハズレが出るか確認するという試行はベルヌイ試行なので，その年初めて当たりが出るまでの試行回数は幾何分布に従っていると仮定できます．したがって，「当たり付き棒アイス問題」は，アイスを3本買ったとき，ちょうど3本目で当たりが出る確率について推測を行う問題といえます．この問題に答えるために，幾何分布の母数 θ を利用して1回のサンプリングごとに次のような生成量を定義します．

$$p_{x=3}^{(t)} = g(\theta^{(t)}) = f(x^* = 3|\theta^{(t)}) = \theta^{(t)}(1-\theta^{(t)})^2 \tag{7.16}$$

上式は，幾何分布の確率関数 (7.13) 式に $x=3$ を代入したときの $\theta^{(t)}$ による条件付き事後確率であり，3本目でちょうど当たりが出る確率を表します．

表 7.5 「当たり付き棒アイス問題」に関する推定結果

	EAP	post.sd	95% 下側	95% 上側
θ	0.049	0.018	0.020	0.090
$p_{x=3}$	0.044	0.014	0.019	0.075
$U_{\theta>1/36}$	0.896	0.305	0.000	1.000
μ	23.493	10.372	11.081	49.791

表7.5 には，幾何分布の母数 θ および，生成量 $p_{x=3}$ の EAP 推定値と事後分布に関する情報を示しました．θ の EAP 推定値が 0.049 となっていることから，Tくんの6年間の記録から推定されるこのアイスの当たりの確率は約5%と解釈できます．さらに，兄弟3人でアイスを買ったとき，先に食べ終わる兄2人にはハズレが出て，3番目に食べ終わるTくんに当たりが出る確率は，$p_{x=3}$ の EAP

推定値から，平均的に 4.4 ％となることが分かりました．また，$p_{x=3}$ の確信区間 [0.019, 0.075] より，興味の対象となっている確率は，95％の確率で 1.9％から 7.5％の間の値をとると考えることができます．兄弟 3 人のうち T くんだけが最後に当たりを出して気持ちよく今年の夏を終えられる確率は，残念ながらそれほど高くはないようです．

ところで，巷では，このアイスは 1 ケース (36 本入り) につき 1 本の当たりが入っていると噂されています．そこで，当たりが出る確率 θ が 1/36 よりも大きくなる確率がどのくらいかについても検討してみましょう．そのために，新たな生成量 $u_{\theta>1/36}^{(t)}$ を定義します．

$$u_{\theta>1/36}^{(t)} = g(\theta^{(t)}) = \begin{cases} 1 & \theta^{(t)} > 1/36 \\ 0 & \text{それ以外の場合} \end{cases} \quad (7.17)$$

$u_{\theta>1/36}^{(t)}$ は，$\theta^{(t)}$ が 1/36 よりも大きければ 1 を返し，そうでなければ 0 を返す関数です．$u_{\theta>1/36}^{(t)}$ の平均は，母数の標本のうち $\theta > 1/36$ となったものの割合であり，この値は，T 君のデータから推測される当たりが出る確率が 1/36 よりも大きくなる確率を表しています．表 7.5 における $U_{\theta>1/36}$ の EAP 推定値より，当たりが出る確率 θ が 1/36 よりも大きくなる確率は 89.6％となりました．どうやら，T くん兄弟がいつもアイスを買いに行くコンビニにおける当たりの確率は，巷で噂されている当たりの確率 1/36 ($\simeq 0.028$) よりも高い傾向にあるようです．

また，幾何分布の期待値は，(7.14) 式によって求められるため，

$$\mu^{(t)} = g(\theta^{(t)}) = 1/\theta^{(t)} \quad (7.18)$$

と生成量を定義すると，分布の平均についても考察ができます．確率変数 x はベルヌイ試行において初めて成功するまでの総試行数ですので，μ の EAP 推定値より，このベルヌイ試行において初めて成功するまでには平均的に約 24 回試行を繰り返す必要があるということが分かります．

7.5　負の 2 項分布を用いた推測

幾何分布は，ベルヌイ試行において初めて (1 回) 成功するまでの試行回数が従う分布でした．今度は，ベルヌイ試行において k 回目の成功が得られるまでの

失敗回数に注目し，x とおきます．この確率変数 x が従う分布は**負の2項分布** (negative binomial distribution) となります [*6]．

$$f(x|k,\theta) = {}_{(k+x-1)}C_{(k-1)}\, \theta^k(1-\theta)^x, \quad x=0,1,\cdots,n \tag{7.19}$$

(7.19) 式の x を $x-1$ とし，かつ $k=1$ のとき，負の2項分布の確率関数は幾何分布の確率関数 (7.13) 式に一致することが分かります．負の2項分布の平均と分散は，以下の通りです．

$$E[X] = \frac{k(1-\theta)}{\theta} \tag{7.20}$$

$$V[X] = \frac{k(1-\theta)}{\theta^2} \tag{7.21}$$

ここで，次のような問題を考えます．

エントリーシート問題：Y さんは，現在就職活動の真っただ中で，これまでエントリーシートを提出した 20 社の結果は×××○×○○××××××○×××○× となっています．Y さんは，一次面接に進める企業を，どうしてもあと 2 社増やしたいと考えています．しかし，Y さんの大学では 1 週間後に学園祭が控えているため，しばらくエントリーシートの作成に時間を割くことが難しい状況です．

問 1. いま，完成までもう一息のエントリーシートが手元に 5 通あるので，この 5 通を学園祭の前に送ったとき，その中から 2 通以上が通過する確率はどれくらいでしょうか．

問 2. このあと 2 通のエントリーシートを通過させるためには，多く見積もって何社にエントリーシートを送ればよいでしょうか．

この問題で与えられているのは，ベルヌイ試行の結果ですので，データがベルヌイ分布に従っていると仮定して，その母数 θ をサンプリングします．その上で，生成量

$$\begin{aligned}p^{(t)} = g(\theta^{(t)}) = {}_5C_5\,\theta^{(t)5}(1-\theta^{(t)})^0 + {}_5C_4\,\theta^{(t)4}(1-\theta^{(t)})^1 \\ + {}_5C_3\,\theta^{(t)3}(1-\theta^{(t)})^2 + {}_5C_2\,\theta^{(t)2}(1-\theta^{(t)})^3\end{aligned} \tag{7.22}$$

[*6] 独立なベルヌイ試行を繰り返したとき，k 回の成功が得られるまでの総試行数もまた負の2項分布に従いますが，確率関数およびその平均が (7.19) 式，(7.20) 式とは異なります．

7.5 負の2項分布を用いた推測

表 7.6 「エントリーシート問題」に関する推定結果

	EAP	post.sd	95% 下側	95% 上側
θ	0.273	0.092	0.113	0.471
p	0.412	0.179	0.102	0.776
	平均	標準偏差	95% 下側	95% 上側
$x^* + 2$	8.349	6.754	2.000	26.000

を定義することで，問1に答えることができます．$p^{(t)}$ は，5通送ったエントリーシートのうち，0通が不合格で5通全部が合格となる確率，1通が不合格で4通が合格となる確率，2通が不合格で3通が合格となる確率，3通が不合格で2通が合格となる確率の合計であり，5通中2通以上が通過する確率を表します．

結果を表7.6に示しました．ベルヌイ分布の母数 θ の EAP 推定値は 0.273 となり，これは同時に，負の2項分布の確率関数 (7.19) 式の θ でもあります．Yさんのエントリーシートの通過率の平均は3割弱と解釈できます．

(7.22) 式で定義した生成量 p の EAP 推定値は 0.412 であり，学園祭前に送る5通のエントリーシートのうち2通以上が通過する確率は約41%であることが分かりました．

では，どうしてもあと2通エントリーシートを通したいYさんは，このあと何通のエントリーシートを送れば，高確率でその希望を叶えることができるでしょうか．問2に答えるためには，予測分布を利用します．$k=2, \theta=\theta^{(t)}$ の負の2項分布に従う予測値

$$x^{*(t)} \sim f(2, \theta^{(t)}) \tag{7.23}$$

を生成し，この予測値に成功回数である2を足した $x^{*(t)}+2$ によって，2回成功するまでの総試行数に関する予測分布を近似的に得ることができます．

表7.6で，総試行数を表す x^*+2 の平均値は 8.349 となっており，平均的には9通エントリーシートを送ればそのうち2通合格することが期待できます．しかし，できるだけ確実に2社の合格を得るためには，予測分布の区間 [2.000, 26.000] の 95% 上側を参照し，26通送ると良いでしょう．

7.6 対数正規分布を用いた推測

最後に，**対数正規分布** (lognormal distribution) について取り上げます．対数正規分布の確率密度関数は

$$f(x|\mu,\sigma^2) = \frac{1}{\sqrt{2\pi}\sigma x}\exp\left[-\frac{1}{2\sigma^2}(\log x - \mu)^2\right] \quad (7.24)$$

と表されます．(7.24) 式は，正規分布の確率密度関数

$$f(x|\mu,\sigma^2) = \frac{1}{\sqrt{2\pi}\sigma}\exp\left[\frac{-1}{2\sigma^2}(x-\mu)^2\right] \quad (7.25)$$

とよく似ています．実は，これらの分布には，母数 $\boldsymbol{\theta}=(\mu,\sigma^2)$ の対数正規分布に従う確率変数 x の対数をとると，新たに定義された変数 $\log x$ は母数 $\boldsymbol{\theta}=(\mu,\sigma^2)$ の正規分布に従うという関係があります[*7]．正規分布の範囲は $-\infty$ から $+\infty$ まででしたが，負の値に対しては実数の範囲で対数をとることができないため，対数正規分布の範囲は $0 < x < \infty$ となります．

対数正規分布の平均と分散は，

$$E[X] = \exp\left(\mu + \frac{1}{2}\sigma^2\right) \quad (7.26)$$

$$V[X] = \exp(2\mu + \sigma^2)(\exp(\sigma^2)-1) \quad (7.27)$$

です．また，対数正規分布の最頻値および中央値は，

$$最頻値 = \exp(\mu - \sigma^2) \quad (7.28)$$

$$中央値 = \exp(\mu) \quad (7.29)$$

となることから，平均値，最頻値，中央値の 3 つの指標には

$$最頻値 < 中央値 < 平均値$$

という関係性が成り立っています．この結果から，対数正規分布は右側の裾が重い正に歪んだ分布であるということが分かります．このような分布の形状の特徴

[*7] ここで言う対数は，底が e の自然対数を指します．自然対数は log の代わりに ln と表記することもあります．

から，対数正規分布は預金額や収入の分布としてよく用いられます．

次の「婚活問題」[*8] を通して対数正規分布を利用した推測について詳しく考察してみましょう．

> **婚活問題**：今年 30 歳になる K さんは結婚相談所に登録し，これまでに 29 人の男性とお見合いをしてきました．ターゲットは 30 歳代の男性で，K さんが結婚相手に求める第一の条件は収入です．K さんは，相手の年収が，自分の手の届く 30 代男性の中で上位 30% 以上に入っていないとどうしても結婚したくないと考えているため，お見合い相手には必ず年収を尋ねてきました．次のお見合いでいよいよ 30 人目なので，これまでのデータから推測される自分の手の届く 30 代男性の年収分布に照らして，次の相手の年収が上位 30% に入っていれば，K さんは結婚に踏み切ろうと心に決めています．
>
> **問 1.** これまでお見合いをしてきた 29 人の男性の年収が表 7.7 の通りであったとき，K さんが結婚を決意するためには，相手の年収はいくら以上が求められるでしょうか．
>
> **問 2.** 30 人目のお見合い相手の年収は 450 万円でした．この金額が，K さんのこれまでのお見合い相手の年収分布において，上位 30% に入っている確率はいくらでしょうか．

表 7.7　29 人のお見合い相手の年収 (単位：万円)

No.	1	2	3	4	5	6	7	8	9	10	11	12	13	14	15
年収	1320	230	420	320	530	100	740	750	1110	230	800	540	230	280	1110
No.	16	17	18	19	20	21	22	23	24	25	26	27	28	29	
年収	430	730	230	120	200	370	170	530	140	660	440	650	110	690	

まず，K さんの婚活のターゲットである 30 代男性の年収が，対数正規分布に従っていると仮定します．その上で，問 1 では，対数正規分布の 0.70 分位数を答えればよいということになります．$\boldsymbol{\theta} = (\mu, \sigma^2)$ の対数正規分布に従う確率変数 x の $(1-q)$ 分位数 $\zeta_{(1-q)}$ は，標準正規分布における $(1-q)$ 分位数 $z_{(1-q)}$ を利

[*8] 問題に利用したデータは，平成 25 年 国民生活基礎調査の各種世帯の所得等の状況 (厚生労働省 HP：http://www.mhlw.go.jp/toukei/saikin/hw/k-tyosa/k-tyosa13/dl/03.pdf)，平成 24 年分民間給与実態統計調査 (国税庁 HP：https://www.nta.go.jp/kohyo/tokei/kokuzeicho/minkan2012/pdf/001.pdf)，および篠崎 (2008) (http://jgss.daishodai.ac.jp/research/monographs/jgssm7/jgssm7_13.pdf) を参考に作成しました．

用して $\zeta_{(1-q)} = \exp(\mu + z_{(1-q)}\sigma)$ と求められるため，生成量として以下を定義します．

$$\zeta_{0.70}^{(t)} = g(\boldsymbol{\theta}^{(t)}) = \exp(\mu^{(t)} + z_{0.70}\sigma^{(t)}) \tag{7.30}$$

ここで，$z_{0.70}$，すなわち標準正規分布の 0.70 分位数は 0.5244 です．

表 7.8 「婚活問題」に関する推定結果

	EAP	post.sd	95% 下側	95% 上側
$\zeta_{0.70}$	584.987	94.133	434.646	804.149
$U_{\zeta_{0.70}<450}$	0.043	0.204	0.000	1.000

推定の結果は表 7.8 の通りです．$\zeta_{0.70}$ の EAP 推定値より，次のお見合い相手の年収が 585 万円以上であれば，K さんは結婚の意思を固めてもよい，ということが示されました．

問 2 に答えるためには，(7.30) 式の $\zeta_{0.70}^{(t)}$ を利用して，さらに以下の生成量を定義します．

$$u_{\zeta_{0.70}<450}^{(t)} = g(\boldsymbol{\theta}^{(t)}) = \begin{cases} 1 & \zeta_{0.70}^{(t)} < 450 \\ 0 & \text{それ以外の場合} \end{cases} \tag{7.31}$$

生成量 $u_{\zeta_{0.70}<450}^{(t)}$ は，$\zeta_{0.70}^{(t)}$ が 450 より小さいか否かを 1 回のサンプリングごとに評価する関数であり，0.70 分位数が 450 よりも小さい場合には 1，450 以上の場合には 0 を返す関数です．対数正規分布の 0.70 分位数が 450 よりも小さいときには，$x^* = 450$ という値が K さんがこれまでお見合いした男性の年収分布の上位 30%に入っていることを意味します．したがって，(7.31) 式の生成量 $u_{\zeta_{0.70}<450}^{(t)}$ によって，30 人目のお見合い相手の年収 450 万円が，上位 30%に入っている確率を推測することができます．

表 7.8 から，$U_{\zeta_{0.70}<450}$ の EAP 推定値は 0.043 となっています．450 万円という値が，K さんがこれまでにお見合いしてきた男性の年収分布において上位 30%に入っている確率はたったの 4.3%という結果となりました．K さんが，この 30 人目のお見合い相手と結婚に踏み切る可能性はかなり低いといえるでしょう．

7.7 章末問題

1) ★ 波平さんとマスオさんが 10 日間釣りをしました．波平さんは 1 匹も釣れなかった日が 6 日，1 日釣れた日が 3 日，2 匹釣れた日が 1 日でした．マスオさんは 1 匹も釣れなかった日が 8 日，1 匹釣れた日が 1 日，2 匹釣れた日が 1 日でした．10 日間で釣れた魚の合計は，波平さんが 5 匹，マスオさんが 3 匹です．このとき，波平さんの方がマスオさんより，本当に魚釣りが上手いと言っていいでしょうか．波平さんの釣果が母数 λ_B のポアソン分布，マスオさんの釣果が母数 λ_A のポアソン分布に従っていると仮定し，「ウミガメ問題」と同様に，(1) λ_A と λ_B それぞれの確信区間，(2) $\lambda_B - \lambda_A$ の信頼区間，(3) $\lambda_B > \lambda_A$ となる確率，という 3 つの観点から考察しましょう．生成量に関しては (7.3) 式と (7.4) 式を参照してください．

2) ★ S さんが桜並木を散歩しています．桜並木には普通の桜に混じって時々八重桜が咲いていて，八重桜が 1 本観察されるまでに歩いた距離を 10 回記録すると 189.9 m, 71.3 m, 243.1 m, 94.1 m, 204.9 m, 122.0 m, 163.0 m, 467.1 m, 41.8 m, 36.4 m となりました．八重桜が 1 本観察されるまでに歩いた距離が指数分布に従うと仮定すると，八重桜は平均的に何 m おきに生えているでしょうか．また，S さんは次に八重桜を 1 本見たら休憩しようと考えています．これから 100 m 歩く間に八重桜を 1 本以上見る確率はどのくらいでしょうか．そして，その確率が 50%より高くなる確率はどのくらいでしょうか．

3) ★ お惣菜屋さんでアルバイトをしている I さんは，お昼にお弁当を買いに来てくれるお客さんのなかに，最近気になる人がいます．この 1 ヶ月における，I さんの意中の男性の来店間隔は，3 日，7 日，7 日，2 日，3 日，1 日，5 日でした．I さんは明日から 3 日間テスト期間のためアルバイトを休む予定で，仲間にシフトの交代をお願いしています．男性が 1 回来店してから次に来店するまでの日数が幾何分布に従っていると仮定するとき，I さんがお休みしている 3 日間にはその男性が現れず，I さんが出勤する 4 日後にお弁当を買いに来てくれる確率はどのくらいでしょうか．また，I さんの意中の男性は，平均的に何日に 1 回来店していると推測されるでしょうか．

4) ★ Mさんは，あるクマのキャラクターが大好きで，学校帰りにゲームセンターに寄ってはUFOキャッチャーでそのキャラクターのぬいぐるみを取り，集めています．今日は，2000円を両替してお気に入りのぬいぐるみの台に挑戦しており，これまでの16回の結果は，失敗，成功，失敗，失敗，成功，成功，失敗，失敗，失敗，失敗，失敗，成功，失敗，失敗，失敗，成功となっています．手元には100円玉が4枚残っているので，あと4回挑戦できます．UFOキャッチャーの結果はベルヌイ試行であり，失敗回数が負の2項分布に従っているとして，残りの4回のうち3回以上成功する確率はどのくらいでしょうか．また，友人2人にこのぬいぐるみをプレゼントするために，明日も同じ台のUFOキャッチャーに挑戦したとき，2つぬいぐるみを取るまでに，Mさんは多く見積もって何回挑戦する必要があるでしょうか．

5) ★ 「婚活問題」で登場したKさんは，30人目とのお見合いを終えたあと，このままではなかなか結婚することが難しいのではと焦りを感じ始めました．そこで，相手の年収が，自分の手の届く30代男性の中で上位50%以上に入っていればその男性との結婚を前向きに考えようと思い直しました．この条件の下でKさんが結婚を決意するためには，相手の年収はいくら以上が求められるか，30人目のお見合い相手の年収である450万円をデータに加えた上で推測してみましょう．また，31人目のお見合い相手の年収が500万円であったとき，この値が，Kさんのこれまでのお見合い相手の年収分布において，上位50%に入っている確率はいくらでしょうか．

8 比率・相関・信頼性

■ ■ ■

本章では比率の差，リスク比，オッズ比，相関係数の差に関する推測を扱います．また，級内相関および一般化可能性係数についても扱います．

8.1 比率を用いた推測 (比率の差・リスク比・オッズ比)

DM購買促進問題：化粧品を扱うS社では，現在ダイレクトメール (DM) がもたらす顧客の購買行動の促進効果について議論になっています．もしDMの購買促進効果が2倍以下であれば，当該商品のDMの送付をとりやめて，宣伝費を節約する予定です．そこで，20代の女性顧客を400名抽出し，そのうち無作為に選んだ200名に，20代女性用化粧品に関するDMを送付し，もう200名には送付せず，1か月後までの購買行動を調査することとしました．1か月後に購買結果について集計した結果が表8.1に分割表として示されています．ここから，当該商品に関するDMの購買促進効果は送らなかった場合と比べてどの程度あるといえるでしょうか．

表 8.1 分割表

	購入あり (=1)	購入なし (=0)	合計
DM あり (=1)	n_{11} (128)	n_{10} (72)	$n_{11}+n_{10}=N_{1\cdot}$
DM なし (=0)	n_{01} (97)	n_{00} (103)	$n_{01}+n_{00}=N_{0\cdot}$
合計	$n_{11}+n_{01}=N_{\cdot 1}(225)$	$n_{10}+n_{00}=N_{\cdot 0}(175)$	$\backslash N_{1\cdot}=N_{0\cdot}=200$

表8.1は400名の顧客に対してある商品についてDMあり群 (DMを受け取ることを，要因への曝露といい，ここから，DMあり群を要因への曝露群ともいいます) とDMなし群 (非曝露群) とにそれぞれ割り付け，その後，1か月後に各条件について，当該商品を購入した人数を記録したデータを示しています．

このように設定した要因に観測対象を割り付け，その後の一定期間，経過を観察する研究をコホート（前向き）研究といいます．

8.1.1 比率の差

要因内の人数における「購入あり」を（正）反応といい，その比率を特にリスク[*1)]といいます．今回の調査では，DM の購買行動に対する効果に興味があります．そこで，比率の差を検討してみることにします．要因ごとに，DM あり群と DM なし群において，実際に商品を購入した人の比率の差（リスク差・絶対リスク）は

$$\delta_{p_{11}-p_{01}} = p_{11} - p_{01} = \frac{n_{11}}{n_{11}+n_{10}} - \frac{n_{01}}{n_{01}+n_{00}} \tag{8.1}$$

と定義されます．

比率の差 $\delta_{p_{11}-p_{01}}$ は -1 から $+1$ の値をとり，$\delta_{p_{11}-p_{01}}$ が負のとき，要因なし群の方が反応率（リスク）が大きく，差が正のとき，要因あり群の方が反応率が大きくなることを表します．

前向き研究では曝露・非曝露の人数 $N_{1\cdot}$ と $N_{0\cdot}$ を統制することはできますが，購入・非購入の人数 $N_{\cdot 1}$ と $N_{\cdot 0}$ を統制することはできません．そのため，反応率が低い現象を扱う場合には，十分な観測対象数の設定や，観測対象の脱落への対処の必要から，研究コストが高くなることがあります．

一方，ある時点において，商品を購入した顧客と購入しなかった顧客を取り上げ，その中で過去における要因への曝露（DM の受け取り）の有無を調べる方法をケース・コントロール（症例対照・後ろ向き）研究といいます．これは表 8.1 について，$n_{11}+n_{01}=N_{\cdot 1}$ と $n_{10}+n_{00}=N_{\cdot 0}$ に注目することに当たります．この場合は，購入・非購入の人数を統制することができますが，要因への曝露の人数を統制することはできません．また，要因と結果の因果を調べることを目的として，比率およびその差を参照することもできません．

ある時点において，過去の DM 送付の有無と，今後の購入の意思を調査する方法を，**横断研究**といいます．横断研究では，比率の差を算出することができますが，前向き研究を行った場合に算出される差と同じ値になるとは限りません．その差は，あくまで測定時点における変数間の連関の程度を表しており，要因と結

[*1)] 疫学分野で要因と罹患（発症）率を調べるために用いられることから，反応率を「リスク」と呼びます．

果の時系列に沿った因果関係は調べられません．また，どのような集団を調査対象としたのかについても注意しなければなりません．

8.1.2 リスク比

反応率の比較の際は，比率の大きさによって，比率の差は同じでも比率の比は異なりうるため，比の確認も重要です．そこで，群ごとの反応率の比

$$RR = \frac{p_{11}}{p_{01}} = \frac{n_{11}}{N_{1\cdot}} \Big/ \frac{n_{01}}{N_{0\cdot}} = \frac{n_{11}N_{0\cdot}}{n_{01}N_{1\cdot}} \geq 0 \tag{8.2}$$

をも比較指標とすることが考えられます．RR はリスク比 (risk ratio; または相対リスク) と呼ばれます．$RR < 1$ の場合，非曝露群の反応率が大きく，$RR > 1$ の場合，曝露群の反応率が大きいことを表します．RR の値は要因への曝露が，非曝露に対してリスクを何倍高めるかという指標になります．

8.1.3 オッズ比

反応 (購入) が観察されない割合に対する，反応率の割合をオッズ (odds) といいます．また，DM あり・なしの各群についてオッズを計算し，オッズ比 (odds ratio) を算出することができます．オッズ比は事象の反応率の比ですので，研究デザインの違いによらず算出可能であり，

$$OR = \frac{p_{11}/p_{10}}{p_{01}/p_{00}} = \frac{(n_{11}/N_{1\cdot})/(n_{10}/N_{1\cdot})}{(n_{01}/N_{0\cdot})/(n_{00}/N_{0\cdot})} = \frac{(n_{11}/N_{\cdot 1})/(n_{10}/N_{\cdot 1})}{(n_{01}/N_{\cdot 0})/(n_{00}/N_{\cdot 0})} = \frac{n_{11}}{n_{10}} \Big/ \frac{n_{01}}{n_{00}} \tag{8.3}$$

となります．上式 3 番目は前向き研究，4 番目は後ろ向き研究を表しています．$OR > 1$ のとき，要因への曝露の有無と結果の生起に正の関連があり，曝露の有無と結果の生起に関連がないとき，オッズ比は 1 となり，$OR < 1$ の場合，要因の有無と結果の生起に負の関連があると解釈します．

ここでは，要因ごとの購入数について 2 項分布を仮定して反応率 $p_{11}^{(t)}$, $p_{10}^{(t)}$, $p_{01}^{(t)}$, $p_{00}^{(t)}$ を推定し，比率の差 $\delta_{p_{11}-p_{01}}^{(t)}$，リスク比 $RR^{(t)}$，オッズ比 $OR^{(t)}$ を生成量として算出します．

表 8.2 より [*2)]，比率の差の EAP 推定値と確信区間は 0.154 [0.086,0.221] と推定されました．このことから DM を受け取った群の方が購入する割合が大きいと

---

*2) 事後分布から 11000 回のサンプリングを行い，最初の 1000 回を破棄しました．

表 8.2 比率の差・RR・OR・推定結果

	EAP	post.sd	95%下限	95%上限
p_{11}	0.639	0.024	0.591	0.685
p_{10}	0.361	0.024	0.315	0.409
p_{01}	0.485	0.025	0.437	0.534
p_{00}	0.515	0.025	0.466	0.563
$\delta_{p_{11}-p_{01}}$	0.154	0.034	0.086	0.221
$U_{\delta_{p_{11}-p_{01}}>0}$	1.000	0.000	1.000	1.000
RR	1.321	0.084	1.164	1.494
OR	1.902	0.275	1.422	2.496

いえそうです．また，$U_{\delta_{p_{11}-p_{01}}>0}$ より，100%の確率で比率の差が正の値となることも分かります．リスク比は 1.321[1.164, 1.494] となり，DM あり群の反応率が大きく，DM の送付は送付しない場合と比べて，1.3 倍程度，購買を促進しているといえます．オッズ比は $1.902[1.422, 2.496] > 1$ であり，ここからも，DM の送付が購買を促したと推論することができます．しかしながら，DM 送付継続の判断基準となる 2 倍には届いていません．このことはリスク比の確信区間からも確認できます．この結果から，S 社は今後当該商品の DM の送付は行わないことになりそうです．

なお，すべての研究デザインで計算できるからといってオッズ比だけ用いればよいわけではなく，前向き研究の場合には比率の差，リスク比を確認することが重要です．本例の場合，オッズ比をリスク比と同様に効果の倍率として用いることはできません．つまり，DM を送ることは，送らない場合と比べて，リスク比では 1.3 倍ではあるが，オッズ比では 1.9 倍の購入促進効果があり，しかもオッズ比の確信区間は 2 を含んでいるため購入促進効果が 2 倍に届いていないとはいえない，と解釈することは誤りです [*3)]．オッズ比とリスク比が近似的に等しくなるのは

$$RR = \frac{n_{11}}{N_{1.}} / \frac{n_{01}}{N_{0.}}, \quad OR = \frac{n_{11}}{n_{10}} / \frac{n_{01}}{n_{00}}, \quad N_{1.} \approx n_{10}, N_{0.} \approx n_{00} \qquad (8.4)$$

の場合であり，要因に対する反応率が低いときには，オッズ比をリスク比の代わりとして解釈することが可能となります．

[*3)] オッズ比が大きければ，それだけリスクも大きいということはいえます．

8.2　2群の相関係数の差に関する推測

> 自己・上司評価相関問題：Y 社では人事評価の一環として，社員に自身の仕事ぶりについての自己評価と，上司からの評価を求めています．人事担当者は，日頃より，他社から転職してきた社員群と，自社の生え抜き社員群では，自己・上司評価間の安定度が異なり，転職群の方が 2 者間の評価傾向が安定していると感じていました．そこで，自己評価と上司評価の安定度の効果量として相関係数を推定し，2 つの群間の相関係数の差について検討することとしました．転職群の方が，2 者間の評価傾向が安定しているといえるでしょうか．また，研究仮説が正しい確率はどの程度あるでしょうか．

表 8.3　転職・生え抜き社員の自己・上司評価に関するデータ

生抜 (A)	1	2	3	4	5	⋯	196	197	198	199	200
自己	11	6	10	8	10	⋯	9	14	9	4	12
上司	12	10	12	10	10	⋯	10	12	8	10	12
転職 (B)	1	2	3	4	5	⋯	196	197	198	199	200
自己	16	12	13	15	10	⋯	13	8	13	17	13
上司	14	12	15	13	11	⋯	14	10	13	19	13

8.2.1　相関係数の推定

表 8.3 は転職群と生え抜き群の各 200 名に関する自己–上司評価の結果を示しています．このデータから 2 群の相関係数を比較するために，6 章の (6.10), (6.11) 式と同様に，転職群と生抜き群の自己・上司評価が 2 変量正規分布

$$f(x_1, x_2 | \mu_1, \mu_2, \sigma_1^2, \sigma_2^2, \rho) = \frac{1}{2\pi\sigma_1\sigma_2\sqrt{1-\rho^2}} e^{-q/2}$$

$$q = \frac{1}{1-\rho^2} \left[\left(\frac{x_1-\mu_1}{\sigma_1}\right)^2 - 2\rho \left(\frac{x_1-\mu_1}{\sigma_1}\right)\left(\frac{x_2-\mu_2}{\sigma_2}\right) + \left(\frac{x_2-\mu_2}{\sigma_2}\right)^2 \right]$$

に従っているものとし，それぞれの相関係数 ρ_A, ρ_B を推定します．また，2 つの相関係数の差について検討するために生成量

$$\delta_\rho^{(t)} = \delta_{\rho_B - \rho_A}^{(t)} = g(\rho_A^{(t)}, \rho_B^{(t)}) = \rho_B^{(t)} - \rho_A^{(t)} \tag{8.5}$$

$$u_{\delta_\rho > 0}^{(t)} = g(\rho_A^{(t)}, \rho_B^{(t)}) = \begin{cases} 1 & \delta_\rho^{(t)} > 0 \\ 0 & それ以外の場合 \end{cases} \tag{8.6}$$

を定義し，相関係数の差の事後分布を確認します．さらに，差が0以上の値をとる確率についても検討します．

表 8.4　2群の相関係数の差に関する推定結果

	EAP	post.sd	95%下限	95%上限
ρ_A	0.627	0.042	0.539	0.705
ρ_B	0.723	0.034	0.652	0.783
δ_ρ	0.096	0.054	-0.007	0.203
$U_{\delta_\rho > 0}$	0.965	0.184	0.000	1.000

表8.4より，生え抜き群の相関係数は 0.627[0.539, 0.705]，転職群の相関係数は 0.723[0.652, 0.783] と推定されました．EAP推定値では，転職群の方が，自己評価と上司評価間において，安定した関係を有しているように見えるものの，各群の95%確信区間は互いに重なっています．

そこで2つの相関係数の差に関する生成量を確認します．δ_ρ のEAP推定値と確信区間は 0.096[−0.007, 0.203] となりました．興味の対象である下側2.5%点は0より小さいため，97.5%の確信で差があるとは結論づけられませんでした．

さらに $U_{\delta_\rho > 0}$ を確認すると，転職群の相関係数が生え抜き群よりも大きくなる ($\delta_\rho > 0$) 確率は96.5%となり，転職した社員の方が自己評価と上司評価の関係が安定している確率が高いとはいえそうです．

8.3　対応のある相関係数の差に関する推測

同一の観測対象について，特定の変数を複数の条件下で測定した場合のデータを，対応のあるデータといいます [*4)]．前節では2群の相関係数の差に関して推測を行いました．本節では対応がある場合の相関係数の差についての推測を行います．

[*4)]　個人内で，実験条件と対照条件で時間を測った変数は対応のあるデータとなります．

8.3 対応のある相関係数の差に関する推測

> **社員実力固定化問題**：W 社では業務に必要な資格の取得支援の一環として，入社 1 年目から 3 年目までの全社員に 30 点満点の試験を実施しています．3 年分の試験成績が表 8.5 に示されています．社員の実力の年次変動は安定してきているでしょうか．

表 8.5 年次別成績データ

	1	2	3	4	5	⋯	161	162	163	164	165
1 年目	14	8	15	15	8	⋯		8	11	5	11	14
2 年目	12	8	23	13	8	⋯		11	9	5	12	11
3 年目	19	8	25	21	12	⋯		14	12	8	11	17

表 8.6 対応のある変数についての相関係数行列

	1 年目	2 年目	3 年目
1 年目	$\rho_{11}(=1.00)$		対称
2 年目	ρ_{21}	$\rho_{22}(=1.00)$	
3 年目	ρ_{31}	ρ_{32}	$\rho_{33}(=1.00)$

表 8.5 の変数間の相関係数は，表 8.6 のように行列として表されます．本例では，年次別の成績の安定度の差に興味があるため，2 つの相関係数 ρ_{21} と ρ_{32} の差 $\delta_{\rho 2} = \rho_{32} - \rho_{21}$ に注目します．$\delta_{\rho 2}$ はその値が正であれば，1 年目と 2 年目の成績の関係よりも，2 年目と 3 年目の関係の方が安定していると解釈されます．

ここでは 3 つの対応のある変数が 3 変量正規分布

$$f(\boldsymbol{x}|\boldsymbol{\mu},\boldsymbol{\Sigma}) = \frac{1}{\sqrt{2\pi}^3 \sqrt{|\boldsymbol{\Sigma}|}} \exp\left(-\frac{1}{2}(\boldsymbol{x}-\boldsymbol{\mu})'\boldsymbol{\Sigma}^{-1}(\boldsymbol{x}-\boldsymbol{\mu})\right) \tag{8.7}$$

$$\boldsymbol{\Sigma} = \mathrm{diag}(\boldsymbol{\sigma}) \times \boldsymbol{R} \times \mathrm{diag}(\boldsymbol{\sigma}) \tag{8.8}$$

$$= \begin{bmatrix} \sigma_1 & & sym. \\ 0 & \sigma_2 & \\ 0 & 0 & \sigma_3 \end{bmatrix} \begin{bmatrix} \rho_{11} & & sym. \\ \rho_{21} & \rho_{22} & \\ \rho_{31} & \rho_{32} & \rho_{33} \end{bmatrix} \begin{bmatrix} \sigma_1 & & sym. \\ 0 & \sigma_2 & \\ 0 & 0 & \sigma_3 \end{bmatrix} \tag{8.9}$$

$$= \begin{bmatrix} \sigma_1^2 & & sym. \\ \sigma_2\sigma_1\rho_{21} & \sigma_2^2 & \\ \sigma_3\sigma_1\rho_{31} & \sigma_3\sigma_2\rho_{32} & \sigma_3^2 \end{bmatrix} \tag{8.10}$$

に従っているものとして相関係数を推定し,比較を行います.ここで μ は平均ベクトル,Σ は共分散行列,σ は標準偏差ベクトル,R は相関行列を表しています.また,$(x-\mu)'$ の右肩の記号は,データベクトルから平均ベクトルを引いた結果得られる平均偏差ベクトルが,転置されていることを示しています.$|\Sigma|$,Σ^{-1} はそれぞれ Σ の行列式と逆行列を表しています.また diag(σ) は標準偏差を対角要素に配置し,非対角要素が 0 であるような対角行列を表しています.

表 8.7 対応のある相関係数の差に関する推定結果

	EAP	post.sd	95%下限	95%上限
ρ_{21}	0.453	0.063	0.322	0.569
ρ_{31}	0.618	0.049	0.512	0.707
ρ_{32}	0.748	0.035	0.672	0.810

表 8.7 より,1 年目と 2 年目の成績の相関係数 ρ_{21} は 0.453[0.322, 0.569] と推定され,2 年目と 3 年目の成績の相関係数は ρ_{32} は 0.748[0.672, 0.810] と推定されました.1・2 年目間では,試験を通じて測られる実力は,社内での流動性が高かったことが示唆されます.一方で,2 年目と 3 年目の試験成績は相関係数が相対的に高く,実力が徐々に固定化してきている状況にあることが示唆されました.

8.3.1 対応のある 2 つの相関係数の差に関する推測

上記の相関係数の推定結果を受けて,2 つの相関係数の差について生成量

$$\delta_{\rho 2}^{(t)} = g(\rho_{21}, \rho_{32}) = \rho_{32}^{(t)} - \rho_{21}^{(t)} \tag{8.11}$$

$$u_{\delta_{\rho 2}>0}^{(t)} = \begin{cases} 1 & \delta_{\rho 2}^{(t)} > 0 \\ 0 & \text{それ以外の場合} \end{cases} \tag{8.12}$$

を定義し,検討することとします.

表 8.8 より,2 つの相関係数の差 $\delta_{\rho 2}$ は 0.294[0.192, 0.407] となり,ρ_{32} が ρ_{21} よりも大きくなる確率 $U_{\delta_{\rho 2}>0}$ は 1.000 となりました.このことから,100%の確率で 2 年目と 3 年目の関係の方が安定しているといえます.年次ごとに実力が固

表 8.8 対応のある相関係数の差の不等性に関する推定結果

	EAP	post.sd	95%下限	95%上限
$\delta_{\rho 2}$	0.294	0.055	0.192	0.407
$U_{\delta_{\rho 2}>0}$	1.000	0.000	1.000	1.000

定化してきており，差を覆すことが難しくなっていく傾向にあるといえそうです．

8.4　切断データの相関係数に関する推測

> **売り上げ相関問題**：都道府県のアンテナショップを全国に展開している M 社は，ある年の 3 月に大阪で，5 月に東京で，各 1 か月ずつ北海道物産展を開きました．東京会場は大阪会場よりも規模が小さいために，大阪で販売した 500 点の商品のうち，月の売り上げが 100 万円に満たなかった 378 商品に関しては東京での販売をとりやめることとしました．表 8.9 に大阪と東京での売り上げの一部が示されています．もし東京会場でも同じ数だけ商品を販売した場合には，売り上げの相関係数はいくつとなるのでしょうか．

表 8.9　大阪と東京の商品売り上げ欠測データ (単位：万円)

商品 i	1	2	3	4	5	$\cdots$	500
大阪 x	92.778	102.030	90.763	100.021	106.896	$\cdots$	86.549
東京 y	欠測	98.045	欠測	96.033	123.283	$\cdots$	欠測

ある基準値を超えると，もう一方の変数が必ず欠測するデータを切断データといいます．たとえば 1 次と 2 次の試験があるものとし，1 次合格者のみが受験した場合の 2 次試験成績は切断データとなります．

図 8.1 は欠測データの 2 都市における売り上げデータの散布図です．この図より，大阪で販売された商品が 100 万円を境として，東京で販売される商品と販売されない商品に分割され，結果として表 8.9 のようにデータ内に欠測値が含まれる y が欠測データとなることが分かります．

8.4.1　切断データの相関係数の推定 1 (切断効果)

大阪会場の売り上げデータを $\boldsymbol{x} = \{\boldsymbol{x}_1, \boldsymbol{x}_2\}$ と表します．$\boldsymbol{x}_1$ は東京会場においては販売されず，結果としてデータ $\boldsymbol{y}$ においては欠測している商品の販売データを表しています．一方で，$\boldsymbol{x}_2$ は大阪会場で販売され，なおかつ当該会場での売り上げが 100 万円を超えたために，東京会場でも販売された商品の販売データを表しています．

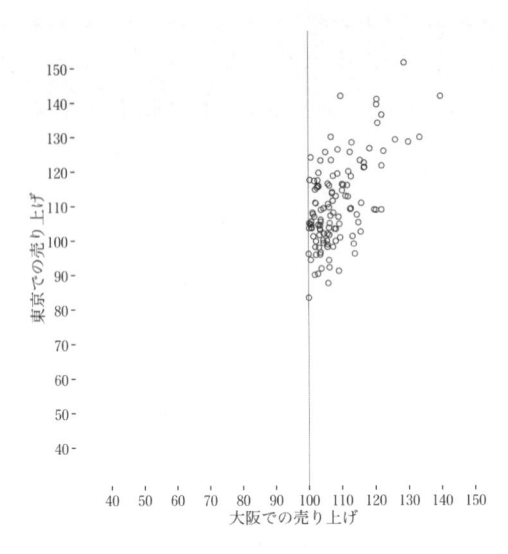

図 8.1 大阪と東京における売り上げ切断データの散布図

また，N_x は初期の全体商品数，N_y は両会場で販売された商品数とします．つまり，大阪会場のみで販売された商品数は，$N_{x_1} = N_x - N_y = 500 - 122 = 378$ となります．

いま，x と y が 2 変量正規分布に従っているものと仮定します．ここでデータ切断以後の x と y のペアを用いた尤度は

$$\prod_{i=1}^{N_y} p(x_{2i}, y_i | \mu_{x_2}, \mu_y, \sigma_{x_2}^2, \sigma_y^2, \sigma_{x_2 y}) \tag{8.13}$$

と表されます．通常は (8.13) 式を最大化する $\hat{\sigma}_{x_2 y}$ を推定値として用いることとなります．ここでの $\prod_{i=1}^{N_y}$ は両会場で観測された (y において欠測していない) 商品のみに関して確率の積をとることを表しています．

このとき実際に 2 都市での販売データが得られている商品のみに関して，相関係数を (8.13) 式に基づいて推定すると，EAP 推定値は表 8.10 より，0.597[0.472, 0.706] と推定されました．この結果から，大阪と東京では，商品の売れ行きに関して中程度の安定した関係があると結論付けてよいのでしょうか．

8.4.2 切断データの相関係数の推定 2 (切断効果の補正)

ここで，データの切断がランダムに起こっている，「ランダムな欠測 (MAR,

8.4 切断データの相関係数に関する推測

表 8.10 切断効果が生じている相関係数の推定結果

	EAP	post.sd	95%下限	95%上限
$\rho_{切断}$	0.597	0.060	0.472	0.706

missing at random)[*5]」の状態と見なせるものとします．すると，大阪会場のみにて観測されたデータ $\boldsymbol{x}_1$ が単変量正規分布に従っているものとして，大阪のみの商品販売データ $\boldsymbol{x}_1$ を含んだ観測データ $\{\boldsymbol{x}, \boldsymbol{y}\}$ 全体の尤度は

$$\prod_{i=1}^{N_y} p(\boldsymbol{x}_{2i}, \boldsymbol{y}_i | \mu_{\boldsymbol{x}}, \mu_{\boldsymbol{y}}, \sigma_{\boldsymbol{x}}^2, \sigma_{\boldsymbol{y}}^2, \sigma_{\boldsymbol{x}\boldsymbol{y}}) \prod_{j=1}^{N_{\boldsymbol{x}_1}} p(\boldsymbol{x}_{1j} | \mu_{\boldsymbol{x}}, \sigma_{\boldsymbol{x}}^2) \qquad (8.14)$$

となります．(8.14) 式に基づいて，相関係数を推定すると [*6]，その EAP 推定値は表 8.11 より，0.811[0.714,0.876] となりました．

表 8.11 切断データの補正された相関係数の推定結果

	EAP	post.sd	95%下限	95%上限
$\rho_{補正}$	0.811	0.041	0.714	0.870

それでは，0.596 と 0.811 のどちらの値を推定値として用いればよいのでしょうか．実は，ペアで観測されたデータのみに基づいた尤度 (8.13) 式を最大化する $\sigma_{\boldsymbol{x}_2\boldsymbol{y}}$ は $\sigma_{\boldsymbol{x}\boldsymbol{y}}$ に対する一致推定量とはならないために，推定値に偏りが生じてしまいます．つまり，0.597 を相関係数の推定値として用いるわけにはいきません．切断データから推定した相関係数は，完全データの相関係数とは異なった値として推定される場合があり，こうした現象は切断効果 [*7] とも呼ばれます．

一方で (8.14) 式を最大化する $\sigma_{\boldsymbol{x}\boldsymbol{y}}$ は一致推定量となります (星野，2009)[*8]．よって表 8.11 から，大阪会場で売れた商品は，安定して東京会場でも売れる傾向にあると結論付けられます．

[*5] 「ランダムな欠測」とは，データの欠測が欠測値には依存せず，観測値にのみ依存している状況を指します．この場合は，$\boldsymbol{x}_1$ に含まれる商品が $\boldsymbol{y}$ において欠測するか否かは $\boldsymbol{x}_1$ の値 (売り上げ) にのみ依存しており，$\boldsymbol{y}$ には依存しておらず，ランダム欠測と見なすことができます．
一方で，大阪会場での売り上げ基準を設けず，東京会場においても大阪会場と同じ 500 商品を販売したものの，最初の 2 週間で売り上げが 50 万に満たなかった商品については，その後の販売を取りやめる場合を考えてみます．すると，$\boldsymbol{y}$ が欠測するか否かは $\boldsymbol{y}$ の値自身に依存することとなってしまいます．この状態はランダムな欠測とは見なせず，無視しえない欠測として，欠測メカニズムをモデルに取り込む等の対処が必要となります．

[*6] 本節では，$\rho = \sigma_{xy}/(\sigma_x \sigma_y)$ という関係を利用しています．
[*7] 選抜効果と呼称することもあります．(南風原朝和『心理統計学の基礎』(有斐閣，2002))
[*8] 星野崇宏『調査観察データの統計科学』(岩波書店，2009)

8.4.3 完全データの相関係数

前項で得られた結果を，完全データの相関係数の推定を通して確かめてみることとします．

実際には表 8.9 は完全データとして発生させた 2 変量の架空データを，売り上げに基準に照らし合わせて，切断したデータとなっています．表 8.12，図 8.2 は表 8.9，図 8.1 に関して，大阪会場で 100 万円未満の商品についても，東京会場で売られた場合に得られるはずであった完全データを復元したものです．

完全データを用いて，8.2 節と同様に相関係数を推定すると，表 8.13 のようになります．大阪での売り上げと東京での売り上げには，比較的強い正の相関関係が認められ，大阪会場での商品の人気傾向は，東京会場でも同様の傾向が見られることが分かります．

この結果から，表 8.11 の推定結果 0.811 は，切断効果が補正され，完全データ

表 8.12 大阪と東京の商品売り上げ完全データ

商品 i	1	2	3	4	5	$\cdots$	500
大阪 x	92.778	102.030	90.763	100.021	106.896	$\cdots$	86.549
東京 y	97.676	98.045	95.871	96.033	123.283	$\cdots$	95.489
基準	未	満	未	未	未	$\cdots$	満

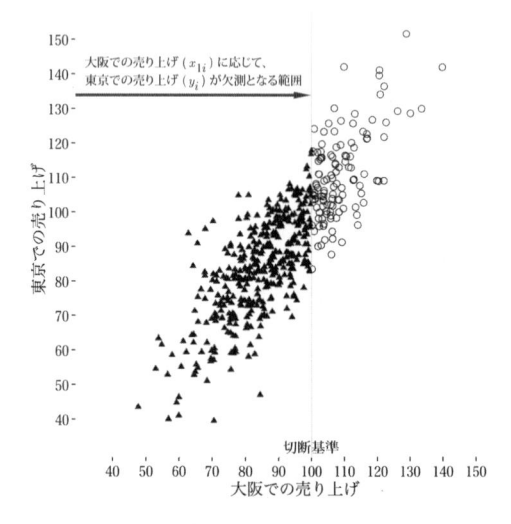

図 8.2 大阪と東京における売り上げ完全データの散布図

表 8.13 完全データの相関係数の推定結果

	EAP	post.sd	95%下限	95%上限
$\rho_{完全}$	0.829	0.014	0.800	0.855

の相関係数の推定値 0.829 を復元できていることが確かめられました．また，y については，その 75%以上 (378/500 = 0.756) の要素の値が失われているにもかかわらず，切断効果の補正によって，完全データの相関係数を復元できていることも分かります．

8.5 級内相関

フィギュアスケートなどの採点競技や面接試験など，複数の人が 1 つの対象について客観的に評価を行う場面は，日常でもよく見られます．しかし，こうした評価にはペーパーテストとは違い絶対的な正解がないため，公平に評価することを心掛けたとしても，少なからず評価者の主観が影響してしまいます．そのため，評価者間で評価が完全に一致することはほとんどありません．このようなとき，評価データの信頼性の指標の 1 つとして**級内相関** (intraclass correlation coefficient, ICC) が使用されます．

> **英語面接問題 1**：ある英語の検定試験では，4 人の面接官が受験者の英語のスピーキング力を 15 点満点で採点しています．表 8.14 は，受験者 15 人分の採点結果です．このとき，級内相関を利用した採点の信頼性はどのくらいでしょうか．

表 8.14 15 名の受験生の採点結果

	面接官 1	面接官 2	面接官 3	面接官 4
受験者 1	3	6	7	0
受験者 2	10	10	8	8
受験者 3	10	9	10	9
受験者 4	1	2	4	2
⋮	⋮	⋮	⋮	⋮
受験者 15	14	9	14	9

級内相関は，測定したい特性の分散が全分散に占める割合です．級内相関にはいくつかの種類があり，Shrout & Fleiss (1979)[*9] は j $(1,\ldots,j,\ldots,J)$ 人の評価者が i $(1,\ldots,i,\ldots,I)$ 人を評価する場面を，(1) i 人の対象者それぞれに対して，異なる j 人の評価者が評価を行う場合，(2) 評価者が母集団からのランダムサンプルだと考えられる場合，(3) 評価者が最初から固定されている場合の3つのケースに整理しています．また3つのケースそれぞれに，評価者1人当たりの級内相関と，j 人の評価平均の級内相関があります．この6つの級内相関を，ケース番号 n $(=1,2,3)$ と，評価する人数 j を用いて，$ICC(n,j)$ と表記します[*10]．

英語面接問題において，受験者 i を面接官 j が採点した結果 x_{ij} を

$$x_{ij} = \mu_k + \alpha_{ki} + \beta_{kj} + e_{kij}, i = 1, \ldots, 15, j = 1, 2, 3, 4, k = r, m \quad (8.15)$$

と表します．ここで，添字 k は，モデルの種類を表しており，Shrout & Fleiss (1979) のケース2の場合は r，ケース3の場合は m とします．μ_k は全平均であり，α_{ki} は $\mu_{ki} - \mu_k$ で定義される受験者 i の効果です．つまり，受験者 i のスピーキングの実力が μ_{ki} であり，それが μ_k よりも大きい場合には α_{ki} が正となり，得点 x_{ij} が高くなります．一方，β_{kj} は面接官の効果です．β_{kj} が正である場合は，面接官 j は平均よりも高い点数をつける傾向があるということです．英語面接問題1では，各受験者に対して各面接官はそれぞれ1回ずつしか採点を行わず，受験者と面接官の交互作用は誤差 e_{kij} と区別できないため，交互作用は仮定されません．

ここで，英語面接問題1において，Shrout & Fleiss (1979) のケース2の場合を考えます．つまり，4人の面接官が，面接官の資格を持つ集団の中から無作為に選ばれたとします．このとき (8.15) 式は変量効果モデルと呼ばれます．変量効果モデルにおいて，誤差 e_{rij} が平均 0，分散 σ_{er}^2 の正規分布に従うと仮定すると，x_{ij} は平均 $\mu_r + \alpha_{ri} + \beta_{rj}$，分散 σ_{er}^2 の正規分布に従います．また，受験者と面接官の効果についても，α_r は平均 0，分散 $\sigma_{\alpha r}^2$ の正規分布，β_r は平均 0，分散 $\sigma_{\beta r}^2$ の正規分布に従っているものとします．このとき，$\sigma_{\alpha r}^2$ と $\sigma_{\beta r}^2$ がそれぞれ受験者と面接官の分散成分となります．分散の構造は，独立な分散成分の和であるため，$\sigma_x^2 = \sigma_{\alpha r}^2 + \sigma_{\beta r}^2 + \sigma_{er}^2$ です．

[*9] Shrout, P. E. and Fleiss, J. L. (1979): Intraclass correlations: Uses in assessing reliability, *Psychological Bulletin*, **86**, 420-428.

[*10] 本書では，i 人の受験者をそれぞれ異なる j 人の面接官が採点を行うような1要因変量モデル (ケース1) に対応する $ICC(1,1)$, $ICC(1,j)$ は扱いません．

また，面接官 1 人当たりの級内相関 $ICC(2,1)$ および j 人の評定平均に関する級内相関 $ICC(2,j)$ をサンプリングされた母数の標本を利用して，以下のような生成量 $g(\theta^{(t)})$ で定義します．

$$ICC(2,1)^{(t)} = g(\sigma_{\alpha r}^{2(t)}, \sigma_{\beta r}^{2(t)}, \sigma_{er}^{2(t)}) = \frac{\sigma_{\alpha r}^{2(t)}}{\sigma_{\alpha r}^{2(t)} + \sigma_{\beta r}^{2(t)} + \sigma_{er}^{2(t)}} \tag{8.16}$$

$$ICC(2,j)^{(t)} = g(\sigma_{\alpha r}^{2(t)}, \sigma_{\beta r}^{2(t)}, \sigma_{er}^{2(t)}) = \frac{\sigma_{\alpha r}^{2(t)}}{\sigma_{\alpha r}^{2(t)} + (\sigma_{\beta r}^{2(t)} + \sigma_{er}^{2(t)})/j} \tag{8.17}$$

実際に，表 8.14 のデータを利用して，分散成分と $ICC(2,1), ICC(2,4)$ を推定した結果が表 8.15 です [*11]．

表 8.15 分散成分・$ICC(2,1), ICC(2,4)$ の推定結果

	EAP	post.sd	95%下側	95%上側
$\sigma_{\alpha r}^2$	8.906	4.568	3.470	20.369
$\sigma_{\beta r}^2$	1.443	18.927	0.045	8.276
σ_{er}^2	3.654	0.833	2.390	5.590
$ICC(2,1)$	0.646	0.131	0.343	0.850
$ICC(2,4)$	0.869	0.081	0.676	0.958

次に，ケース 3 の場合を考えます．このとき，受験者全員が同じ 4 人の面接官によって採点されているため，面接官の採点傾向は，すべての受験者に公平に影響します．したがって面接官の効果は母数効果として扱われ，(8.15) 式は混合効果モデルとなります．このとき，面接官の効果の総和は 0 であるものと仮定します．分散の構造は $\sigma_x^2 = \sigma_{\alpha m}^2 + \sigma_{em}^2$ となるため，面接官 1 人当たりの級内相関 $ICC(3,1)$ および j 人の評定平均の級内相関 $ICC(3,j)$ をサンプリングされた母数の標本を利用して，以下のような生成量 $g(\theta^{(t)})$ で定義します．

$$ICC(3,1)^{(t)} = g(\sigma_{\alpha m}^{2(t)}, \sigma_{em}^{2(t)}) = \frac{\sigma_{\alpha m}^{2(t)}}{\sigma_{\alpha m}^{2(t)} + \sigma_{em}^{2(t)}} \tag{8.18}$$

$$ICC(3,j)^{(t)} = g(\sigma_{\alpha m}^{2(t)}, \sigma_{em}^{2(t)}) = \frac{\sigma_{\alpha m}^{2(t)}}{\sigma_{\alpha m}^{2(t)} + \sigma_{em}^{2(t)}/j} \tag{8.19}$$

[*11] 事後分布から 50000 回のサンプリングを行い，最初の 15000 回を破棄して，残りの 35000 個の母数の標本を利用して計算した結果です．(8.15) 式において，μ, α, β も母数であるため推定されますが，ここでは興味の対象ではないため，省略しています．

表 8.16 分散成分・$ICC(3,1), ICC(3,4)$ の推定結果

	EAP	post.sd	95%下側	95%上側
$\sigma_{\alpha m}^2$	8.826	4.578	3.395	20.519
σ_{em}^2	3.767	0.880	2.418	5.844
$ICC(3,1)$	0.674	0.109	0.437	0.860
$ICC(3,4)$	0.886	0.053	0.756	0.961

ここで，$ICC(3,j)$ はテスト理論で頻繁に用いられるクロンバックの α 係数と一致します．実際に，表 8.14 のデータを利用して，分散成分と $ICC(3,1), ICC(3,4)$ を推定した結果が表 8.16 です．

この面接試験では面接官は 4 人であるため，級内相関を利用した信頼性は，無作為に選ばれた面接官によって採点されている場合には 0.869，受験者全員が同一の 4 人の面接官によって採点されている場合は 0.886 です．級内相関は，0.7 以上であれば信頼性は良好であるとされているため，英語面接問題の評価は比較的高い精度で行われていたことがわかります．

8.6 一般化可能性理論

評価データの信頼性の検討を行う方法論に一般化可能性理論があります．一般化可能性理論は，分散成分を推定する一般化可能性研究 (Generalizability Study, G 研究) と，推定された分散成分を利用して一般化可能性係数を求め，どの程度の人数で評価を行えば十分な一般化可能性係数を得られるかのシミュレーションを行い，評価の改善を行う決定研究 (Decision Study, D 研究) に分けられます．

> **英語面接問題 2**：前問の状況において，信頼性を 0.9 以上にするには，何人の面接官で試験を行えばよいでしょうか．また，その人数で面接を行った際の信頼性が 0.9 よりも高くなる確率はどの程度でしょうか．

G 研究はすでに前節で行われているため，ここではまず前節でサンプリングされた母数の標本を利用して，一般化可能性係数を推定します．変量効果モデルにおける一般化可能性係数 $\rho_{rJ'}$ および混合効果モデルにおける一般化可能性係数 $\rho_{mJ'}$ を，以下のような生成量 $g(\theta^{(t)})$ で定義します．

8.6 一般化可能性理論

$$\rho_{rJ'}^{(t)} = g(\sigma_{\alpha r}^{2(t)}, \sigma_{\beta r}^{2(t)}, \sigma_{er}^{2(t)}) = \frac{\sigma_{\alpha r}^{2(t)}}{\sigma_{\alpha r}^{2(t)} + (\sigma_{\beta r}^{2(t)} + \sigma_{er}^{2(t)})/J'} \tag{8.20}$$

$$\rho_{mJ'}^{(t)} = g(\sigma_{\alpha m}^{2(t)}, \sigma_{\beta m}^{2(t)}) = \frac{\sigma_{\alpha m}^{2(t)}}{\sigma_{\alpha m}^{2(t)} + \sigma_{em}^{2(t)}/J'} \tag{8.21}$$

(8.20), (8.21) 式の最右辺はそれぞれ (8.17), (8.19) 式における面接官の人数 j を，想定する面接官の人数 J' に置き換えた式となっています．

ここで，面接官の人数 J' を 5 人と 6 人とした場合の一般化可能性係数 $\rho_{rJ'}$ と $\rho_{mJ'}$ を推定します．また，以下の生成量を定義することで，一般化可能性係数が 0.9 よりも大きくなる確率について求めるものとします．

$$u_{\rho_{rJ'}>0.9}^{(t)} = g(\rho_{rJ'}^{(t)}) = \begin{cases} 1 & \rho_{rJ'}^{(t)} > 0.9 \\ 0 & \text{それ以外の場合} \end{cases} \tag{8.22}$$

$$u_{\rho_{mJ'}>0.9}^{(t)} = g(\rho_{mJ'}^{(t)}) = \begin{cases} 1 & \rho_{mJ'}^{(t)} > 0.9 \\ 0 & \text{それ以外の場合} \end{cases} \tag{8.23}$$

推定結果は表 8.17 の通りです．$\rho_{r5} < 0.9 < \rho_{r6}$ となったため，面接官が無作為に選ばれた場合，信頼性を 0.9 以上にするためには，1 人の受験者に対して 6 人の面接官が必要であることが分かります．また，面接官が 6 人である場合に，一般化可能性係数が 0.9 よりも大きくなる確率は 68.5%であることも分かります．一方，受験者全員が同じ面接官によって採点されている場合，信頼性を 0.9 以上にするためには，1 人の受験者に対して 5 人の面接官が必要であり，一般化可能性係数が 0.9 よりも大きくなる確率は 63.5%であることも分かります．

伝統的な統計学において，信頼性を望む値にしたい場合に J' をいくつにすればよいかに留まっていた一般化可能性理論における信頼性の検討は，HMC 法を用いたベイズ推測によって，確率的な評価を行うことも可能となります．

表 8.17 一般化可能性係数の推定結果

	EAP	post.sd	95%下側	95%上側
ρ_{r5}	0.891	0.072	0.723	0.966
ρ_{r6}	0.907	0.066	0.758	0.971
$U_{\rho_{r6}>0.9}$	0.685	0.464	0.000	1.000
ρ_{m4}	0.886	0.053	0.756	0.961
ρ_{m5}	0.906	0.045	0.795	0.969
$U_{\rho_{m5}>0.9}$	0.635	0.481	0.000	1.000

8.7 章末問題

1) ★ 喫煙の有無と肺がんの発症リスクに関して，前向き研究を行ったところ，以下の分割表内に示されるデータが得られました．喫煙 (曝露) 群は非喫煙 (非曝露) 群の何倍の肺がん発症リスクがあるといえるでしょうか．比率の差，リスク比，オッズ比を求めてください．また，比率の差が 0 以上となる確率とリスク比が 2 倍以上となる確率を求めてください．

表 8.18 分割表

	発症あり $(=1)$	発症なし $(=0)$	合計
喫煙あり $(=1)$	n_{11} (106)	n_{10} (1017)	$n_{11}+n_{10}=N_{1\cdot}=1123$
喫煙なし $(=0)$	n_{01} (46)	n_{00} (1154)	$n_{01}+n_{00}=N_{0\cdot}=1200$
合計	$n_{11}+n_{01}=N_{\cdot 1}$	$n_{10}+n_{00}=N_{\cdot 0}$	

2) ★ ある漫才のコンテストでは，決勝の進出者が 9 組ありました．この 9 組の漫才を同じ 7 人の審査員が 100 点満点で採点を行います．採点結果が以下の表 [12] のようになるとき，$ICC(3,7)$ はいくつでしょうか．また，$\rho_{mJ'}$ が 0.9 以上であるためには，少なくとも何人の審査員が必要でしょうか．

表 8.19 採点結果

	審査員 1	審査員 2	審査員 3	審査員 4	審査員 5	審査員 6	審査員 7
芸人 1	81	85	88	87	85	88	80
芸人 2	86	87	88	89	87	90	79
芸人 3	91	96	93	91	88	91	94
芸人 4	87	90	89	89	87	93	92
芸人 5	92	88	90	90	88	91	87
芸人 6	96	96	98	97	90	95	96
芸人 7	87	86	89	90	90	90	88
芸人 8	88	89	87	89	89	92	95
芸人 9	97	97	94	91	95	98	96

---

[12] 2010 年の M-1 グランプリのデータを使用しています．

A 付録1 章末問題解答例

第 1 章

1) A さんには，兄と姉がいるとします．このとき，A さんは B_1 と B_3 に含まれます．これは，互いに共通の根元事象を含まないという分割の定義に反するため，きょうだい構成は標本空間の分割ではありません．

2) 本文中の例と同様に，性別 (A_1, A_2)，学年 (B_1, B_2, B_3)，きょうだいの有無 (C_1, C_2) の分割を考えます．このとき，(1.10) 式は以下のようになります．
$\sum_{i=1}^{2} \sum_{j=1}^{3} \sum_{k=1}^{2} p(A_i, B_j, C_k)$
$= p(A_1, B_1, C_1) + p(A_1, B_1, C_2)$
$+ p(A_1, B_2, C_1) + p(A_1, B_2, C_2)$
$+ p(A_1, B_3, C_1) + p(A_1, B_3, C_2)$
$+ p(A_2, B_1, C_1) + p(A_2, B_1, C_2)$
$+ p(A_2, B_2, C_1) + p(A_2, B_2, C_2)$
$+ p(A_2, B_3, C_1) + p(A_2, B_3, C_2) = 1$

3) (1.14) 式の例として，$j=1, k=1$ の場合を考えます．このとき (1.14) 式の左辺は $\sum_{i=1}^{2} p(A_i, B_1, C_1) = p(A_1, B_1, C_1) + p(A_2, B_1, C_1)$ となり，これはきょうだいがいる 1 年生の女子が観測される確率と，きょうだいがいる 1 年生の男子が観測される確率の和です．つまり，きょうだいがいる 1 年生が観測される確率を表しています．よって，$\sum_{i=1}^{2} p(A_i, B_1, C_1) = p(B_1, C_1)$ となり，(1.14) 式が成り立っていることが分かります．表 1.5 では，$0.07 + 0.12 = 0.19$ となります．(1.15) 式の例として，$k=1$ の場合を考えます．このとき (1.15) 式の左辺は $\sum_{i=1}^{2} \sum_{j=1}^{3} p(A_i, B_j, C_1)$
$= p(A_1, B_1, C_1) + p(A_2, B_1, C_1)$
$+ p(A_1, B_2, C_1) + p(A_2, B_2, C_1)$
$+ p(A_1, B_3, C_1) + p(A_2, B_3, C_1)$ となり，これはきょうだいがいる 1 年生の女子，きょうだいがいる 1 年生の男子，きょうだいがいる 2 年生の女子，きょうだいがいる 2 年生の男子，きょうだいがいる 3 年生の女子，きょうだいがいる 3 年生の男子がそれぞれ観測される確率の和です．つまり，全生徒のうちきょうだいがいる生徒が観測される確率を表しています．よって，$\sum_{i=1}^{2} \sum_{j=1}^{3} p(A_i, B_j, C_1) = p(C_1)$ より，(1.15) 式が成り立っていることが分かります．表 1.5 では，$0.07 + 0.12 + 0.06 + 0.11 + 0.07 + 0.08 = 0.51$ となります．

4) 本文中の例と同様に，性別 (A_1, A_2)，学年 (B_1, B_2, B_3)，きょうだいの有無 (C_1, C_2) の分割を考えます．(1.17) 式の例として，$i=2, j=1, k=1$ の場合を考えます．このとき，(1.17) 式の左辺は $p(B_1, C_1|A_2)$ となります．これは，選ばれた生徒が男子であることが分かっており，その条件の下で生徒がきょうだいのいる 1 年生である確率です．表 1.5 より，男子生徒は 60 名であり，その中できょうだいのいる 1 年生は 12 名であるため，確率は $12/60$ です．(1.17) 式の右辺は，$\frac{p(A_2, B_1, C_1)}{p(A_2)} = \frac{12/100}{60/100} = 12/60$ となり，(1.17) 式が成り立っていることが分かります．

(1.18) の例として，$i=1, j=2, k=2$ の場合を考えます．このとき (1.18) 式の左辺は $p(C_2|A_1, B_2)$ となります．これは，選ばれた生徒が 2 年生の女子であることが分かっており，その条件の下で生徒にきょうだいがいない確率です．表 1.5 より，2 年生の女子は 12 名であり，その中できょうだいがいない生徒は 6 名であるため，確率は $6/12$ です．(1.18) 式の右辺は，$\frac{p(A_1, B_2, C_2)}{p(A_1, B_2)} = \frac{6/100}{12/100} = 6/12$ とな

5) 本文中の例と同様に，性別 (A_1, A_2)，学年 (B_1, B_2, B_3)，きょうだいの有無 (C_1, C_2) の分割を考えます．ここで，(1.22) 式の例として $j = 1, j = 1$ の場合を考えます．このとき (1.22) 式の左辺は $\sum_{k=1}^{2} p(B_1, C_k|A_1) = p(B_1, C_1|A_1) + p(B_1, C_2|A_1)$ となり，これは，選んだ生徒が女子と分かっているときに，その生徒が 1 年生でかつきょうだいがいる確率と，1 年生でかつきょうだいがいない確率の和です．つまり，選んだ生徒が女性であると分かっているときに，その生徒が 1 年生である確率を表しています．よって，$\sum_{k=1}^{2} p(B_1, C_k|A_1) = p(B_1|A_1)$ となり (1.22) 式が成り立つことが分かります．

同様に (1.23) 式の例として，$j = 1, j = 1$ の場合を考えます．このとき，(1.23) 式の左辺は $\sum_{k=1}^{2} p(C_k|A_1, B_1) = p(C_1|A_1, B_1) + p(C_2|A_1, B_1)$ となり，これは，選んだ生徒が女子で 1 年生であることが分かっているときに，その生徒にきょうだいがいる確率といない確率の和です．したがって，きょうだいがいてもいなくてもよいので，当然確率は 1 となります．よって，$\sum_{k=1}^{2} p(C_k|A_1, B_1) = 1$ となり，(1.23) 式が成り立つことが分かります．

6) 表 1.2 の分割を考えます．ここで，(1.24) 式の例として $i = 1, j = 1$ の場合を考えます．このとき同時確率 $p(A_1, B_1)$ は 1 年生の女子が選ばれる確率であり，表 1.2 より 15/100 となります．一方 (1.24) 式の右辺は $p(B_1|A_1)p(A_1) = 15/40 \times 40/100 = 15/100$ となり，$p(A_1, B_1)$ の値と一致します．

同様に (1.25) 式の例として $j = 1, j = 1$ の場合を考えます．このとき，$p(B_1)$ は 1 年生が選ばれる確率であり，表 1.2 より 37/100 です．一方，(1.25) 式の右辺は $\sum_{i=1}^{2} p(B_1|A_i)p(A_i) = p(B_1|A_1)p(A_1) + p(B_1|A_2)p(A_2) = 12/40 \times 40/100 + 22/60 \times 60/100 = 37/100$ となり，$p(B_1)$ の値と一致します．

7) 表 1.2 の分割において，$i = 1, j = 2$ の場合を考えます．このとき，同時確率 $p(A_1, B_2)$ は選ばれた生徒が 2 年の女子である確率であり，表 1.2 より 12/100 です．一方，(1.35) 式の右辺は以下のようになり，(1.35) 式は成り立たず，同時確率が個々の確率の積で表現することができないことが分かります．
$p(A_1)p(B_2) = \frac{40}{100} \times \frac{32}{100} = \frac{16}{125} \neq \frac{12}{100}$

8) 問題 3 の表 1.5 の分割において，$i = 1, j = 1, k = 2$ の場合を考えます．このとき，$p(B_1, C_2|A_1)$ は選ばれた生徒が女子であることが分かっている条件の下で，生徒が 1 年生でかつきょうだいがいない確率であり，表 1.5 より 8/40 です．一方で，(1.37) 式の右辺は以下のようになり，(1.37) 式は成り立ちません．
$p(B_1|A_1)p(C_2|A_1) = \frac{7}{40} \times \frac{8}{40} = \frac{7}{200} \neq \frac{8}{40}$

9) 迷惑メールの割合 $p(A_1) = 0.6$ を事前確率として利用して，「統計情報」「ラプラス」「根元事象」という言葉に関して 3 回ベイズ更新を行うと，その確率の変化は
$0.6774 = \frac{0.014 \times 0.6}{0.014 \times 0.6 + 0.01 \times (1 - 0.6)}$
$0.3865 = \frac{0.003 \times 0.6774}{0.003 \times 0.6774 + 0.01 \times (1 - 0.6774)}$
$0.0593 = \frac{0.002 \times 0.3865}{0.002 \times 0.3865 + 0.02 \times (1 - 0.3865)}$
となります．「統計情報」「ラプラス」「根元事象」という言葉が含まれているメールが，迷惑メールである確率は 0.0593 とかなり低いものであることが分かります．

10) (1.39) 式の例として問題 3 の表 1.5 の分割において，$i = 2, j = 1, k = 1$ の場合を考えます．同時確率 $p(A_2, B_1, C_1)$ はきょうだいのいる 1 年生の男子が選ばれる確率であり，表 1.5 より 12/100 となります．一方，(1.39) 式の右辺は $p(A_2|B_1, C_1)p(B_1, C_1) = 12/19 \times 19/100 = 12/100$ となり，$p(A_2, B_1, C_1)$ の値と一致します．

同様に (1.40) 式の例として，$i = 1, j = 2, k = 2$ の場合を考えます．このとき，(1.40) 式の左辺 $p(A_1, B_2, C_2)$ はきょうだいのいない 2 年生の女子が選ばれる確率であり，表 1.5 より 6/100 です．右辺は $p(B_2, C_2|A_1)p(A_1) = 6/40 \times 40/100 = 6/100$ となり，$p(A_1, B_2, C_2)$ の値と一致

します。
11) 私が28歳までに結婚できる確率，地球上に宇宙人が存在している確率，1週間以内にある野良猫に懐かれる確率，今日の合コンで目の前の席に座った人と付き合う確率，私がA社から内定をもらえる確率，私が100歳まで生きられる確率などがあります。

第2章

1) 表2.1「3枚のコインを投げたときの表の枚数」の確率分布

実現値 z	0	1	2	3
確率 p	1/8	3/8	3/8	1/8

2) $E[Z] = \sum_{z=0}^{3} zp(z) = 0 \times \frac{1}{8} + 1 \times \frac{3}{8} + 2 \times \frac{3}{8} + 3 \times \frac{1}{8} = 0 + \frac{3}{8} + \frac{6}{8} + \frac{3}{8} = \frac{3}{2}$

3) $V[Y] = \sum_{y}(y - E[Y])^2 p(y) = \sum_{y=0}^{2}(y-1)^2 p(y) = (0-1)^2 \times 1/4 + (1-1)^2 \times 1/2 + (2-1)^2 \times 1/4 = 1/4 + 0 + 1/4 = 1/2$

4) (2.7) 式の証明: $E[a] = \sum_{i=1}^{1} a = a$
   (2.8) 式の証明: $E[X+Y] = \sum_x \sum_y (x+y)p(x,y) = \sum_x \sum_y xp(x,y) + \sum_x \sum_y yp(x,y) = \sum_x x \sum_y p(x,y) + \sum_y y \sum_x p(x,y) = \sum_x xp(x) + \sum_y yp(y) = E[X] + E[Y]$
   (2.9) 式の証明: $aE[x] = a\sum_x xp(x) = \sum_x axp(x) = E[aX]$

5) (2.10) 式の証明: $E[XY] = \sum_x \sum_y xyp(x,y) = \sum_x \sum_y xyp(x)p(y) = \sum_x xp(x) \sum_y yp(y) = E[X]E[Y]$
   (2.11) 式の証明: $V[aX+b] = E[((aX+b)-E[aX+b])^2] = E[(aX+b-E[aX]-E[b])^2] = E[(aX+b-aE[X]-b)^2] = E[(aX-aE[X])^2] = E[a^2(X-E[X])^2] = a^2 E[(X-E[X])^2] = a^2 V[X]$
   (2.12) 式の証明: $V[X+Y] = E[((X+Y)-E[X+Y])^2] = E[(X-E[X]+Y-E[Y])^2] = E[(X-E[X])^2 + 2(X-E[X])(Y-E[Y]) + (Y-E[Y])^2] = E[(X-E[X])^2] + 2E[(X-E[X])(Y-E[Y])] + E[(Y-E[Y])^2] = E[(X-E[X])^2] + 2E[X-E[X]]E[Y-E[Y]] + E[(Y-E[Y])^2] = E[(X-[X])^2] + E[(Y-E[Y])^2] = V[X] + V[Y]$

6) (2.16) 式の証明: $E[X] = \sum_{x=0}^{1} xf(x|\theta) = 0 \times f(x=0|\theta) + 1 \times f(x=1|\theta) = 0 \times (1-\theta) + 1 \times \theta = \theta$
   (2.17) 式の証明: $V[X] = \sum_{X=0}^{1}(x-E[X])^2 f(x|\theta) = \sum_{x=0}^{1}(x-\theta)^2 f(x|\theta) = \theta^2(1-\theta) + (1-\theta)^2 \theta = \theta^2 - \theta^3 + \theta - 2\theta^2 + \theta^3 = -\theta^2 + \theta = \theta(1-\theta)$

7) (2.22) 式の証明: $E[X] = \sum_{x=0}^{n} xf(x|\theta) = \sum_{x=0}^{n} x \frac{n!}{x!(n-x)!} \theta^x (1-\theta)^{n-x} = \sum_{x=1}^{n} n\theta \frac{(n-1)!}{(x-1)!(n-x)!} \theta^{x-1}(1-\theta)^{n-x} = n\theta \sum_{k=0}^{n-1} \frac{(n-1)!}{k!(n-1-k)!} \theta^k (1-\theta)^{n-1-k} = n\theta \sum_{k=0}^{n-1} {}_{n-1}C_k \theta^k (1-\theta)^{n-1-k} = n\theta[\theta+(1-\theta)]^{n-1} = n\theta$
   (2.23) 式の証明:
   $V[X] = \sum_x (x-E[X])^2 p(x) = \sum_x (x^2 - 2xE[X] + E[X]^2)p(x) = \sum_x x^2 p(x) - 2E[X] \sum_x xp(x) + (E[X])^2 \sum_x p(x)$
   $= E[X^2] - 2(E[X])^2 + (E[X])^2$
   $= E[X^2] - (E[X])^2$
   $= E[X(X-1)] + E[X] - (E[X])^2$
   $= \sum_{x=0}^{n} x(x-1) \frac{n!}{x!(n-x)!} \theta^x (1-\theta)^{n-x} + n\theta - (n\theta)^2$
   $= \sum_{x=2}^{n} \frac{n!}{(x-2)!(n-x)!} \theta^x (1-\theta)^{n-x} + n\theta - (n\theta)^2$
   $= \sum_{x=2}^{n} n(n-1) \frac{(n-2)!}{(x-2)!(n-x)!} \theta^2 \theta^{x-2} (1-\theta)^{n-x} + n\theta + (n\theta)^2$
   $= n(n-1)\theta^2 \sum_{x=2}^{n} \frac{(n-2)!}{(x-2)!(n-x)!} \theta^{x-2}(1-\theta)^{n-x} + n\theta + (n\theta)^2 = n(n-1)\theta^2 \sum_{k=0}^{n-2} \frac{(n-2)!}{k!(n-2-k)!} \theta^k (1-\theta)^{n-2-k} + n\theta + (n\theta)^2 = n(n-1)\theta^2[\theta+(1-\theta)]^{n-2} + n\theta - (n\theta)^2 = n(n-1)\theta^2 + n\theta - (n\theta)^2 = n\theta(1-\theta)$

8) $\sum_{x=0}^{n} f(x|\theta) = \sum_{x=0}^{n} {}_nC_x \theta^x (1-\theta)^{n-x} = [\theta+(1-\theta)]^n = 1$

9) (2.46) 式の証明: $E[X] = \frac{p}{p+q}$, $p+q = \frac{p}{E[X]}$, $q = \frac{p}{E[X]} - p$, $pq = \frac{p^2}{E[X]} - p^2$, $V[X] = \frac{\frac{p^2}{E[X]} - p^2}{\left(\frac{p}{E[X]}\right)^2 \left(\frac{p}{E[X]}+1\right)}$, $V[X] = \frac{p^2 E[X]^2 - p^2 E[X]^3}{p^3 + p^2 E[X]}$, $V[X] = \frac{E[X]^2 - E[X]^3}{p+E[X]}$, $V[X](p+E[X]) = E[X]^2 - E[X]^3$, $p + E[X] = \frac{E[X]^2 - E[X]^3}{V[X]}$, $p = \frac{E[X]^2 - E[X]^3}{V[X]} - E[X]$, $p = \left(\frac{E[X]^2(1-E[X])}{V[X]}\right) - E[X]$, $p =$

$\left(\frac{E[X](1-E[X])}{V[X]} - 1\right) - E[X], p = rE[X]$

(2.47) 式の証明: $E[X] = \frac{p}{p+q}$, $p = E[X](p+q)$, $p + pE[X] = qE[X]$, $p(1 - E[X]) = qE[X]$, $p = \frac{qE[X]}{1-E[X]}$, $V[X] = \frac{\frac{qE[X]}{1-E[X]}q}{\left(\frac{qE[X]}{1-E[X]}+q\right)^2\left(\frac{qE[X]}{1-E[X]}+q+1\right)}$, $V[X] = \frac{q^2E[X](1-E[X])^2}{q^3+q^2(1-E[X])}$, $V[X] = \frac{E[X](1-E[X])^2}{q+(1-E[X])}$, $V[X]\{q+(1-E[X])\} = E[X](1-E[X])^2$, $q + (1 - E[X]) = \frac{E[X](1-E[X])^2}{V[X]}$, $q = \frac{E[X](1-E[X])^2}{V[X]} - (1 - E[X])$, $q = \left(\frac{E[X](1-E[X])}{V[X]} - 1\right)(1 - E[X])$, $q = r(1 - E[X])$

10) (i) $\sqrt{V[X]} = 0.05$ の場合, $V[X] = 0.0025$ より $r = \frac{0.5 \times (1-0.5)}{0.0025} - 1 = 99$, $p = 99 \times 0.5 = 49.5$, $q = 99 \times (1-0.5) = 49.5$; (ii) $\sqrt{V[X]} = 0.1$ の場合, $V[X] = 0.01$ なので $r = \frac{0.5 \times (1-0.5)}{0.01} - 1 = 24$, $p = 24 \times 0.5 = 12$, $q = 24 \times (1-0.5) = 12$; (iii) $\sqrt{V[X]} = 0.15$ の場合, $V[X] = 0.0225$ なので $r = \frac{0.5 \times (1-0.5)}{0.0225} - 1 \simeq 10.1$, $p = 10.1 \times 0.5 = 5.05$, $q = 10.1 \times (1-0.5) = 5.05$; (iv) $\sqrt{V[X]} = 0.2$ の場合 $V[X] = 0.04$ なので $r = \frac{0.5 \times (1-0.5)}{0.04} - 1 = 5.25$, $p = 5.25 \times 0.5 = 2.625$, $q = 5.25 \times (1-0.5) = 2.625$; よって $(p, q) = (49.5, 49.5), (12, 12), (5.05, 5.05), (2.625, 2.625)$ となります.

11) 下図のように平均付近は,山がなくなりほぼ平坦な分布となります.さらに,ベータ分布は定義域が区間 (0,1) に限られているため,散らばりが大きくなることで両端が盛り上がるような形状になっています.

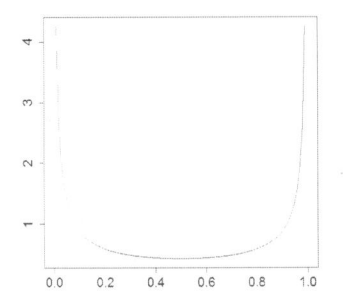

12) (2.52) 式の例:実力(成功確率θ)が変化しない状態で,フリーキックを 10 回することを 3 回試みます.このとき,それぞれの試みで 0 回から 10 回,いずれかの成功回数が観察される確率は 1 となります; (2.53) 式の例:病院内のある患者 B さんの血圧:x,血糖値:y,γ-GTP:z それぞれの値がどんな値でもいいので何かしら観察される確率は 1 となります.

13) (2.56) 式の例:コイントスを 5 回行うことを 3 セット試みます.その実現値を x, y, z とすると,x, y の値は何でもよく,かつ $Z = z$ となる確率は,$Z = z$ となる確率です; (2.57) 式の例:学校で学力テストを行った際,生徒 X,生徒 Y,生徒 Z を無作為に選出し,テスト得点を観察することを考えます.このとき生徒 X の点数 x 点,生徒 Y の点数 y 点 はなんでもよく,かつ生徒 Z の点数が $Z = z$ 点となる確率密度は,生徒 Z の点数が $Z = z$ 点となる確率密度です.

14) (2.62) 式の中辺 $\frac{d \log f(x|\theta)}{d\theta} = \frac{d}{d\theta}x\log(\theta) + \frac{d}{d\theta}(n-x)\log(1-\theta) + \frac{d}{d\theta}C = x \times \frac{1}{\theta} + (n-x) \times \frac{1}{(1-\theta)} \times (-1) = \frac{x}{\theta} - \frac{n-x}{(1-\theta)}$; (2.63) 式: $\frac{x}{\theta} - \frac{n-x}{(1-\theta)} = 0$, $\frac{x(1-\theta) - (n-x)\theta}{\theta(1-\theta)} = 0$, $\frac{x - n\theta}{\theta(1-\theta)} = 0$, $x - n\theta = 0, = n\theta, \theta = \frac{x}{n}$

15) (2.66) 式の中辺: $\frac{d}{d\mu}\log f(x|\mu, \sigma^2) = \frac{d}{d\mu}\frac{-n}{2}\log 2\pi + \frac{d}{d\mu}\frac{-n}{2}\log\sigma^2 + \frac{d}{d\mu}\frac{-1}{2\sigma^2}\sum_{i=1}^{n}(x_i - \mu)^2 = \frac{-1}{2\sigma^2}\frac{d}{d\mu}\{(x_1 - \mu)^2 + (x_2 - \mu)^2 + \ldots + (x_n - \mu)^2\} = \frac{-1}{2\sigma^2}\frac{d}{d\mu}\{(x_1^2 - 2x_1\mu + \mu^2) + (x_2^2 - 2x_2\mu + \mu^2) + \ldots + (x_n^2 - 2x_n\mu + \mu^2)\} = \frac{-1}{2\sigma^2}\{-2(x_1 - \mu) - 2(x_2 - \mu) \ldots - 2(x_n - \mu)\} = \frac{-1}{2\sigma^2}\{-2\sum_{i=1}^{n}(x_n - \mu)\} = \frac{1}{\sigma^2}\sum_{i=1}^{n}(x_n - \mu)$; (2.68) 式: $\frac{1}{\sigma^2}\sum_{i=1}^{n}(x_n - \mu) = 0, \sum_{i=1}^{n}x_i - n\mu = 0, n\mu = \sum_{i=1}^{n}x_i, \mu = \frac{1}{n}\sum_{i=1}^{n}x_i$;

(2.67) 式の中辺: $\frac{d}{d\sigma^2}\log f(x|\mu, \sigma^2) = \frac{d}{d\sigma^2}\frac{-n}{2}\log 2\pi + \frac{d}{d\sigma^2}\frac{-n}{2}\log\sigma^2 + \frac{d}{d\sigma^2}\frac{-1}{2\sigma^2}\sum_{i=1}^{n}(x_i - \mu)^2 = \frac{-n}{2} \times \frac{1}{\sigma^2} + \frac{-1}{2}\sum_{i=1}^{n}(x_i - \mu)^2 \times \frac{-1}{(\sigma^2)^2} = \frac{-n}{2\sigma^2} + \frac{1}{2\sigma^4}\sum_{i=1}^{n}(x_i - \mu)^2$; (2.69) 式: $\frac{-n}{2\sigma^2} + \frac{1}{2\sigma^4}\sum_{i=1}^{n}(x_i - \mu)^2 = 0, \frac{1}{2\sigma^4}\sum_{i=1}^{n}(x_i - \mu)^2 = \frac{n}{2\sigma^2}, \sum_{i=1}^{n}(x_i - \mu)^2 = n\sigma^2, \sigma^2 = \frac{1}{n}\sum_{i=1}^{n}(x_i - \mu)^2$

第 3 章

1) $\sigma^2 = 1$ の場合：$\exp\left[\frac{-1}{2}(x-\mu)^2\right]$;
   $\mu = 0$ の場合：$\frac{1}{\sigma}\exp\left[\frac{-1}{2\sigma^2}x^2\right]$; 制約がない場合：$\frac{1}{\sigma}\exp\left[\frac{-1}{2\sigma^2}(x-\mu)^2\right]$

2) 9勝1敗の印象下では、母比率の標本分布は $E[X] = 0.9, V[X] = \frac{E[X](1-E[X])}{n} = \frac{0.9(1-0.9)}{10} = 0.009$ と推定され、(2.46)–(2.48) 式より $r = \frac{E[X](1-E[X])}{V[X]} - 1 = 0.9 \times (1-0.9)/0.009 - 1 = 9$, $p = rE[X] = 9 \times 0.9 = 8.1$, $q = r(1-E[X]) = 9(1-0.9) = 0.9$ であるため、$p = 8.1, q = 0.9$ のベータ分布で近似できます。この標本分布を事前分布とみなすと、事後分布は母数 $p' = 11.1(= 3+8.1)$, $q' = 4.9(= 7-3+0.9)$ のベータ分布となります。
   (3.19) 式の EAP 推定量は、事後分布がベータ分布なので、ベータ分布の平均 $E[X] = \frac{p}{p+q}$ を利用して、$\hat{\theta}_{eap} = 11.1/(11.1+4.9) \simeq 0.694$ (3.20) 式の MAP 推定量は、$\hat{\theta}_{map} = (11.1-1)/(11.1+4.9-2) \simeq 0.721$ となります。

3) 前問の解より、$p' = 11.1(= 3+8.1)$, $q' = 4.9(= 7-3+0.9)$ であるので、事後分散は (2.45) 式より $V[X] = \frac{pq}{(p+q)^2(p+q+1)} = \frac{11.1 \times 4.9}{(11.1+4.9)^2 \times (11.1+4.9+1)} \simeq 0.0125$, 事後標準偏差は以下のようになります。$\sqrt{0.0125} = 0.1118$

4) 3勝7敗の印象下では、母比率の標本分布は $E[X] = 0.3, V[X] = \frac{E[X](1-E[X])}{n} = \frac{0.3(1-0.3)}{10} = 0.021$ と推定され、(2.46) 式、(2.47) 式、(2.48) 式より $r = \frac{E[X](1-E[X])}{V[X]} - 1 = 0.3 \times (1-0.3)/0.021 - 1 = 9$, $p = rE[X] = 9 \times 0.3 = 2.7$, $q = r(1-E[X]) = 9(1-0.3) = 6.3$ であるため、$p = 2.7, q = 6.3$ のベータ分布で近似できます。この標本分布を事前分布とみなすと、事後分布は母数 $p' = 5.7(= 3+2.7)$, $q' = 10.3(= 7-3+6.3)$ のベータ分布となります。(3.19) 式の EAP 推定量は、事後分布がベータ分布なので、ベータ分布の平均 $E[X] = \frac{p}{p+q}$ を利用して、$\hat{\theta}_{eap} = 5.7/(5.7+10.3) \simeq 0.356$, (3.20) 式の MAP 推定量は、以下のようになる。$\hat{\theta}_{map} = (5.7-1)/(5.7+10.3-2) \simeq 0.336$

5) 前問の解より、$p' = 5.7(= 3+2.7)$, $q' = 10.3(= 7-3+6.3)$ であるので、事後分散は (2.45) 式より $V[X] = \frac{pq}{(p+q)^2(p+q+1)} = \frac{5.7 \times 10.3}{(5.7+10.3)^2 \times (5.7+10.3+1)} \simeq 0.01349$ 事後標準偏差は以下のようになります。$\sqrt{0.01349} \simeq 0.1161$

6) マイノリティ差別につながらないように使用する、など

7) 15分間にお客さんが1人も来ない確率：$f(x=0|\lambda=2) \simeq 0.135$; 15分間にお客さんがちょうど2人来る確率：$f(x=2|\lambda=2) \simeq 0.271$; 15分間にお客さんが4人以上来る確率：$1 - F(x=3|\lambda=2) \simeq 0.143$

8) 30分間に1人もお客さんが来ない確率：$1 - F(x=2|\lambda=2) \simeq 0.018$; 5分以内にお客さんが来る確率：$F(x=1/3|\lambda=2) \simeq 0.487$

9) 1週間あたり平均に3個売れるという商品の売り上げは、$f(x|\lambda=3)$ のポアソン分布で表すことができます。この分布において商品が8個以上売れる確率は、0.012 $(\simeq 1 - F(x=7|\lambda=3))$ となり、5%以下です。したがってこの売り上げ増は有意であるといえます。

10) 1名自殺するときの平均時間：18.9分 $(= (1/3.18) \times 60)$; 次の1時間に誰も自殺しない確率：$1 - F(x=1|\lambda=3.18) = 1 - 1 + e^{-3.18} \simeq 0.042$ となり、4.2%ほどです。

11) 渡し船が1時間以内に出発する確率：
    $F(x=1|\alpha=6, \lambda=4)$
    $= \int_0^1 \frac{4^6}{\Gamma(6)} x^{6-1} e^{-4x} dx = \frac{4^6}{5!}\left[\left(-\frac{1}{4}e^{-4}\right) + \left(-\frac{20}{4^2}e^{-4}\right) + \left(-\frac{60}{4^3}e^{-4}\right) + \left(-\frac{60}{4^4}e^{-4}\right) + \left(-\frac{120}{4^6}e^{-4}\right) + \frac{120}{4^6}(1-e^{-4})\right] \simeq 0.215$
    渡し船が2時間たっても出発できない確率：$F(x=2|\alpha=6, \lambda=4)$
    $= \int_0^2 \frac{4^6}{\Gamma(6)} x^{6-1} e^{-4x} dx = \frac{4^6}{5!}\left[\left(-\frac{32}{4}e^{-8}\right) + \left(-\frac{80}{4^2}e^{-8}\right) + \left(-\frac{160}{4^3}e^{-8}\right) + \left(-\frac{240}{4^4}e^{-8}\right) + \left(-\frac{240}{4^5}e^{-8}\right) + \frac{120}{4^6}(1-e^{-8})\right] \simeq 0.809$
    したがって、求める確率は
    $1 - F(x=2|\alpha=6, \lambda=4) \simeq 0.191$

12) θ の平均は (3.35) 式より $E[X] = 4/4 = 1$, 標準偏差は (3.36) 式より $\sqrt{V[X]} = $

$\sqrt{4/4^2} = 1/2$ です．事前分布が $f(\theta|\alpha = 4, \lambda = 4)$ のガンマ分布なので，事後分布は $f(\theta|\alpha = 9, \lambda = 14)$ のガンマ分布となります．したがって $\theta_{eap} = 9/14 \simeq 0.643$ です．夕食を用意しなければならない確率は，EAP 推定値をポアソン分布の確率関数 (3.26) 式に代入して以下となります．
$0.526 \simeq f(x_* = 0|\theta_{eap} = 0.643)$

13) 「正選手問題」において，「次の 5 試合で A 選手が B 選手に 3 勝 2 敗する確率」は (2.21) 式を用いて以下となります．$f(3|0.638) = {}_5C_3 0.638^3 (1 - 0.638)^{5-3} = 0.340$

第 4 章

1) r_1, r_2 平面において，$r_1^2 + r_2^2 < 1$ の領域は原点を中心とした半径 1 の円 (単位円) の内部です．ただし r_1^2, r_2^2 は区間 $[0,1]$ の一様分布に従う乱数なので，領域は r_1 軸，r_2 軸と $r_1^2 + r_2^2 = 1$ で囲まれた部分となります．つまり単位円内の第 1 象限の部分です．この面積は $1 \times 1 \times \pi \times 1/4$ より $1/4\pi$ となります．ここで，座標 (r_1^2, r_2^2) の存在する領域は r_1 軸，r_2 軸と $r_1 = 1, r_2 = 1$ で囲まれた，面積 1 の正方形です．したがって $r_1^2 + r_2^2 < 1$ となる確率は $1/4\pi \div 1 = 1/4\pi$ となります．期待値は，$r_1^2 + r_2^2 < 1$ の実現値 $x = 4$，$r_1^2 + r_2^2 \geq 1$ の実現値 $x = 0$ を用いて，以下のようになります．
$E[X] = 4 \times 1/4\pi + 0 \times (1 - 1/4\pi) = \pi$

2) set.seed(1234) として求めた場合，$n = 10$ のとき $\bar{x} = 3.6$，$n = 100$ のとき $\bar{x} = 3.24$，$n = 1000$ のとき $\bar{x} = 3.168$，$n = 10000$ のとき $\bar{x} = 3.1496$，$n = 100000$ のとき $\bar{x} = 3.14516$ となり，徐々に円周率 $(3.1415\cdots)$ に近づいていくことが分かります．

3) $\boldsymbol{p}^2$ は $0.3 \times 0.2 + 0.2 \times 0.1 + 0.5 \times 0.3 = 0.23, 0.3 \times 0.2 + 0.2 \times 0.6 + 0.5 \times 0.5 = 0.43, 0.3 \times 0.6 + 0.2 \times 0.3 + 0.5 \times 0.2 = 0.34$ より，$\boldsymbol{p}^2 = (0.23, 0.43, 0.34)$ です；$\boldsymbol{p}^3$ は $0.23 \times 0.2 + 0.43 \times 0.1 + 0.34 \times 0.3 = 0.191, 0.23 \times 0.2 + 0.43 \times 0.6 + 0.34 \times 0.5 = 0.474, 0.23 \times 0.6 + 0.43 \times 0.3 + 0.34 \times 0.2 = 0.335$ より，$\boldsymbol{p}^3 = (0.191, 0.474, 0.335)$ です．

4) $t = 1$ から $t = 10$ までの遷移の経緯は以下のようになるため，定常分布は $\boldsymbol{p} = (0.1828, 04946, 0.3226)$ です．

t	ラーメン	カレー	焼きそば
1	0.3000	0.2000	0.5000
2	0.2300	0.4300	0.3400
3	0.1910	0.4740	0.3350
4	0.1861	0.4901	0.3238
5	0.1834	0.4932	0.3234
6	0.1830	0.4943	0.3227
7	0.1828	0.4945	0.3226
8	0.1828	0.4946	0.3226
9	0.1828	0.4946	0.3226
10	0.1828	0.4946	0.3226

5) 定常分布は $\boldsymbol{p} = (0.1828, 04946, 0.3226)$ であり，組み合わせはラーメンとカレー，カレーと焼きそば，ラーメンと焼きそばの 3 組です．ラーメンとカレーの場合：$p(ラーメン | カレー) \times p(カレー) = 0.1 \times 0.4946 = 0.04946$，$p(カレー | ラーメン) \times p(ラーメン) = 0.2 \times 0.1828 = 0.03656$．したがって，$p(ラーメン | カレー) \times p(カレー) \neq p(カレー | ラーメン) \times p(ラーメン)$ です；カレーと焼きそばの場合：$p(カレー | 焼きそば) \times p(焼きそば) = 0.5 \times 0.3226 = 0.1613$，$p(焼きそば | カレー) \times p(カレー) = 0.3 \times 0.4946 = 0.14838$．したがって，$p(カレー | 焼きそば) \times p(焼きそば) \neq p(焼きそば | カレー) \times p(カレー)$ です；ラーメンと焼きそばの場合：$p(ラーメン | 焼きそば) \times p(焼きそば) = 0.3 \times 0.3226 = 0.09678$，$p(焼きそば | ラーメン) \times p(ラーメン) = 0.6 \times 0.1828 = 0.10968$．したがって，$p(ラーメン | 焼きそば) \times p(焼きそば) \neq p(焼きそば | ラーメン) \times p(ラーメン)$ です．詳細釣り合い条件は，マルコフ連鎖が定常分布に収束するための十分条件です．したがって，ネクタイ問題のように詳細釣り合い条件が成り立っていれば，その分布は遷移核 ((4.9) 式) の定常分布です．しかし詳細釣り合い条件は十分条件であり，必要十分条件ではないため，逆は必ずしも真ではありません．仮にその分布が当該遷移核の定常分布だとしても，必ずしも詳細釣り合

い条件が成り立つとは限りません．本問が成り立たない例であり，前問で求めた定常分布と遷移核は詳細釣り合い条件を満たしていないことが確認されました．

6) set.seed(1234) で求めた場合，サンプル 10 個，バーンイン 0 個のとき，平均は 0.814，サンプル 100 個，バーンイン 10 個のとき，平均は 0.834，サンプル 1000 個，バーンイン 100 個のとき，平均は 0.853，サンプル 10000 個，バーンイン 1000 個のとき，平均は 0.847，サンプル 100000 個，バーンイン 10000 個のとき，平均は 0.846 となり，サンプルが多くなると，平均が理論値 0.846 に近い値となっていることが分かります．

7) set.seed(1234)，サンプル 100000 個，バーンイン 1000 個とすると，平均は 0.864 となり，理論値 0.846 よりも大きな値が得られました．

8) $\sigma_e^2 = 1.0$ の場合，set.seed(1234) で求めた結果，受容率は 0.29，平均は 0.846 となりました．上図は $t < 1000$ までのトレースライン，下図は $t < 100000$ までのトレースラインです．上図のトレースラインを見ると，$\theta^{(1)} = 4.0$ からすぐに 0.6 付近に近づいていることが分かります．また，下図も平行な帯状となっており，不変分布へ収束していることが確認できます．

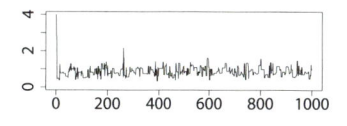

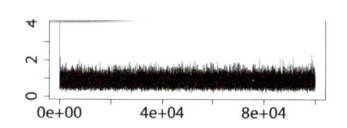

$\sigma_e^2 = 0.001$ の場合，set.seed(1234) で求めた結果，受容率は 0.96，平均は 0.845 となりました．次の上図は $t < 1000$ までのトレースライン，下図は $t < 100000$ までのトレースラインです．上図のトレースラインを見ると，$\theta^{(1)} = 4.0$ から徐々に 0.6 付近に近づいてはいますが，1000 個ではまだ十分ではなく，収束に時間がかかっていることが分かります．また，下図は平行な帯の特徴が弱く，不変分布へ収束している可能性が示唆されます．

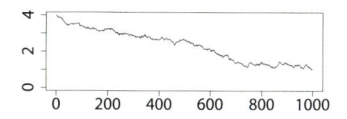

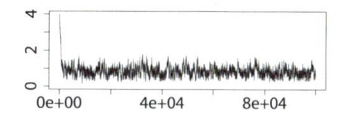

9) 省略．

10) 問題 9 でシミュレートした乱数を 2 項分布の母数として，生成量 $\eta(\theta^{(t)}) = g(\theta^{(t)}) = p(x^* = 3|\theta^{(t)}, n = 5) = {}_5C_3 \theta^{(t)3}(1-\theta^{(t)})^{5-3}$ を発生させます．この生成量の EAP 推定値は 0.296，事後標準偏差は 0.058 となりました．したがって，「次の 5 試合で選手 A が選手 B に 3 勝 2 敗する確率」は 29.6% であり，事後標準偏差は 0.058 です．

第 5 章

1) $\theta(\tau) = \tau^2$ より，1 秒後の位置は $\theta(1) = 1$, 2 秒後の位置 $\theta(2) = 4$，となります．また，(5.1) 式より $v(\tau) = \frac{d\tau^2}{d\tau} = 2\tau$ なので，1 秒後における速度は $2 \times 1 = 2$, 2 秒後における速度は $2 \times 2 = 4$ となります．

2) (5.2) 式に $v(\tau) = 2\tau$ を代入して $a(\tau) = \frac{dv(\tau)}{d\tau} = \frac{d}{d\tau}2\tau = 2$．したがって，1 秒後，2 秒後ともに加速度は 2 (m/秒^2) となります．

3) (5.6) 式より $F(2) = 10 \times 2 = 20$．したがって，2 秒後にかけている力は 20 N です．

4) (5.4) 式より，質量 6 トンの貨車の運動量は $p(\tau) = 6 \times 6 = 36$ であり，これが保存されるため，連結した貨車の運動量も 36 となります．連結した後の貨車の質量は 9 トンであるので (5.4) 式を利用して $v(\tau)$ について解くと $p(\tau) = 9 \times v(\tau) = 36, v(\tau) = 4$

5) (5.10) 式, (5.14) 式より $U = K$, $mgh = \frac{1}{2}mv^2$, $100 \times g \times 4 = \frac{1}{2} \times 100 \times v^2$, $400g = 50v^2$, $v = 2\sqrt{2g} = 8.85$

6) $A : 4 \times 9.8 \times 100 = 3920$
$B : 2 \times 9.8 \times 100 = 1960$
$C : 1960$
$D : v(\tau) = \sqrt{\frac{2K}{m}} = \sqrt{\frac{3920}{100}} \simeq 6.26$
$E : 3920$
$F : 3920$

7) ベータ分布のカーネルは $\theta^{p-1}(1-\theta)^{q-1}$ とします.
ポテンシャルエネルギー $h(\theta)$ は, 対数をとって符号を反転し, $h(\theta) = -(p-1)\log(\theta) - (q-1)\log(1-\theta)$ となります. 母数による微分 $h'(\theta)$ は, $h'(\theta) = -\frac{p-1}{\theta} + \frac{q-1}{1-\theta}$ です.

8)

τ	p	θ	$h(\theta)$	$H(\theta, p)$
1	0.00	0.10	21.69	21.69
2	3.12	0.21	15.55	20.42
3	4.43	0.41	10.71	20.50
4	4.79	0.65	9.00	20.47
5	3.96	0.89	11.70	19.53

9)

τ	p	θ	$h(\theta)$	$H(\theta, p)$
1	0.00	0.10	21.69	21.69
2	0.85	0.10	21.32	21.68
3	1.63	0.12	20.34	21.67
4	2.30	0.14	19.00	21.65
5	2.86	0.16	17.54	21.64
6	3.32	0.19	16.12	21.64
7	3.70	0.23	14.79	21.64
8	4.01	0.27	13.61	21.64
9	4.26	0.31	12.56	21.64
10	4.47	0.35	11.66	21.65
11	4.64	0.40	10.90	21.65
12	4.77	0.45	10.26	21.65
13	4.88	0.49	9.75	21.65
14	4.95	0.54	9.37	21.65
15	5.01	0.59	9.12	21.65

10) 初期値 $\theta^{(1)} = 0.5$ としてシミュレートをした結果, EAP 推定値は 0.6381247 となり理論値約 0.638 とほぼ同一の結果が得られました.

第 6 章

1) 12 週の平均売上を表す μ の EAP 推定値は約 73891 円であり, これは従来の平均売上よりも高い値です. 週平均売上が 7 万円を超える確率は $U_{\mu>70000}$ の EAP 推定値より, 0.994 です. また, 週平均売上が 7 万 5000 円を超える確率は $U_{\mu>75000}$ の EAP 推定値より, 0.215 です. つまり, 新しい小麦に変えた場合のコストを勘案した実質科学的な研究仮説が正しい確率は 21.5% であるといえます. この確率は 80% に満たないので, 奥さんは小麦の変更を認めないでしょう. 最後に, μ の 95% 確信区間は [70952.440, 76854.990] であることから, 新しい小麦を用いた場合の週平均売上が 70952.440 円から 76854.990 円の間に存在する確率が 95% であることが分かります.

	EAP	post.sd
μ	73891.911	1486.074
$U_{\mu>70000}$	0.994	0.075
$U_{\mu>75000}$	0.215	0.411
	95%下側	95%上側
μ	70952.440	76854.990
$U_{\mu>70000}$	1.000	1.000
$U_{\mu>75000}$	0.000	1.000

2) 袋詰めの新方法における分散を表す σ^2 の EAP 推定値は 1.280 であり, これは従来の分散より低い値です. 新方法における分散が 1.5 以下である確率は $U_{\sigma^2<1.5}$ の EAP 推定値より, 0.751 です. また, 新方法における分散が 1.0 以下である確率は $U_{\sigma^2<1.0}$ の EAP 推定値より, 0.287 です. よって, 新たなコストを勘案した実質科学的な研究仮説が正しい確率は 28.7% であるといえます. この確率は 70% に満たないので, 会社の上層部は新方法を採用しないでしょう. 最後に, σ^2 の 95% 確信区間は [0.667, 2.416] であることから, 新方法における分散が 0.667 から 2.416 の間に存在する確率が 95% であることが分かります.

A. 付録 1　章末問題解答例　　185

	EAP	post.sd
σ^2	1.280	0.453
$U_{\sigma^2<1.5}$	0.751	0.433
$U_{\sigma^2<1.0}$	0.287	0.452
	95%下側	95%上側
σ^2	0.667	2.416
$U_{\sigma^2<1.5}$	0.000	1.000
$U_{\sigma^2<1.0}$	0.000	1.000

3) 昨年の大会の 0.90 分位数を表す $\xi_{0.90}$ の EAP 推定値は約 91 点であり，これは B 子さんの平均得点より高い値です．B 子さんが本選に進める確率を求める問題は，B 子さんの練習記録の分布において昨年度の大会の 0.90 分位数を超える確率を確認する問題です．この確率を生成量 $p^{(t)}_{1-\Psi(\xi_{0.90})}$ で定義すると，その EAP 推定値より B 子さんが本選に進める確率は 20.7% です．最後に，$\xi_{0.90}$ の 95% 確信区間は [88.376, 95.163] であることから，昨年度の大会得点 0.90 分位数が 88.376 から 95.163 に存在する確率が 95% であることが分かります．

	EAP	post.sd
$\xi_{0.90}$	91.331	1.743
$p_{1-\Psi(\xi_{0.90})}$	0.207	0.089
	95%下側	95%上側
$\xi_{0.90}$	88.376	95.163
$p_{1-\Psi(\xi_{0.90})}$	0.051	0.392

4) 2 群の平均値差を表す生成量 δ の EAP 推定量は 1.144 であり，等分散の仮定を置いた場合でも，実験群の方が約 1 秒早いことが確認できます．また，研究仮説「$\mu_2 - \mu_1 > 0$」が正しい確率は 0.994 であり，「対照群の平均測定時間が実験群よりも遅くなる」という研究仮説は，99.4%の確率で正しいといえます．同様に，研究仮説「$\mu_2 - \mu_1 > 1$」が正しい確率が 0.626 より，「対照群の平均測定時間が実験群よりも 1 秒以上遅くなる」という研究仮説が正しい確率は，62.6%であるといえます．

	EAP	post.sd
μ_1	30.836	0.323
μ_2	31.980	0.315
σ_1	1.403	0.169
δ	1.144	0.450
$U_{\delta>0}$	0.994	0.077
$U_{\delta>1}$	0.626	0.484
	95%下側	95%上側
μ_1	30.200	31.479
μ_2	31.365	32.604
σ_1	1.120	1.783
δ	0.255	2.039
$U_{\delta>0}$	1.000	1.000
$U_{\delta>1}$	0.000	1.000

5) 実施前と実施後の体重の EAP 推定値は，それぞれ 51.655 kg と 50.666 kg であることが分かります．2 群の平均値差を表す生成量を $\delta = \mu_1 - \mu_2$ と定義すると，δ の EAP 推定量は 0.988 kg であり，実施後の方が体重が減っています．

	EAP	post.sd
μ_1	51.655	1.237
μ_2	50.666	1.334
σ_1	30.099	10.903
σ_2	34.627	12.801
ρ	0.743	0.108
δ	0.988	0.905
$U_{\delta>0}$	0.871	0.335
$U_{\delta>2}$	0.121	0.326
	95%下側	95%上側
μ_1	49.268	54.170
μ_2	48.066	53.300
σ_1	15.460	57.289
σ_2	17.821	65.904
ρ	0.481	0.899
δ	-0.821	2.824
$U_{\delta>0}$	0.000	1.000
$U_{\delta>2}$	0.000	1.000

ここで，研究仮説「$\mu_1 - \mu_2 > 0$」が正しい確率を確認すると 0.871 であり，「実施後の平均体重が実施前よりも減少する」という研究仮説は，87.1%で正しいといえます．ただし，研究仮説「$\mu_1 - \mu_2 > 2$」が正しい確率は 0.121 より，「実施後の平

均体重が実施前よりも 2 kg 以上減少する」という研究仮説が正しい確率は 12.1% であり，2 kg 以上の減量を求めるならば実質的に有益なダイエットプログラムとはいいがたいでしょう．

第 7 章

1) λ_A と λ_B の 95%確信区間はそれぞれ [0.111, 0.880] と [0.221, 1.164] であり，95%確信区間が重複しています．そのため2 つのポアソン分布の母数には一見差がないように見えますが，これでは $\lambda_B > \lambda_A$ を積極的に示していることにはなりません．次に，2 つの母数の差を表す生成量 δ の 95%確信区間 $[-0.415, 0.842]$ より，下側 2.5%点は -0.415 で 0 より小さいので，97.5%の確信では差があるとは言えません．この結果からでは波平さんの方がマスオさんより釣りが上手いかどうか判断するのは難しいため，最後に $\lambda_B > \lambda_A$ という仮説が正しい確率を求めます．$U_{\delta>0}$ の EAP 推定値が 0.747 であることから，「波平さんのほうがマスオさんより釣りが上手い」という仮説が正しい確率は 74.7% であり，波平さんの方が釣りが上手いといえます．

	EAP	post.sd
λ_A	0.402	0.198
λ_B	0.600	0.243
δ	0.198	0.314
$U_{\delta>0}$	0.747	0.435
	95%下側	95%上側
λ_A	0.111	0.880
λ_B	0.221	1.164
δ	-0.415	0.842
$U_{\delta>0}$	0.000	1.000

2) η の EAP 推定値より，八重桜は平均的に 163.32 m おきに生えていることが分かりました．また 95%確信区間より八重桜を 1 本見た後，少なくとも約 90 m 歩かないと次の八重桜を見ることができませんが，高々約 300 m 歩けば次の八重桜を見ることができます．$p_{x=100}$ の EAP 推定値より，100 m 歩く間に八重桜を 1 本以上見る確率は 48% であることが分かりました．よってこれから 100 m 歩いて休憩できるかどうかは五分五分くらいだといえます．その確率が 50% よりも高くなる確率は $U_{p_{x=100}>0.5}$ の EAP 推定値より，約 42% でした．

	EAP	post.sd
λ	0.007	0.002
η	163.320	53.940
$p_{x=100}$	0.480	0.100
$U_{p_{x=100}>0.5}$	0.420	0.494
	95%下側	95%上側
λ	0.003	0.011
η	89.187	296.449
$p_{x=100}$	0.286	0.674
$U_{p_{x=100}>0.5}$	0.000	1.000

3) $p_{x=4}$ の EAP 推定値および確信区間より，4 日後に I さんの意中の男性がお店に現れる確率は 9.8% であり，その確率は 95% の確信で 7.1% と 10.5% の間に存在することが示されました．さらに，μ の推定値から，この男性は平均的に約 4 日に 1 回来店していると推測されました．

	EAP	post.sd
$p_{x=4}$	0.098	0.010
μ	3.865	1.359
	95% 下側	95% 上側
$p_{x=4}$	0.071	0.105
μ	2.169	7.310

4) p の EAP 推定値より，M さんが残りの 4 回のうち 3 回以上成功する確率は平均的に 13.4% です．また，$x^* + 2$ の平均値は 6.772，予測分布の区間は [2.000, 21.000] となったため，平均的には約 7 回挑戦すれば新たに 2 つぬいぐるみを取ることができ，余裕をもって 21 回挑戦すれば目的を果たせる可能性が高いことが分かりました．

	EAP	post.sd
p	0.134	0.107
	95% 下側	95% 上側
p	0.010	0.408
	平均	標準偏差
x^*+2	6.772	5.319
	95% 下側	95% 上側
x^*+2	2.000	21.000

5) $\zeta_{0.50}$ の EAP 推定値より，次のお見合い相手の年収が 393 万円以上であれば，K さんは結婚の意思を固めてもよい，ということが示されました．さらに，31 人目のお見合い相手の年収が 500 万円であったとき，その値がこれまでのお見合い相手の年収分布において上位 50% に入っている確率は，$U_{\zeta_{0.50}<500}$ の EAP 推定値から 96.6% と推測されました．

	EAP	post.sd
$\zeta_{0.50}$	392.707	54.337
$U_{\zeta_{0.50}<500}$	0.966	0.181
	95% 下側	95% 上側
$\zeta_{0.50}$	295.879	509.822
$U_{\zeta_{0.50}<500}$	0.000	1.000

第 8 章

1) $\delta_{p_{11}-p_{01}}$ の EAP 推定値より，比率の差は 0.05 であり，また，比率の差が 0 以上となる確率は 100% であるといえます．

	EAP	post.sd
$\delta_{p_{11}-p_{01}}$	0.056	0.007
$U_{\delta>0}$	1.000	0.000
RR	2.473	0.298
$U_{RR>2}$	0.959	0.198
OR	2.629	0.336
	95% 下側	95% 上側
$\delta_{p_{11}-p_{01}}$	0.042	0.070
$U_{\delta>0}$	1.000	1.000
RR	1.953	3.127
$U_{RR>2}$	0.000	1.000
OR	2.045	3.360

比率の差は小さい値のように見受けられますが，リスク比を確認すると，曝露群のリスクは 2.473 となり，約 2.5 倍であり，リスク比が 2 倍以上である確率は，0.959 より，95.9% であるといえます．また，オッズ比は 2.629 より，約 2.6 倍であり，リスク比に近い値となっています．

2) $ICC(3,7)$ は，0.933 であり，$\rho_{mJ'}$ を 0.9 以上にするためには，少なくとも 5 人以上必要であることが分かります．

	EAP	post.sd
$ICC(3,7)$	0.933	0.039
ρ_{m4}	0.891	0.060
ρ_{m5}	0.910	0.051
	95% 下側	95% 上側
$ICC(3,7)$	0.835	0.986
ρ_{m4}	0.743	0.975
ρ_{m5}	0.784	0.980

付録 3

1) Stan コード例

```
data{
int<lower=0> N;
vector<lower=0>[N] log_x;
}
transformed data{
vector[N] x;
for(n in 1:N){
x[n] <- exp(log_x[n]);
}
}
parameters{
real mu;
real<lower=0> sigma;
}
transformed parameters{
real<lower=0> sig2;
sig2 <- pow(sigma,2);
}
model{
for(n in 1:N){
x[n] ~ normal(mu,sigma);
}
}
```

推定値は平均が 51.694，標準偏差が 6.804，分散が 47.750 となります．

2) Stan コード例
```
data{
int<lower=0> N;
vector<lower=0>[N] log_x;
}
transformed data{
vector[N] x;
for(n in 1:N){
x[n] <- exp(log_x[n]);
}
}
parameters{
real mu;
real<lower=0> sigma;
}
model{
for(n in 1:N){
x[n] ~ normal(mu,sigma);
}
}
generated quantities{
real<lower=0> sig2;
sig2 <- pow(sigma,2);
}
```
3) 連鎖更新回数 50 回，ウォームアップ期間を 10 回とした場合の EAP 推定値は，平均は 34.937，標準偏差が 20.309，分散は 720.872 となります．連鎖更新回数を 20000 回，ウォームアップ期間 1000 回とした場合の EAP 推定値は 51.703，6.802，47.709 となります．また，連鎖更新回数 50 回，ウォームアップ期間を 10 回とした場合，$\hat{R}$ は平均 2.300，標準偏差 1.900，分散 1.493 であり，有効サンプルサイズも平均と標準偏差が 3，分散は 4 であったため，更新期間は十分とはいえません．一方，連鎖更新回数を 20000 回，ウォームアップ期間 1000 回とした場合は，$\hat{R}$ と有効サンプル数から更新期間は十分であるといえます．

B 付録2 補足資料

■ ■ ■

B.1 収束判定指標 $\hat{R}$

Gelman & Rubin (1992), Gelman (1996) によって提唱された収束判定指標 $\hat{R}$ は 1 つの母数の推定に対して，複数の異なるマルコフ連鎖を構築し，それらの分散を互いに比較することで定常分布への収束を判定する．もともと，Gelman & Rubin (1992) では，分析者の初期値選択における恣意性を取り除くために，同じ母数に対して異なる初期値を持つ複数の連鎖を構築する多重連鎖と呼ばれる方法が想定されていた．これが，1 本のマルコフ連鎖しか構築されていない単一連鎖の場合には，得られた標本を複数の連鎖に分割することで同様の判定が可能である．Stan ではデフォルトとして，4 本の連鎖からそれぞれバーンイン回数を除いた残りの標本によって $\hat{R}$ が算出されるが，連鎖の数を 1 に指定した場合でも，上述の方法によって $\hat{R}$ は算出される．

いま，事後分布から母数の標本 θ によって構成される長さ T のマルコフ連鎖が K 本得られた状況を考え，以下のように表記する．

$$\{\theta_k^{(1)}, \theta_k^{(2)}, \ldots, \theta_k^{(t)}, \ldots, \theta_k^{(T)}\}, \quad k = 1, \ldots, K \tag{B.1}$$

これらの連鎖から，最初の B 回をバーンインとして除いた $T-B$ 個のサンプルが定常分布からのものであることを判定するため，異なるマルコフ連鎖間における $\theta^{(t)}$ のばらつき $\mathrm{Var}_B(\theta)$ と，それぞれの連鎖内におけるばらつき $\mathrm{Var}_W(\theta)$ の推定値を不偏分散としてそれぞれ以下のように求める．

$$\widehat{\mathrm{Var}}_B(\theta) = \frac{T-B}{K-1} \sum_{k=1}^{K} (\bar{\theta}_k^{(\cdot)} - \bar{\theta}_{\cdot}^{(\cdot)})^2 \tag{B.2}$$

$$\widehat{\mathrm{Var}}_W(\theta) = \frac{1}{K(T-B-1)} \sum_{k=1}^{K} \sum_{t=B+1}^{T} (\theta_k^{(t)} - \bar{\theta}_k^{(\cdot)})^2 \tag{B.3}$$

ここで，$\bar{\theta}_k^{(\cdot)}$ は k 番目の連鎖に含まれる母数の標本の平均を，$\bar{\theta}_{\cdot}^{(\cdot)}$ はすべての連鎖に含まれる母数の標本の平均をそれぞれ表している．各マルコフ連鎖が定常分布に収束している場合，すなわち強い定常性のもとでは $\widehat{\mathrm{Var}}_W$ に加えて，以下の推定量もまた不偏推定量となる．

$$\widehat{\mathrm{Var}}(\theta) = \frac{T-B-1}{T-B} \widehat{\mathrm{Var}}_W(\theta) + \frac{1}{T-B} \widehat{\mathrm{Var}}_B(\theta) \tag{B.4}$$

証明は以下の通りである．次の恒等式を考える．

$$\frac{1}{T-B}\sum_{t=B+1}^{T}(\theta_k^{(t)}-\mu_\theta)^2 = \frac{1}{T-B}\sum_{t=B+1}^{T}\left\{(\theta_k^{(t)}-\bar{\theta}_k^{(\cdot)})+(\bar{\theta}_k^{(\cdot)}-\mu_\theta)\right\}^2$$

$$= \frac{1}{T-B}\sum_{t=B+1}^{T}(\theta_k^{(t)}-\bar{\theta}_k^{(\cdot)})^2 + \frac{1}{T-B}\sum_{t=B+1}^{T}(\bar{\theta}_k^{(\cdot)}-\mu_\theta)^2$$

$$+ \frac{2}{T-B}(\bar{\theta}_k^{(\cdot)}-\mu_\theta)\sum_{t=B+1}^{T}(\theta_k^{(t)}-\bar{\theta}_k^{(\cdot)})$$

[第 3 項は $\sum_{t=B+1}^{T}(\theta_k^{(t)}-\bar{\theta}_k^{(\cdot)})=(T-B)\bar{\theta}_k^{(\cdot)}-(T-B)\bar{\theta}_k^{(\cdot)}=0$ なので]

$$= \frac{1}{T-B}\sum_{t=B+1}^{T}(\theta_k^{(t)}-\bar{\theta}_k^{(\cdot)})^2 + (\bar{\theta}_k^{(\cdot)}-\mu_\theta)^2 \tag{B.5}$$

強い定常性のもとで,両辺の期待値をとると,

$$\frac{1}{T-B}\sum_{t=B+1}^{T}E\left[(\theta_k^{(t)}-\mu_\theta)^2\right] = E\left[\frac{1}{T-B}\sum_{t=B+1}^{T}(\theta_k^{(t)}-\bar{\theta}_k^{(\cdot)})^2\right] + E\left[(\bar{\theta}_k^{(\cdot)}-\mu_\theta)^2\right]$$

$$\mathrm{Var}(\theta) = E\left[\frac{T-B-1}{T-B}s_k^2\right] + \mathrm{Var}(\bar{\theta}_k^{(\cdot)}) \tag{B.6}$$

となる.ただし $s_k^2 = \sum_{t=B+1}^{T}(\theta_k^{(t)}-\bar{\theta}_k^{(\cdot)})^2/(T-B-1)$ は k 番目の連鎖内での不偏分散を表す.ここで,(B.4) 式の右辺 2 つの項の期待値は強い定常性のもとでそれぞれ,

$$E\left[\frac{T-B-1}{T-B}\widehat{\mathrm{Var}_W}(\theta)\right] = E\left[\frac{T-B-1}{T-B}s_k^2\right] \tag{B.7}$$

$$E\left[\frac{1}{T-B}\widehat{\mathrm{Var}_B}(\theta)\right] = \mathrm{Var}(\bar{\theta}_k^{(\cdot)}) \tag{B.8}$$

が成り立つ.したがって,(B.4) 式の推定量が σ_θ^2 の不偏推定量であることが証明された.

1 本でも収束していないマルコフ連鎖があった場合,各連鎖間のばらつき $\widehat{\mathrm{Var}_B}$ は大きくなり,したがって,$\widehat{\mathrm{Var}}(\theta)$ も本来の値より大きくなってしまう.そこで,以下の分散推定値の比

$$\hat{R} = \sqrt{\frac{\widehat{\mathrm{Var}}(\theta)}{\widehat{\mathrm{Var}_W}(\theta)}} \tag{B.9}$$

を用いることで,収束の有無を判断する.すべてのマルコフ連鎖が収束している場合,(B.9) 式右辺の分母と分子はともに $\mathrm{Var}(\theta)$ に一致し,$\hat{R}=1$ となる.よって,$\hat{R}$ が 1 に近ければ,定常分布への収束が示唆され,1 より大きいときには収束していないと考えられる.Gelman (1996) では,具体的な目安として,$\hat{R}$ が 1.1 ないし,1.2 より小さければ収束したと判断してよいという基準を提唱している.

B.2 非効率性因子と Effective Sample Size

MCMC において,標本の系列内相関の高さはサンプリングの相対効率の低下に影響する.この影響の度合いを示す尺度として,非効率性因子 (inefficiency factor) がある.

非効率性因子は,系列内相関のある標本が無相関な標本から得られる平均と同じ精度を達成するにはその何倍の標本が必要であるかを示す.いま,$\theta^{(t)}, t=(B+1),\ldots,T$ が平均 μ_θ 分散 σ_θ^2 の母集団からの標本とする.標本がそれぞれ無相関であるとき,中心極限定理によって標

B.2 非効率性因子と Effective Sample Size

本平均 $\bar{\theta}^{(\cdot)}$ の分散は $\sigma_\theta^2/(T-B)$ である．一方，系列内相関のある標本では，$\bar{\theta}^{(\cdot)}$ の分散は

$$\text{Var}(\bar{\theta}^{(\cdot)}) = \frac{\sigma_\theta^2}{T-B}\left(1 + 2\sum_{m=1}^{T-B}\frac{T-B-m}{T-B}\rho_\theta^{(m)}\right) \tag{B.10}$$

となる．ただし，$\rho_\theta^{(m)}$ は m 個離れた標本との自己相関関数を表し，以下のように定義される．

$$\rho_\theta^{(m)} = \frac{1}{\sigma_\theta^2}\int(\theta^{(t)} - \mu_\theta)(\theta^{(t+m)} - \mu_\theta)f(\theta|\boldsymbol{x})d\theta \tag{B.11}$$

(B.10) 式の導出は以下の通りである．

$$\text{Var}(\bar{\theta}^{(\cdot)}) = E[(\bar{\theta}^{(\cdot)} - \mu_\theta)^2] = E\left[\left(\frac{\theta^{(B+1)} + \cdots + \theta^{(T)}}{T-B} - \mu_\theta\right)^2\right]$$

$$= E\left[\left(\frac{\theta^{(B+1)} + \cdots + \theta^{(T)} - (T-B)\mu_\theta}{T-B}\right)^2\right]$$

$$= E\left[\left(\frac{(\theta^{(B+1)} - \mu_\theta) + \cdots + (\theta^{(T)} - \mu_\theta)}{T-B}\right)^2\right]$$

$$= \frac{1}{(T-B)^2}\Big(E[(\theta^{(B+1)} - \mu_\theta)^2] + \cdots + E[(\theta^{(T)} - \mu_\theta)^2]$$

$$+ 2\{E[(\theta^{(B+1)} - \mu_\theta)(\theta^{(B+2)} - \mu_\theta)] + \cdots + E[(\theta^{(T-1)} - \mu_\theta)(\theta^{(T)} - \mu_\theta)]\}\Big)$$

$$\begin{bmatrix}\text{cov}(\theta^{(t)}, \theta^{(t+1)}) = \sigma_\theta^2\rho_\theta^{(1)} \text{ であり，\{\} の中に } T-B-1 \text{ 個存在する．同様}\\ \text{に，cov}(\theta^{(t)}, \theta^{(t+2)}) = \sigma_\theta^2\rho_\theta^{(2)} \text{ は } T-B-2 \text{ 個，} \ldots, \text{cov}(\theta^{(t)}, \theta^{(t+m)}) =\\ \sigma_\theta^2\rho_\theta^{(m)} \text{ は } T-B-m \text{ 個存在することから}\end{bmatrix}$$

$$= \frac{1}{(T-B)^2}\left((T-B)\sigma_\theta^2 + 2\sum_{m=1}^{T-B}(T-B-m)\rho_\theta^{(m)}\sigma_\theta^2\right)$$

$$= \frac{\sigma_\theta^2}{T-B}\left(1 + 2\sum_{m=1}^{T-B}\frac{T-B-m}{T-B}\rho_\theta^{(m)}\right)$$

非効率性因子は上述した2つの標本平均の分散の比

$$\frac{\text{Var}(\bar{\theta}^{(\cdot)})}{\sigma_\theta^2/(T-B)} = 1 + 2\sum_{m=1}^{T-B}\frac{T-B-m}{T-B}\rho_\theta^{(m)} \tag{B.12}$$

で表される．また，この逆数をとったものを相対数値的効率性 (relative numerical efficiency, Geweke(1992)) という．(B.12) 式右辺の第2項に着目すると，系列内相関が高くなるに従って，必要な標本数は増加し，相対効率が低下することがわかる．

Stan で利用される effective sample size (以下 N_{eff}) もまた，系列内相関の影響を評価するための指標である．N_{eff} はサンプリングされた標本が系列内で無相関であるときの標本にしていくつに相当するのかを示す．N_{eff} は非効率性因子を用いて，以下のように計算される．

$$N_{\text{eff}} = \frac{T-B}{1 + 2\sum_{m=1}^{T-B}\frac{T-B-m}{T-B}\rho_\theta^{(m)}} \tag{B.13}$$

もし，非効率性因子の値が 20 であるならば，無相関な標本を 100 個サンプリングした場合と同じ標本平均の分散を得るには，$T-B = 20 \times 100 = 2000$ 個の標本が必要であることになる．

実際には，それぞれの母数の事後分布を積分によって解析的に求めることは不可能であるため，定義通りに自己相関を計算することはできず，N_{eff} を計算することができない．しかし，こ

れらの値を標本から推定することによってこの問題を解決することができる．ここでは，$\hat{R}$ のときと同様に多重連鎖の状況を考える．

1つは，以下で定義されるバリオグラム V_m から $\hat{\rho}_\theta^{(m)}$ を推定する方法である．Stan ではこの方法でさらに $\hat{N}_{\text{eff}}$ の値を推定する．

$$V_m = \frac{1}{K}\sum_{k=1}^{K}\left(\frac{1}{T-B}\sum_{t=B+m+1}^{T}(\theta_k^{(t)} - \theta_k^{(t-B-m)})^2\right) \quad (B.14)$$

V_m はラグ m における 2 つの値の差分の 2 乗の平均を表す．さらに，V_m を 1/2 したものを 2つの値の非類似度とし，$\hat{R}$ の導出の際に用いた $\widehat{\text{Var}}(\theta)$ との比をとることで $\hat{\rho}_\theta^{(m)}$ を以下のように推定することができる．

$$\hat{\rho}_\theta^{(m)} = 1 - \frac{V_m}{2\widehat{\text{Var}}(\theta)} \quad (B.15)$$

もし，連鎖が収束していなければ $\widehat{\text{Var}}(\theta)$ は大きくなり，従って自己相関も高い値となる．実際には，m が増えるに従い，自己相関は低くなる傾向があるので，最初に $\hat{\rho}_\theta^{(m)} < 0$ が観測される系列 M' までを $\hat{N}_{\text{eff}}$ の推定に用いることとする．すなわち，

$$M' = \arg\min_{m} \hat{\rho}_\theta^{(m+1)} < 0 \quad (B.16)$$

としたとき，$\hat{N}_{\text{eff}}$ は以下で推定される．

$$\hat{N}_{\text{eff}} = \frac{K(T-B)}{1 + \sum_{m=B+1}^{M'}\hat{\rho}_\theta^{(m)}} \quad (B.17)$$

もう 1 つは，推定値を用いて非効率性因子を計算する方法である．まず，(B.12) 式左辺の分母を推定量

$$s_\theta^2 = \frac{1}{T-B-1}\sum_{t=B+1}^{T}(\theta^{(t)} - \bar{\theta}^{(\cdot)}) \quad (B.18)$$

を用いて，$s_\theta^2/(T-B)$ とし，次に分子の標本平均の分散 $\text{Var}(\bar{\theta}^{(\cdot)})$ の推定量を

$$\widehat{\text{Var}}(\bar{\theta}^{(\cdot)}) = \frac{\widehat{\text{Var}}_B(\theta)}{K} \quad (B.19)$$

で計算する (バッチ平均による方法)．これらを (B.12) 式に代入し，あとは (B.13) 式から，$\hat{N}_{\text{eff}}$ を求める．

B.3 「波平釣果問題」の事後予測分布による解の導出

ここでは，3.5 節で出てきた「波平釣果問題」における船さんが夕食を用意しなくてはならない確率を事後予測分布から解析的に求める．再掲になるが，事後予測分布は事後分布 $f(\theta|\boldsymbol{x})$ におけるモデル分布 $f(x^*|\theta)$ の期待値

$$f(x^*|\boldsymbol{x}) = \int_{-\infty}^{+\infty} f(x^*|\theta)f(\theta|\boldsymbol{x})d\theta \quad (3.49)$$

で表される．「波平釣果問題」での事後分布は $f(\theta|\alpha=11, \lambda=13)$ のガンマ分布，モデル分布は $f(x^*|\theta)$ のポアソン分布であるので，予測分布は

$$f(x^*|\boldsymbol{x}) = \int_0^{+\infty} \frac{e^{-\theta}\theta^{x^*}}{x^*!} \frac{13^{11}}{\Gamma(11)} e^{-13\theta}\theta^{11-1} d\theta$$

$$= \frac{13^{11}}{\Gamma(11)x^*!} \int_0^{+\infty} e^{-14\theta}\theta^{(x^*+11)-1} d\theta$$

$\begin{bmatrix} 被積分関数は f(x|\alpha = x^* + 11, \lambda = 14) のガンマ分布のカーネルである \\ ので,積分によって正規化定数の逆数を得る. \end{bmatrix}$

$$= \frac{13^{11}}{\Gamma(11)x^*!} \frac{\Gamma(x^*+11)}{14^{x^*+11}}$$

となる.次の試行で船さんが夕食を用意しなくてはならない確率は $x^* = 0$ を代入することで

$$f(x^* = 0|\boldsymbol{x}) = \frac{(13)^{11}}{(14)^{11}}$$

$$\simeq 0.4425$$

と求まる.

B.4 NUTS (No-U-Turn Sampler)

5.5 節で説明のあった HMC 法では,リープフロッグ法を行うために運動時間 (移動時間・更新回数) L と精度 (ステップサイズ) ϵ を分析者が設定する必要がある [*1]. 本節では,更新回数 L とステップサイズ ϵ を設定する必要のない NUTS(No-U-Turn Sampler, Hoffman & Gelman, 2011) 法について説明を行う [*2].

B.4.1 更新回数 L の停止基準

5.5 節では,「波平釣果問題」に関して $\alpha = 11, \lambda = 13$ のガンマ分布の位相空間が図 5.6 で示され,$\theta = 0.10, p = 0.00$ からスタートした場合のリープフロッグ法による計算結果が表 5.2 に示された.表 5.2 および図 5.6 より,$\tau = 1$ から 81 までは θ がスタート地点 0.1 より遠ざかっていき,$\tau = 91$ 以降はスタート地点に近づいていく (戻っていく) ようすが分かる.仮に,母数と運動量変数の初期値を $\theta^{(1)} = 0.10, p^{(1)} = 0.00$,リープフロッグ法の更新回数を $L = 168$,ステップサイズを $\epsilon = 0.01$ と定めると,母数 θ の位置はほとんど変化しないことになる.

HMC 法の利点の 1 つは平均移動距離が長くなる点であるが,更新回数 L の設定によっては母数空間における移動距離が短くなってしまう可能性がある.この点を克服した手法が NUTS 法である.NUTS 法では,リープフロッグ法で候補点を計算する際に,母数空間において現在の母数の位置 $\boldsymbol{\theta}$ と次の候補となる母数の位置 $\boldsymbol{\theta}^*$ の距離を利用して,移動距離が長くなるように次に移動する複数の候補点を生成する [*3]. 現在の位置 $\boldsymbol{\theta}$ と候補点の位置 $\boldsymbol{\theta}^*$ の距離 Q は

[*1] 実時間 τ は連続変数であり,第 5 章では τ による微分を用いてハミルトン方程式の説明を行った.しかし経路積分では τ を離散化して,値の更新を繰り返して計算結果を得る必要があり,数値計算上の観点から,以下では運動時間である L を更新回数と呼ぶことにする.また,方程式の振る舞いの正確さとして精度 ϵ を導入したが,ここでは数値計算の視点からステップサイズと呼ぶ.

[*2] Hoffman, M and Gelman, A (2014): The No-U-Turen sampler: Adaptively setting path lengths in Hamiltonian Monte Carlo, *Journal of Machine Learning research*, **15**, 1351-1381.

[*3] 第 5 章までは候補点を $\boldsymbol{\theta}'$ と表しているが,本節では候補点を $\boldsymbol{\theta}^*$ と表し,プライム (′) は転置に利用する.

$$Q = \frac{1}{2}(\boldsymbol{\theta}^* - \boldsymbol{\theta})'(\boldsymbol{\theta}^* - \boldsymbol{\theta}) \tag{B.20}$$

と定義される．この距離 Q を基準として利用し，更新回数 L を増やしても距離 Q が大きくならないのであれば，更新をストップする．具体的には，距離 Q の時間 τ による一回微分

$$\frac{dQ}{d\tau} = \frac{d}{d\tau}\frac{(\boldsymbol{\theta}^* - \boldsymbol{\theta})'(\boldsymbol{\theta}^* - \boldsymbol{\theta})}{2} \tag{B.21}$$

$$= (\boldsymbol{\theta}^* - \boldsymbol{\theta})'\frac{d}{d\tau}(\boldsymbol{\theta}^* - \boldsymbol{\theta}) = (\boldsymbol{\theta}^* - \boldsymbol{\theta})'\boldsymbol{p} \tag{B.22}$$

を利用し，一回微分が 0 以下になるという基準を利用して，更新回数 L を自動的に設定する．つまり，候補点 $\boldsymbol{\theta}^*$ が現在の位置 $\boldsymbol{\theta}$ に戻り始める (U-Turn する) までリープフロッグ法で更新を続けることになる．

ここで，更新回数を変化させながら，更新を停止させる回数を決定することも考えられるが，この方法では時間反転性が保証されない．そこで NUTS 法では，時間反転性を保つようにアルゴリズムを構築する．その準備として，以下ではスライスサンプリングについて概説し，その後，補助変数を導入した HMC 法について解説する．

B.4.2　スライスサンプリング

MH アルゴリズムの欠点の 1 つとして，ステップサイズの調整 (ランダムウォーク MH 法では σ_e の調整) があげられる．ステップサイズが小さすぎればランダムウォーク的な振る舞いになるため自己相関が低下するのが遅くなり，逆にステップサイズが大きすぎると採用率が低下し，サンプリングが非効率になってしまう．スライスサンプリング (Neal, 2003) は，分布の特徴に合わせて自動的に調整される適応的なステップサイズを利用する手法である．

スライスサンプリングでは，目標分布 $f(\theta)$ に関して，補助変数 (auxiliary variable) u を導入し，同時分布 $f(\theta, u)$ からサンプリングを行う．目標分布 $f(\theta)$ はカーネル $\pi(\theta)$ が容易に計算できるものとする ($f(\theta) \propto \pi(\theta)$)．この手法で注目する同時分布 $f(\theta, u)$ は，

$$f(\theta, u) = \begin{cases} 1/Z_p & 0 \leq u \leq \pi(\theta) \text{ の場合} \\ 0 & \text{それ以外の場合} \end{cases} \tag{B.23}$$

であり，$Z_p = \int \pi(\theta)d\theta$ である．$f(\theta, u)$ の θ に関する周辺分布は，

$$\int f(\theta, u)du = \int_0^{\pi(\theta)} \frac{1}{Z_p} du = \frac{\pi(\theta)}{Z_p} = f(\theta) \tag{B.24}$$

となる．つまり，同時分布 $f(\theta, u)$ からサンプリングを行い，u の値を無視することで，θ からのサンプリングを行うことができる．現在の点 $\theta^{(t)}$ から次の候補点 $\theta^{(t+1)}$ へ移動するための手順を以下にまとめる．

---

step1　一様分布から補助変数 u をサンプリングし ($p(u|\theta) \sim U(0, \pi(\theta^{(t)}))$)，スライス S を定義する ($S = \{\theta : u \leq \pi(\theta)\}$)．
step2　$\theta^{(t)}$ を含む領域 $I = (L, R)$ を見つける．
step3　領域 I から一様に候補点 $\theta^{(t+1)}$ をサンプリングする．

スライスサンプリングの図解を図 B.1 に示す．図 B.1 の上側の図は，$\pi(\theta)$ を表したものであり，現在の点 $\theta^{(t)}$ が与えられたもとで step1 でサンプリングされた u を利用して分布がスライスされる．水平方向にスライスされた点の集合において，実線は $u \leq \pi(\theta)$ を満たす領域であり，点線は満たさない領域を表す．スライスされた領域 (実線) で候補となる点 $\theta^{(t+1)}$ のサンプリングを行う．母数 θ を与えた時の u の条件付き分布は一様分布であり，また補助変数 u を

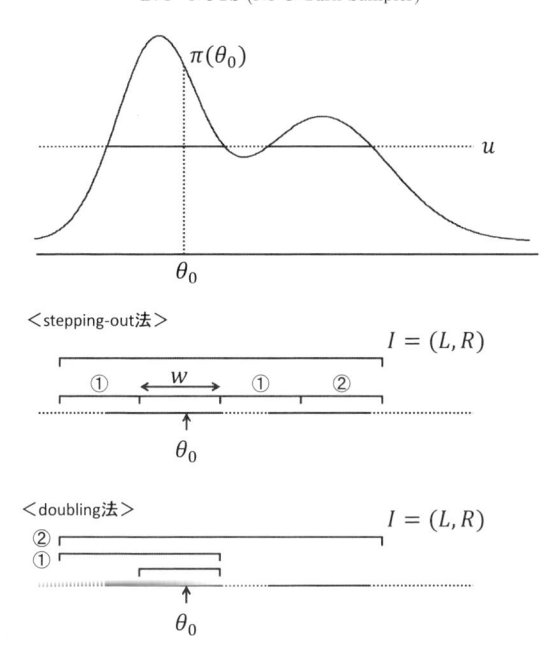

B.4 NUTS (No-U-Turn Sampler)

図 B.1 スライスサンプリングと領域 I の決定

与えた時の θ の条件付き分布も一様分布であるため，スライスサンプリングの候補点 $\theta^{(t+1)}$ のサンプリングは非常に容易である．

スライスサンプリングにおいて，$\theta^{(t)}$ を含む領域 $I = (L, R)$ を決定することが重要であり，Neal (2004) では stepping-out 法と doubling 法が紹介されている．領域の下限 L と上限 R をそれぞれ，$L = \inf(S), R = \sup(S)$ と設定することが理想的であるが，スライス S 上の値を調べつくすことは難しく，この方法は実現不可能である．

stepping-out 法は，幅 w を設定し，現在の点 $\theta^{(t)}$ を含む区間を拡張して領域 $I = (L, R)$ を決定する方法である．まず，現在の点 $\theta^{(t)}$ の周りで幅 w で区間を設定する．その際，区間 $(0,1)$ の一様乱数 z を発生させ，区間の下限 L を $L = \theta^{(t)} - w \times z$ とし，区間の上限 R を $R = L + w$ とする．次に，幅 w で下限 L と上限 R を拡張する．両端がスライス S の外側に出るまで，幅 w で区間の拡張を繰り返す．図 B.1 には，stepping-out 法の区間の拡張の過程を示す．下限は 1 回の拡張で L がスライスの外に出ており，上限は 2 回の拡張でスライスの外に出る．

doubling 法は，幅 w を設定し，現在の点 $\theta^{(t)}$ を含む区間を倍に増やすことで領域 $I = (L, R)$ を決定する方法である．stepping-out 法と同様に，まず，現在の点 $\theta^{(t)}$ の周りで幅 w で区間を設定する．次に，拡張する方向をランダムに決める．そして拡張する方向に，領域の幅が現在の幅の 2 倍になるように区間を拡張する．図 B.1 では，1 回目に下限方向に拡張し，2 回目に上限方向に拡張を行っている．doubling 法では，領域の幅が $w, 2w, 4w, 8w, \cdots$ のように倍で増えていく．

以上のように，母数 θ を与えた時の u の条件付き分布からのサンプリングと補助変数 u を与えた時の θ の条件付き分布からのサンプリングを交互に行うことで，目標分布からの母数の標本を得ることができる．その際，候補点 θ^* のサンプリング領域の決定方法として stepping-out 法や doubling 法が利用される．これらの手法においても，詳細つり合い条件が満たされるため

(Neal, 2004). MH 法と同様に，得られた母数の標本を利用して事後分布に関する推測を行うことが可能となる．

B.4.3　候補点の作成とサンプリング

● 補助変数の導入

5.6 節の多変量における HMC 法の (5.56) 式より，母数 $\boldsymbol{\theta}$ と運動量変数 $\boldsymbol{p}$ の同時事後分布のカーネルは，

$$f(\boldsymbol{\theta}, \boldsymbol{p}|\boldsymbol{x}) \propto \exp(-H(\boldsymbol{\theta}, \boldsymbol{p})) = \exp\left(-h(\boldsymbol{\theta}) - \frac{1}{2}\boldsymbol{p}'\boldsymbol{p}\right) \tag{B.25}$$

と表現される．$h(\boldsymbol{\theta}) = -\log(L(\boldsymbol{x}|\boldsymbol{\theta})p(\boldsymbol{\theta}))$ であり，尤度と事前分布の積によって表される．ここで，スライスサンプリングと同様に，補助変数 u を導入し，以下の $\boldsymbol{\theta}$ と $\boldsymbol{p}$ と u の同時分布を考える．

$$f(\boldsymbol{\theta}, \boldsymbol{p}, u) \propto I\left[u \in \left[0, \exp\left(-h(\boldsymbol{\theta}) - \frac{1}{2}\boldsymbol{p}'\boldsymbol{p}\right)\right]\right] \tag{B.26}$$

$I[\cdot]$ は変数が領域内にあれば 1 を，そうでなければ 0 を返す関数であり，補助変数 u が領域 $[0, \exp(-h(\boldsymbol{\theta}) - \frac{1}{2}\boldsymbol{p}'\boldsymbol{p})]$ にある場合に 1 となる．この同時分布 $f(\boldsymbol{\theta}, \boldsymbol{p}, u)$ を補助変数 u で積分し，$\boldsymbol{\theta}$ と $\boldsymbol{p}$ の周辺分布を計算すると，(B.24) 式と同様に

$$f(\boldsymbol{\theta}, \boldsymbol{p}) \propto \exp\left(-h(\boldsymbol{\theta}) - \frac{1}{2}\boldsymbol{p}'\boldsymbol{p}\right) \tag{B.27}$$

となる．よって，$f(\boldsymbol{\theta}, \boldsymbol{p}, u)$ からサンプリングを行い，u の値を無視することで，$f(\boldsymbol{\theta}, \boldsymbol{p})$ からのサンプリングを行うことができる．なお，u の条件付き分布 $f(u|\boldsymbol{\theta}, \boldsymbol{p})$ は一様分布であり，また $\boldsymbol{\theta}$ と $\boldsymbol{p}$ の条件付き分布 $f(\boldsymbol{\theta}, \boldsymbol{p}|u)$ も $u < \exp(-h(\boldsymbol{\theta}) - \frac{1}{2}\boldsymbol{p}'\boldsymbol{p})$ において一様分布である．

ここでは，5.5 節で例示した「波平釣果問題」を再度取り上げ，NUTS 法について説明を行う．(5.51) 式より，

$$h(\theta) = \lambda\theta - (\alpha - 1)\log(\theta) \tag{B.28}$$

であり，同時事後分布 $f(\theta, p|\boldsymbol{x})$ は以下となる．

$$f(\theta, p|\boldsymbol{x}) \propto \exp\left(-h(\theta) - \frac{1}{2}p^2\right) \tag{B.29}$$

上述のように，同時分布 $f(\theta, p, u)$ に注目し，u の条件付き分布 $f(u|\theta, p)$ からのサンプリングと θ と p の条件付き分布 $f(\theta, p|u)$ からのサンプリングを繰り返す．

● doubling 法による平衡二分木の作成

更新回数を変化させながら距離 Q がこれ以上大きくならない時点を決定する方法では時間反転性が保証されないため，Hoffman & Gelman (2014) では，スライスサンプリングで利用される doubling 法を援用した方法が提案されている．NUTS 法では，補助変数 u をサンプリングした後に，doubling 法によって平衡二分木 (balanced binary tree) を作成し，候補となる点の集合を決定する．平衡二分木の例が図 B.2 の下に示されており，平衡二分木の葉ノード (木構造の下位の末端にあるノード) が候補となる点を表している．各候補点はリープフロッグ法による時間積分によって求められる．

まず，リープフロッグ法で時間積分を行う方向 (前に進めるか，後ろに戻るか) をランダムに決める．時間を前に進める (forward) 場合には，ステップサイズを ϵ と設定してリープフロッグ法を実行し，後ろに戻す (backward) 場合には，ステップサイズを $-\epsilon$ と設定する．

次に，時間積分を行う方向に，現在の葉ノードの数が 2 倍になるように葉を茂らせて，候補と

B.4 NUTS (No-U-Turn Sampler)

なる点を増やしていく．図 B.2 には，現在の値 (●の位置) を $\theta^{(1)} = 2.5$, $p^{(1)} = -1.21$, ステップサイズを $\epsilon = 0.05$ として NUTS 法を実行した場合の候補点の集合の作成過程を示す．なお，(B.28) 式の α と λ の値はそれぞれ，$\alpha = 11, \lambda = 13$ である．図 B.2 は，1 回目は前，2 回目は後ろ，3 回目は前，4 回目は前，5 回目は後ろへと時間積分を行う方向が決定された場合に，平衡二分木が作成される過程を表している．1 回目は前へ 1 回更新を行うため，候補点が 1 つ作成され，○でプロットされている．2 回目は後ろ向きに 2 回更新を行うため，新たな候補点が 2 つ作成され ▲ で表示されている．この時点で，合計 4 つの候補点が作成されることになる．同様に 3 回目は 4 つの候補点 △，4 回目は 8 つの候補点 ■，5 回目は 16 個の候補点 □ が新たに生成される．このように，doubling 法によって候補点が 1,2,4,8,··· のように倍に増えていく．

そして，先述の距離 Q の一回微分が 0 以下になるという基準を利用して，平衡二分木の作成を停止する．図 B.2 では高さ 5 の平衡二分木が作成された．高さ j で平衡二分木の作成を停止する際には，$2^j - 1$ 個の平衡なサブツリーに関して基準を満たすか確認する．具体的には，高さ $j^*(j^* = 1, 2, \cdots, j)$ の平衡なサブツリーに関して，

$$(\boldsymbol{\theta}^+ - \boldsymbol{\theta}^-)'\boldsymbol{p}^- < 0 \quad or \quad (\boldsymbol{\theta}^+ - \boldsymbol{\theta}^-)'\boldsymbol{p}^+ < 0 \tag{B.30}$$

を計算する．$\boldsymbol{\theta}^+$ と $\boldsymbol{\theta}^-$ はそれぞれ，各サブツリーにおける左端ノードと右端ノードの母数の値であり，$\boldsymbol{p}^+$ と $\boldsymbol{p}^-$ は各サブツリーにおける左端ノードと右端ノードの運動量変数の値である．先ほどの例では，高さ 5 の平衡二分木において，(B.30) 式が成り立つため，$j = 5$ で二分木の作成を停止した．

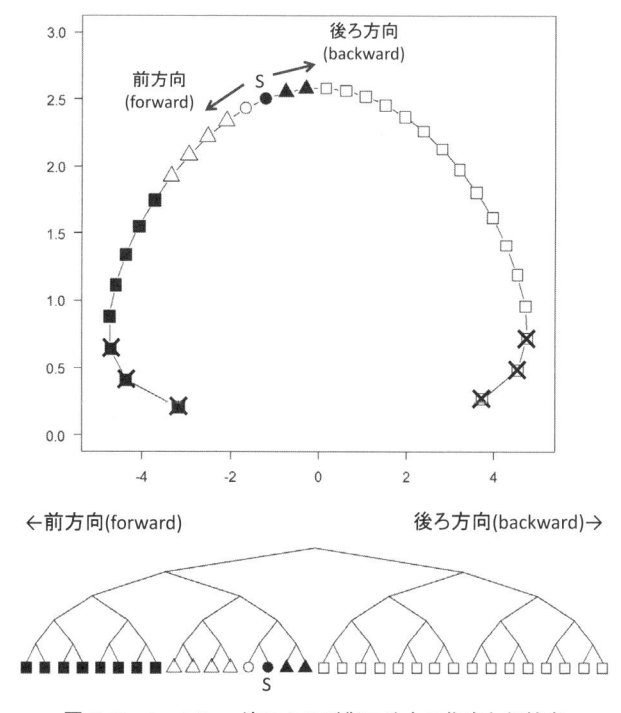

図 B.2　doubling 法による平衡二分木の作成と候補点

● 平衡二分木からの候補点のサンプリング

続いて，doubling 法によって作成した平衡二分木の葉ノードから次の候補点のサンプリングについて考える．ここでは，候補となる点の集合を $\mathcal{C}$，doubling 法によって構築された平衡二分木におけるすべての葉ノードの集合を $\mathcal{B}$ とする．$\mathcal{C} \subseteq \mathcal{B}$ であり，集合 $\mathcal{C}$ は詳細釣り合い条件を満たした上で遷移することが可能な候補点の集合である．また，平衡二分木を作成する際には，時間積分の方向をランダムに決めるため，集合 $\mathcal{B}$ はそれに依存し，集合 $\mathcal{C}$ の要素は集合 $\mathcal{B}$ から自動的に選ばれる．

$\boldsymbol{\theta}, \boldsymbol{p}, u, \epsilon$ が与えられたもとで集合 $\mathcal{B}$ と集合 $\mathcal{C}$ を構成する手順により，条件付き確率 $p(\mathcal{B}, \mathcal{C}|\boldsymbol{\theta}, \boldsymbol{p}, u, \epsilon)$ が定義される．その際，以下の 4 つの条件を満たすものとする．

条件 1 集合 $\mathcal{C}$ のすべての要素は，体積を保存するように選ばれなければならない．
条件 2 $p((\boldsymbol{\theta}, \boldsymbol{p}) \in \mathcal{C}|\boldsymbol{\theta}, \boldsymbol{p}, u, \epsilon) = 1$
条件 3 $p(u \leq \exp(-h(\boldsymbol{\theta}^*) - \frac{1}{2}\boldsymbol{p}^{*\prime}\boldsymbol{p}^*)|(\boldsymbol{\theta}^*, \boldsymbol{p}^*) \in \mathcal{C}) = 1$
条件 4 $(\boldsymbol{\theta}, \boldsymbol{p}) \in \mathcal{C}$ かつ $(\boldsymbol{\theta}^*, \boldsymbol{p}^*) \in \mathcal{C}$ であるならば，いかなる集合 $\mathcal{B}$ に関しても $p(\mathcal{B}, \mathcal{C}|\boldsymbol{\theta}, \boldsymbol{p}, u, \epsilon) = p(\mathcal{B}, \mathcal{C}|\boldsymbol{\theta}^*, \boldsymbol{p}^*, u, \epsilon)$ が成り立つ．

条件 1 は，$p(\boldsymbol{\theta}, \boldsymbol{p}|(\boldsymbol{\theta}, \boldsymbol{p}) \in \mathcal{C}) \propto f(\boldsymbol{\theta}, \boldsymbol{p})$ を保証するものであり，条件 2 は現在の点 $(\boldsymbol{\theta}, \boldsymbol{p})$ が集合 $\mathcal{C}$ に含まれていることを意味する．条件 3 は，候補となる点はスライス上で定義される必要があり，候補点 $(\boldsymbol{\theta}^*, \boldsymbol{p}^*) \in \mathcal{C}$ は，同じ条件付き確率密度 $p(\boldsymbol{\theta}^*, \boldsymbol{p}^*|u)$ を持たなければならないことを表している．条件 4 は，$(\boldsymbol{\theta}, \boldsymbol{p}) \in \mathcal{C}$ である限り，現在の位置にかかわらず，集合 $\mathcal{B}$ と集合 $\mathcal{C}$ が選択される確率が等しいことを示している．

NUTS 法によって候補点をサンプリングする手順をまとめると以下のようになる．

---

step1 運動量変数 $\boldsymbol{p}^{(t)}$ を正規分布から発生させる ($\boldsymbol{p}^{(t)} \sim N(0, \boldsymbol{I})$)．
step2 補助変数 u を一様分布から発生させる ($u \sim U(0, \exp(-h(\boldsymbol{\theta}^{(t)}) - \frac{1}{2}\boldsymbol{p}^{(t)\prime}\boldsymbol{p}^{(t)}))$)．
step3 候補点の集合 (集合 $\mathcal{B}$ と集合 $\mathcal{C}$) を作成する．
step4 新しい候補点 $(\boldsymbol{\theta}^{(t+1)}, \boldsymbol{p}^{(t+1)})$ をサンプリングする ($\boldsymbol{\theta}^*, \boldsymbol{p}^* \sim T(\boldsymbol{\theta}^*, \boldsymbol{p}^*|\boldsymbol{\theta}^{(t)}, \boldsymbol{p}^{(t)}, \mathcal{C})$)．

まず，通常の HMC 法と同様に運動量変数を標準正規分布から発生させ，次に，運動量変数 $\boldsymbol{p}^{(t)}$ と現在の母数の値 $\boldsymbol{\theta}^{(t)}$ をもとに，補助変数 u を一様分布から発生させる．そして，doubling 法によって集合 $\mathcal{B}$ と集合 $\mathcal{C}$ を定め，最後に，集合 $\mathcal{C}$ から新しい候補点 $(\boldsymbol{\theta}^{(t+1)}, \boldsymbol{p}^{(t+1)})$ をサンプリングする．step4 の $T(\boldsymbol{\theta}^*, \boldsymbol{p}^*|\boldsymbol{\theta}^{(t)}, \boldsymbol{p}^{(t)}, \mathcal{C})$ は推移核であり，詳細釣り合い条件を満たすために，すべての $\boldsymbol{\theta}^*, \boldsymbol{p}^*$ に関して以下を満たさなければならない．

$$\frac{1}{|\mathcal{C}|} \sum_{(\boldsymbol{\theta}, \boldsymbol{p}) \in \mathcal{C}} T(\boldsymbol{\theta}^*, \boldsymbol{p}^*|\boldsymbol{\theta}, \boldsymbol{p}, \mathcal{C}) = \frac{I[(\boldsymbol{\theta}^*, \boldsymbol{p}^*) \in \mathcal{C}]}{|\mathcal{C}|} \tag{B.31}$$

step1,2,3 では，現在の母数の値 $\boldsymbol{\theta}^{(t)}$ を所与として，条件付き分布から $\boldsymbol{p}^{(t)}, u, \mathcal{B}, \mathcal{C}$ のサンプリングを行っている．step4 は，$u, \mathcal{B}, \mathcal{C}, \epsilon$ が所与の下での $\boldsymbol{\theta}, \boldsymbol{p}$ の条件付き分布が集合 $\mathcal{C}$ の要素に関して一様分布であるため，妥当な手順である．なお，$\boldsymbol{\theta}, \boldsymbol{p}$ の条件付き分布は以下となる．

$$p(\boldsymbol{\theta}, \boldsymbol{p}|u, \mathcal{B}, \mathcal{C}, \epsilon) \propto p(\mathcal{B}, \mathcal{C}|\boldsymbol{\theta}, \boldsymbol{p}, u, \epsilon) p(\boldsymbol{\theta}, \boldsymbol{p}|u)$$

$$\propto p(\mathcal{B}, \mathcal{C}|\boldsymbol{\theta}, \boldsymbol{p}, u, \epsilon) I\left[u \leq \exp\left(-h(\theta) - \frac{1}{2}\boldsymbol{p}^\prime \boldsymbol{p}\right)\right]$$

$$\propto I[(\boldsymbol{\theta}, \boldsymbol{p}) \in \mathcal{C}] \tag{B.32}$$

図 B.2 で示した「波平釣果問題」の例では，まず，運動量変数を標準正規分布から発生させ，$\theta^{(1)} = 2.5$ と $p^{(1)} = -1.21$ を定める．次に，補助変数 u を発生させ，$u = 24.0$ とする．続いて，候補点の集合を作成する．図 B.2 では，高さ 5 の平衡二分木が作成され，合計 32 個の葉ノードの集合が集合 $\mathcal{B}$ となる．そのうち，$24.0 \leq \exp\left(-h(\theta^{(1)}) - \frac{1}{2}p^{(1)2}\right)$ を満たさない 6 つ

の候補点 (× のついている 3 つの □ と 3 つの ■) が除外され，合計 26 個の葉ノードの集合が集合 $\mathcal{C}$ となる．この中から一様に次の候補点をサンプリングする．

B.4.4 NUTS アルゴリズムの改良

Hoffman & Gelman(2014) では，NUTS 法を改良し，位相空間をより大きく移動するためのアルゴリズムも提案されている．上述のアルゴリズムにおいて，利用する推移核を以下のように設定する．

$$T(\boldsymbol{w}^*|\boldsymbol{w},\mathcal{C}) = \begin{cases} \frac{I[\boldsymbol{w}^* \in \mathcal{C}^{\text{new}}]}{|\mathcal{C}^{\text{new}}|} & |\mathcal{C}^{\text{new}}| > |\mathcal{C}^{\text{old}}| \\ \frac{|\mathcal{C}^{\text{new}}|}{|\mathcal{C}^{\text{old}}|} \frac{I[\boldsymbol{w}^* \in \mathcal{C}^{\text{new}}]}{|\mathcal{C}^{\text{new}}|} + \left(1 - \frac{|\mathcal{C}^{\text{new}}|}{|\mathcal{C}^{\text{old}}|}\right) I[\boldsymbol{w}^* = \boldsymbol{w}] & |\mathcal{C}^{\text{new}}| \leq |\mathcal{C}^{\text{old}}| \end{cases}$$
(B.33)

ここでは，母数と運動量変数を合わせて $\boldsymbol{w} = (\boldsymbol{\theta}', \boldsymbol{p}')'$ と表している．$\mathcal{C}^{\text{new}}$ と $\mathcal{C}^{\text{old}}$ は互いに疎な集合であり，$\mathcal{C}^{\text{new}} \cup \mathcal{C}^{\text{old}} = \mathcal{C}$ である．

この推移核は，$\mathcal{C}^{\text{old}}$ から $\mathcal{C}^{\text{new}}$ への移動を，確率 $\frac{|\mathcal{C}^{\text{new}}|}{|\mathcal{C}^{\text{old}}|}$ で受容することを提案している．集合 $\mathcal{C}^{\text{new}}$ を最後の doubling 法で新たに追加された要素の集合とし，集合 $\mathcal{C}^{\text{old}}$ を直前までに作成された集合とする．現在の状態が含まれる集合 $\mathcal{C}^{\text{old}}$ から集合 $\mathcal{C}^{\text{new}}$ へ移動することで，より遠くへ位相空間を移動することが可能となる．実際には，doubling 法の各ステップにおいて新しい二分木に移動するかどうかの提案と受容・棄却を行う．

B.4.5 ステップサイズ ϵ の決定

NUTS および HMC 法では，ステップサイズ ϵ を設定するために，確率的最適化 (stochastic optimization)，特に Nesterov (2009) により提案された dual averaging 法を利用する [*4]．ここでは，まず Robbins & Monro (1951) のアルゴリズムについて解説し [*5]，次いで dual averaging 法の説明を行う．そして，NUTS および HMC における dual averaging 法の適用方法について説明する．

● **Robbins-Monro** アルゴリズム

Robbins-Monro アルゴリズムは，逐次的に分布のパラメタを推定するための方法である (ビショップ, 2012) [*6]．まず，同時分布 $p(x,y)$ に従う 2 つの確率変数 x と y を考え，x が所与のときの y の条件付き期待値によって，以下のような決定関数を定義する．

$$f(x) = E[y|x] = \int y p(y|x) dy \tag{B.34}$$

このように定義された関数は回帰関数と呼ばれ，最終的な目標は $f(x^*) = 0$ となる x^* の値を求めることである．x と y に関するデータセットがあれば，x^* の推定はできるかもしれないが，ここでは y の値が一度に 1 つずつ観測される状況を考える．このような場合において逐次的に x^* を推定する．

[*4] Nesterov, Y. (2009): Primal-Dual subgradient methods for convex problems, *Mathematical Programming*, **120**(1), 221-259.

[*5] Robbins, H. and Monro, S. (1951): A stochastic approximation method, *The Annuals of Mathematical Statistics*, 400-407.

[*6] ビショップ, C. M. (元田浩・栗田多喜夫・樋口知之・松本裕治・村田 昇監訳)『パターン認識と機械学習 下—ベイズ理論による統計的予測—』(丸善出版, 2012．原本は 2011 年刊行)．

この問題を解くために，いくつかの仮定を導入する．まず，y の条件付き分散は，

$$E[(y-f)^2|x] < \infty \tag{B.35}$$

のように有限であることを仮定する．また，$x > x^*$ であれば $f(x) > 0$ を，$x < x^*$ では $f(x) < 0$ を仮定する．このような仮定の下で，x^* の値を求めるために逐次的に

$$x_{t+1} \leftarrow x_t - \eta_t y_t \tag{B.36}$$

と更新していく．η_t が以下の条件を満たすときに，確率 1 で $f(x)$ は 0 に収束することが保証されている．

$$\lim_{t \to \infty} \eta_t = 0; \quad \sum_{t=1}^{\infty} \eta_t = \infty; \quad \sum_{t=1}^{\infty} \eta_t^2 < \infty \tag{B.37}$$

MCMC 法において Robbins-Monro アルゴリズムを実行する場合には，MCMC 法の振る舞いのある側面を示す確率変数 $H_t = \delta - \alpha_t$ を y とし，調整可能なパラメタであるステップサイズ ϵ を x と見なす．

$$f(\epsilon) = E_t[H_t|\epsilon] = \lim_{T \to \infty} \frac{1}{T} \sum_{t=1}^{T} E[H_t|\epsilon] \tag{B.38}$$

そしてウォームアップ期間に H_t が 1 つずつ観察される中で，ステップサイズ ϵ を調整し，その後 ϵ を固定してサンプリングを行う．なお，α_t は各繰り返しにおける採用率であり，δ は望まれる採用率の平均を表す．

- **dual averaging 法**

上述の Robbins-Monro アルゴリズムの η_t では，初期の繰り返しに不均一な重みを与えることになる．この問題を解決する手法が Nesterov (2009) により提案された dual averaging 法である．dual averaging 法では，x^* の値を

$$x_{t+1} \leftarrow \mu - \frac{\sqrt{t}}{\gamma} \frac{1}{t+t_0} \sum_{i=1}^{t} H_i \tag{B.39}$$

$$\bar{x}_{t+1} \leftarrow \eta_t x_{t+1} + (1-\eta_t) \bar{x}_t \tag{B.40}$$

と更新していく．μ は自由に選ばれる点で x_t が縮小していく方向を表し，$\gamma > 0$ は縮小方向への量を統制するための自由パラメタである．また，t_0 はアルゴリズムの初期の繰り返しを安定させるための自由パラメタであり，$\eta_t = t^{-\kappa}$ は Robbins-Monro の 3 つの条件を満たすパラメタである．t が大きくなるにつれ，$f(\bar{x}_t)$ が 0 に収束するような値に $\bar{x}_t$ の系列が収束することが保証されている．

この更新アルゴリズムは，Nesterov (2009) よりもより複雑であり，t_0 と κ というパラメタが追加されている．t_0 を導入することで初期の繰り返しにおいてアルゴリズムが安定し，κ を設定することで，直近の繰り返しにより大きな重みを与え，初期の繰り返しの影響を小さくすることができる．Hoffman & Gelman (2014) では，$\gamma = 0.05, t_0 = 10, \kappa = 0.75$ が利用されている．

- **NUTS および HMC における dual averaging 法**

NUTS および HMC において，dual averaging 法を利用するためには，初期値 ϵ_1 と μ を設定する必要がある．初期値 ϵ_1 は，採択率が 0.5 に近くなるように，ϵ_1 の値を 2 倍もしくは半分にすることを繰り返すことで決定する．また，μ に関しては，初期値 ϵ_1 よりも大きな値をテストすることを優先するため，$\mu = \log(10\epsilon_1)$ を推奨している．

HMC 法では，$f^{HMC}(\epsilon)$ を以下のように定義する．

B.4 NUTS (No-U-Turn Sampler)

$$H_t^{\mathrm{HMC}} = \min\left\{1, \frac{p(\boldsymbol{\theta}^{(t+1)}, \boldsymbol{p}^{(t+1)})}{p(\boldsymbol{\theta}^{(t)}, \boldsymbol{p}^{(t)})}\right\} \tag{B.41}$$

$$f^{\mathrm{HMC}}(\epsilon) = E_t[H_t^{\mathrm{HMC}}|\epsilon] \tag{B.42}$$

$\boldsymbol{\theta}^{(t+1)}$ と $\boldsymbol{p}^{(t+1)}$ は $t+1$ 回目の母数と運動量変数の候補点であり，$\boldsymbol{\theta}^{(t)}$ と $\boldsymbol{p}^{(t)}$ は t 回目の繰り返しにおける初期値を表す．H_t^{HMC} は t 回目の繰り返しにおける採用率であり，f^{HMC} は ϵ を固定したときに期待される採用率の平均を表す．f^{HMC} を ϵ の非増加関数と仮定し，$f^{\mathrm{HMC}} = \delta$ を達成するために，(B.39) 式において $H_t = \delta - H_t^{\mathrm{HMC}}$, $x = \log(\epsilon)$ と設定して更新を行っていく．

NUTS 法では，複数の候補点を用意し，その中から一様にサンプリングを行うため，HMC 法とは異なる採用率を定義する必要がある．

$$H_t^{\mathrm{NUTS}} = \frac{1}{|\mathcal{B}_t^{\mathrm{final}}|} \sum_{\boldsymbol{\theta}, \boldsymbol{p} \in \mathcal{B}_t^{\mathrm{final}}} \min\left\{1, \frac{p(\boldsymbol{\theta}^{(t+1)}, \boldsymbol{p}^{(t+1)})}{p(\boldsymbol{\theta}^{(t)}, \boldsymbol{p}^{(t)})}\right\} \tag{B.43}$$

$$f^{\mathrm{NUTS}}(\epsilon) = E_t[H_t^{\mathrm{NUTS}}|\epsilon] \tag{B.44}$$

$|\mathcal{B}_t^{\mathrm{final}}|$ は t 回目の繰り返しにおいて doubling 法によって探索された最終的な二分木におけるすべての状態の集合である．H_t^{NUTS} は二分木の作成過程で得られた母数と運動量変数のすべての状態に関して計算される採用率の平均と解釈することができる．HMC の場合と同様に f^{NUTS} を ϵ の非増加関数と仮定し，$f^{\mathrm{NUTS}} = \delta$ を達成するために，(B.39) 式において $H_t = \delta - H_t^{\mathrm{NUTS}}$, $x = \log(\epsilon)$ と設定して更新を行っていく．

dual averaging 法を利用してステップサイズ ϵ を決定するには，調整を行うためのウォームアップの期間と採用率の平均 δ を設定する必要がある．逐次的に ϵ^* を探索し，推定されたステップサイズ ϵ^* を利用して NUTS 法を実行していくことで，事後分布からの母数のサンプリングを得る．

■ 参考文献 (B.1, B.2)

Gelman, A. & Rubin, D. B. (1992): Inference from iterative simulation using multiple sequences (with discussion). *Statistical Science*, **7**, 457–511.

Gelman, A. (1996): Inference and monitoring convergence. In Gilks, R. W., Richardson, S. & Spiegelhalter, J. D. (Eds.), *Markov Chain Monte Carlo in Practice*, Chapman & Hall. 131–143.

Geweke, J. (1992): Evaluating the accuracy of sampling-based approaches to the calculation of posterior moments. In Bernerdo, J. M., Berger, J. O., Dawid, A. P. & Smith, A. F. (Eds.), *Bayesian Statistics*, **4**, Oxford University Press. 169–193.

Stan Development Team. (2014): Stan Modeling Language Users Guide and Reference Manual, Version 2.5.0.

伊庭幸人，種村正美，大森裕浩，和合肇，佐藤整尚，高橋明彦 (2005)：『計算統計II－マルコフ連鎖モンテカルロ法とその周辺－』，岩波書店．

C 付録3 Stan 導入

付録3ではHMC法をソフトウェアを用いて実行し，実際に推定値を得る方法について解説します．本書では全体を通じて統計解析環境R[*1]，HMC法の実行ソフトウェアであるStan[*2]，およびRにおけるStan用インターフェースRStan[*3]を使用します[*4]．

Stanは，モデルを記述したコードをC++言語にコンパイルした後にサンプリングを行うことで，非コンパイル型のモンテカルロサンプリング用のソフトウェアに対して，サンプリング結果を得るまでが短時間で済むという長所を有しています．

まず本付録の前半では，Stan 実行方法を説明します．HMC(NUTS法(付録2参照))を用いたサンプリングを行うために，Stanモデリング言語を用いてモデルを特定したStanコードファイル，R言語の記法を用いてデータを記述したデータファイル，RStanパッケージの関数を用いて記述されたRコードファイルが必要となります．各ファイルは適当な名称をつけ，ディレクトリに保存されている必要があります．実際に操作するインターフェースはRコードファイルおよびRコンソールであり，これらを通じて作成したStanファイル，データファイルの読み込みを行い，サンプリングを実行します．

C.1 Stan コード解説 (6.2.2項「研修効果問題」)

本書に登場した例題を解くために使用したStanコードは巻末に一括で掲載しています．ここでは6.2.2項で説明された「研修効果問題」を解くためのStanコードを例にとり，Stan，RStanの具体的な実行方法について解説します．まずStanコードを以下に示します．

```
1  data {
2    int<lower=0> N; //人数
3    vector[2] x[N]; //データ
4  }
5  parameters {
6    vector[2] mu;
7    vector<lower=0>[2] sigma;
```

[*1] R Core Team (2014): R: A language and environment for statistical computing. R Foundation for Statistical Computing, Vienna, Austria. URL http://www.R-project.org/.

[*2] Stan Development Team (2014): Stan Modeling Language Users Guide and Reference Manual, Version 2.5.0.

[*3] Stan Development Team (2014): RStan: the R interface to Stan, Version 2.5. http://mc-stan.org/rstan.html.

[*4] 本書執筆時点において，Rバージョン3.1.2, StanおよびRStan 2.5.0を使用しています．

C.1 Stan コード解説 (6.2.2 項「研修効果問題」)

```
 8      real<lower=-1,upper=1> rho;
 9  }
10  transformed parameters {
11      vector<lower=0>[2] sigmasq;
12      matrix[2,2] Sigma;
13      sigmasq[1] <- pow(sigma[1],2);
14      sigmasq[2] <- pow(sigma[2],2);
15      Sigma[1,1] <- sigmasq[1];
16      Sigma[2,2] <- sigmasq[2];
17      Sigma[1,2] <- sigma[1]*sigma[2]*rho;
18      Sigma[2,1] <- sigma[1]*sigma[2]*rho;
19  }
20  model {
21      for(i in 1:N){
22          x[i] ~ multi_normal(mu, Sigma);
23      }
24  }
25  generated quantities{
26      real delta;
27      real delta_over;
28      real delta_over2;
29      real rho_over;
30      real rho_over05;
31      delta <- mu[2] - mu[1];
32      delta_over <- step(delta);
33      delta_over2 <- if_else(delta>2,1,0);
34      rho_over <- step(rho);
35      rho_over05 <- if_else(rho>0.5,1,0);
36  }
```

　Stan コードは，コード内で用いる変数の定義を行う変数宣言と，プログラムが処理を実行する内容を記述した文—ステートメント (statement) の記述から成り立っています．
　本例の Stan コードはプログラムブロックと呼ばれる，中括弧{}で囲まれている特定の役割を持った単位に分かれ，それぞれのブロックの内部でステートメントが記述されています．ブロックの記述順は定められています．必要のないブロックについては省略することが可能です．コメント文を除き，ステートメントは必ずブロック内にて記述する必要があります．本例に登場しないブロックについては C.4.1 項を参照してください．
　コメント文記法　 Stan コードにおいて特定の方法で表記された記述はコメント文として扱われ，実行されません．コメント文の記法は以下の 3 種類があります．
- 「#」以降の当該行に記された文字列はすべてコメント文として扱われる
- 「//」以降の当該行に記された文字列はすべてコメント文として扱われる
- 開始記号「/*」と終了記号「*/」で囲まれた文はすべてコメント文として扱われる

　data ブロック　 data ブロックでは，分析に用いるデータに関係した変数定義を記述します．1 行目でブロックの開始を宣言します．2 行目からは，変数定義を行っています．まず人数を表す変数を N とすることを宣言します．N は整数値をとるため，変数の型は `int` を指定します．山括弧< >は変数の定義域を宣言する際に用いられ，下限は `lower`，上限は `upper` で指定

します．本例の場合，N は 0 未満の値をとらないため，変数の下限を <lower=0> と宣言することとします．なお，この場合の変数定義の記述は「型　(範囲 [サイズ]) 変数名 ([サイズ]);」の順番に行う必要があります．

1 つのステートメントの記述が終わった場合には，必ず文末に「; (セミコロン)」を記し，当該行におけるコードの記述が終了したことを宣言します．

3 行目では，各人のデータ値を表す変数を x と定義しています．変数の後に x[数値] と記述した場合，当該変数は配列 (array) 型として扱われ，[] 内の数値は要素数を表します．x[N] は要素数 N の配列 x を定義したこととなります．

ただし x[N] の前に vector[2] というコードが記述されています．これは，配列 x 内の N 個の要素が，N 本のサイズ 2 のベクトルであることを表しています．具体的には，社員 20 名の研修前と後の営業成績のことを指します．vector は，それ自体が変数型として Stan 内に用意されており，実数型として扱われます．Stan において利用可能な変数型については C.4.2 項を参照してください．

4 行目において閉じ括弧を記述し，data ブロックが終了することを宣言します．なお，前のブロックで定義した変数は後のブロックでも用いることができますので，後続のブロックで同じ変数を再定義する必要はありません．ただし，その逆は許されません．また，model ブロックで定義した変数を generated quantities ブロックに引き継ぐことはできません．

parameters ブロック　本ブロックでは推定対象となる母数について変数宣言を行います．

6 行目の vector[2] mu は 2 変量正規分布におけるサイズ 2 の平均ベクトルとして用いるために定義しています．

7 行目，vector<lower=0>[2] sigma は，標準偏差を表す変数定義です．モデルが 2 変量正規分布であることから共分散行列の対角要素として用いるために，サイズ 2 のベクトル型としてあります．実際には共分散行列を作成する必要がありますが，それは後のブロックにて記述します．sigma はその定義から負の値をとらないため，範囲の下限を 0 に制限します．変数の定義域の記述位置に注意してください．定義域を宣言する場合には，<> を必ず変数の型宣言の直後に記述する必要があります．

8 行目は相関係数を表す変数の宣言です．その性質から実数型とし，なおかつ定義域を -1 から +1 としています．

transformed parameters ブロック　このブロックでは，parameters ブロックにおいて宣言した変数に対し，変換を施すステートメントを記述するためのオプションブロックです．

11 行目は分散として扱う変数を宣言しています．vector<lower=0>[2] は 7 行目の標準偏差の宣言と同様の理由による記述です．

12 行目は 2 変量正規分布における 2 × 2 の分散共分散行列を Sigma と名付けることを宣言しています．matrix は当該変数が行列型であることを指定しており，[2,2] は行列のサイズが 2 行，2 列であることを示しています．

13, 14 行目は実際に標準偏差 sigma を分散に変換し，変数 sigmasq に代入する処理を行っています．pow(引数 1, 引数 2) は冪乗を行う関数であり，引数 1 に与えられた値について，(引数 2 に与えられた値) 乗を返します．ここでは標準偏差を 2 乗することを表しています．

15 から 18 行目は共分散行列 Sigma の各要素に対して値の代入操作を行っています．対角要素には分散 sigmasq の値を，非対角要素には共分散の値を与えています．

model ブロック　model ブロックでは，具体的な統計モデルを記述します．また母数に関するサンプリングについても本ブロック内で記述します．本例では研修受講前と後の社員の成績が 2 変量正規分布に従っているものと仮定しました．

本例における仮説モデルのための Stan コード (サンプリングステートメント) は

x[i] ~ multinormal_normal(mu, Sigma); となります．この文は i 番目の社員の研修前後の成績が 2 変量正規分布に従っているものとして，それぞれの母数に関してサンプリングを行うことを宣言しています．この際 i は for ループにより，1 から N まで動き，各 i ごとにサイズ 2 の平均ベクトルが取り出されます．ここでは，「~（チルダ）」の左辺に記述された変数が，右辺に記述された分布，平均ベクトル mu，共分散行列 Sigma を持つ多変量正規分布に従っていることを表しています．

本ブロックにおいて，前ブロックまでで記述していない変数を用いる場合には，新たに変数宣言を行う必要があります．ただし後に変数のサンプリング結果を出力するためには，(transformed) parameters ブロックに記述するか，もしくは生成量として generated quantities ブロックに記述し，サンプリング実行時に stan() および print() の引数 pars に当該変数名を与えます．

generated quantities ブロック　　generated quantities ブロックは必要に応じて，生成量 $g(\cdot)$ について記述します．本ブロックに記述した生成量は繰り返しごとに計算され，最終的に経験分布として得られます．26 行から 30 行目では本ブロックで用いられる変数の宣言を行っています．

31 行目は研修後の平均値と，研修前の平均値の差を計算し，変数 delta に代入しています．

32 行目では仮説の確からしさを推測するための量を生成するため，関数 step() による演算を行っています．step() は delta の値が 0 以上 (> 0) であれば 1 を，それ以外には 0 を返します．

33 行目では効果量の差に関する量を生成します．関数 if_else(引数 1,2,3) は引数 1 の条件式について論理判定を行い，TRUE であれば引数 2 の値を，FALSE であれば引数 3 の値を返します．

なお，Stan コード内においてサンプリング対象としつつも，明示的に事前分布を指定しなかった場合には，Stan によって無情報的事前分布が仮定されます．

上記の Stan コードファイルに適当な名称をつけ，拡張子を「.stan」（たとえば「model.stan」）とし，保存します．

C.2　data ファイル

データファイルは R 関数を用いて定義します．ファイル作成においてはデータと Stan コードの互いに定義した変数名の対応関係が保たれるように注意してください．

```
1  N <- 20
2  x <- structure(.Data=c(
3  6,11,10,13,17,10,10,7,9,1,14,7,7,11,12,12,14,12,7,13,
4  7,11,14,13,16,12,8,15,12,3,17,11,9,11,14,12,11,15,11,17),.Dim=c(20,2))
```

N には社員数を付値します．関数 structure() には引数 .Data に対して関数 c() によってベクトル形式でデータを与え，引数 .Dim にデータの次元数を列数，行数の順番に与えます．データベクトルが 1 次元の場合には c() のみを用いて与えてもかまいません．

上記のデータファイルに適当な名称と拡張子をつけ (たとえば「data.R」)，保存します．

C.3 RStan

RStan は R における Stan のインターフェースを提供するパッケージです．RStan を用いることで Stan ファイルの読み込み，データファイルの読み込み，結果の出力を R コンソール上で行うことが可能となります．なお R スクリプト内ではコメント文を表すコードとして「#」のみが使用可能です．

```
1   library(rstan) # パッケージの読み込み
2   scr <- "model622.stan" # Stan ファイル名
3   source("data622.R") # data ファイル名
4   data <- list(N=N,x=x) # data ファイル内の変数をリスト形式にまとめる
5   # サンプリング結果を出力する変数名
6   par<-c("mu","Sigma","rho",
7           "delta","delta_over","delta_over2","rho_over","rho_over05")
8   war <- 1000 # ウォームアップ期間
9   ite <- 11000 # 繰り返し数
10  see <- 1234 # 乱数の種
11  dig <- 3 # 有効数字
12  cha <- 1 # 連鎖構成数
13  fit <- stan(file=scr, model_name=scr, data=data, pars=par,verbose=F,
14              seed=see, chains=cha, warmup=war, iter=ite)
15  print(fit,pars=par,digits_summary=dig) # 結果の出力
16  plot(fit, pars=par)
17  traceplot(fit, inc_warmup = T, pars=par)
```

1 行目では RStan パッケージの読み込みを行います[*5]．

2 行目から 11 行目までは関数 stan() によってサンプリングを行うための引数の設定を行っています．サンプリング結果の出力は 6 行目で指定した変数についてのみ行えます．

9 行目の繰り返し数はウォームアップ期間を含めた全体の更新回数を指定します．10 行目ではサンプリングの開始時における初期値を生成するための乱数の種を値で指定します．種自体は任意の値を指定できますが，結果を再現する場合には必ず同じ種を与える必要があります．

13 行目から 14 行目において，関数 stan() を実行することで，モデルコードのコンパイルとサンプリングが行われます．stan() は Stan コードを C++用コードとしてコンパイルし，Stan によるサンプリングを実行するための関数です．引数 file には Stan ファイル，data に 4 行目で作成したリストオブジェクトを指定します．pars には結果を出力するための変数名ベクトルを与えます．seed はサンプリングの初期値生成のための乱数の種を与えます．chains に連鎖構成数を，warmup にウォームアップ (バーンイン) 期間として破棄するサンプル数，iter にウォームアップ期間を含めた全体の連鎖更新回数を与えます．サンプリング結果はオブジェクト fit に付値されます．

15 行目の関数 print() は結果オブジェクトを与えることで，サンプリング結果の要約を出力するために用います．pars に対しては stan() に与えたものと同じオブジェクトを指定しま

[*5] 必要なパッケージは一部の例外を除いて，R 起動時には毎回読み込む必要があります．

す．`digits_summary` は出力の際の有効桁数を与えます．

16, 17 行目のプロットの描画については C.5 節を参照してください．

上記 RStan コードを記述したファイルに対して，適当な名称をつけ（たとえば「chap6.R」），保存します．このとき Stan ファイル，データファイルとのディレクトリの位置関係に注意してください．

Stan ファイルおよびデータファイルを用意した上で，R コンソール上において RStan コードを実行することで，Stan によるベイズ推定を行うことができます．

C.3.1 出 力 結 果

関数 `print()` を実行することで，指定した各母数のサンプリング結果についての要約指標が出力されます．たとえば例題の場合の結果については以下のように出力されます（ここでは一部のみ）．

```
         mean  se_mean    sd   2.5%    25%    50%    75%  97.5%  n_eff  Rhat
mu[1]  10.154    0.015  0.883  8.403  9.589 10.153 10.729 11.896   3555     1
mu[2]  11.951    0.014  0.852 10.285 11.397 11.948 12.510 13.636   3656     1
```

上記出力は左から変数名，`mean`：EAP 推定値，`se_mean`：連鎖が収束している場合の EAP 推定値の標準偏差の推定値，`sd`：事後標準偏差 (post.sd)，2.5% - 97.5%：95%確信区間および四分位範囲，`n_eff`：有効サンプルサイズ，`Rhat`：収束判定指標 $\hat{R}$ を表しています．

有効サンプルサイズは，連鎖更新回数に近いほどよく，$\hat{R}$ は 1.1 ないし 1.2 以下であればよいとされます．詳しい導出については付録 2 を参照してください．

C.4　Stan コード文法概略

C.4.1 ブ ロ ッ ク

1 つのファイル中の Stan コードは必要に応じて，7 つのブロックに分けて記述します．

`data` ブロックにおいてはデータとなる確率変数を指定します．`parameters` ブロックで宣言した自由母数の分布は `model` ブロックで指定します．サンプリングごとに必要となる副次的な（制約・固定・変換）母数は `transformed parameters` ブロックで指定します．サンプリング終了後に変換する母数は `generated quantities` ブロックにて記述します．

各ブロックの役割

- `functions{}`：本ブロックでは自作関数を定義することができます．
- `data{}`：変数宣言のみを行います．Stan 外部からの入力データについての変数を本ブロックに記述します．このブロックにはステートメントは記述しません．
- `transformed data{}`：サンプリング実行中に値が変化しない変数（データ）を扱い，当該データを変形します．もし一部でも値が変化するならば，`transformed parameters{}`：ブロックに記述します．
- `parameters{}`：母数の変数宣言を行います．母数の変換に関するステートメントの記述は次の `transformed parameters` ブロックに記述します．
- `transformed parameters{}`：本ブロックでは母数変換のステートメントが評価されます．サンプリングは行われません．サンプリングが行われるごとに本ブロックで記述したステートメントが実行されます．

- `model{}`：モデル分布を記述します．本ブロックにステートメントがあってもかまいません．
- `generated quantities{}`：本ブロックで記述されたステートメントはリープフロッグが終わった後に計算されます．新しいデータによる予測値の計算，事後期待値の計算，出力に利用するための母数の変形が行えます．`transformed parameters` ブロックに置く必然性のないステートメントについても，本ブロックに記述することができます．
- ある場所で宣言した変数のスコープは，後続するブロックすべてに渡ります．反対に，変数宣言よりも先に当該変数の操作を記述することは許されません．たとえば `transformed data` において宣言，変換した変数は `model` ブロックで使用できます．一方，`generated quantities` ブロックで宣言した変数を，それ以前のブロックで用いることはできません．

各ブロックの中括弧内に具体的なコードを記述します．`model{}` 以外の不必要なブロックは省略することもできますが，順番を入れ替えることはできません．必ず上記の順に記述しなければならないことに注意してください．

C.4.2 変数宣言

変数の宣言では以下に示す型の種類に従い，各変数の型を指定します．

基本データ型	コード	説明
要素	`int`	整数値
	`real`	連続値
ベクトル・行列	`vector`	列ベクトル
	`row_vector`	行ベクトル
	`matrix`	行列
配列 (array)	`x[2]`	サイズ2の1次元配列 x
	`matrix[2,2] x[2,3]`	サイズ2×2の行列を要素として含むサイズ2×3の2次元配列 x
制約データ型		
構造ベクトル	`ordered`	昇順に順序づけられた値を要素として持つベクトル
	`positive_ordered`	昇順に順序づけられた正の値を要素として持つベクトル
	`simplex`	総和が1となる非負の値を要素として持つベクトル
	`unit_vector`	要素の2乗和が1となる値を要素として持つベクトル
構造行列	`corr_matrix`	対角要素が1である対称正定値行列
	`cov_matrix`	対称正定値行列
	`cholesky_factor_cov`	対称正定値行列のコレスキー因子分解における因子行列であり，正の対角要素を持つ下三角行列
	`cholesky_factor_corr`	相関行列のコレスキー因子分解における因子行列であり，正の対角要素を持つ下三角行列

制約データ型についても配列型として与えることができます．また，基本データ型を制約することで制約データ型と同じ形式のデータ型を与えることも可能です．

ベクトル・行列・配列　Stan には複数の値を格納できる型としてベクトル型，行列型，配列型があります．ベクトル型，行列型内のデータは実数値として扱われます．配列型は，その内部に整数値，実数値，ベクトル型，行列型を保持させることができます．

1 つの (数学的意味での) 行列に対して，Stan では行列型や配列型，行ベクトルを縦に配列する等，複数の方法で表現することができます．ただし，行列間の数学的演算子 (行列どうしの掛け算等)，線形代数関数 (固有値や行列式の算出) の適用，多変量関数の母数等 (たとえば多変量正規分布の引数) の場合にはベクトル・行列型を使用する必要があります．

「研修効果問題」の Stan コードの場合，22 行目の multi_normal() の引数に与えるために，6 行目 mu や 12 行目 Sigma で行われている変数定義において，配列型を用いることはできませんので注意してください．

たとえば multi_normal(mu, Sigma) の引数に与える変数 mu, Sigma について
平均ベクトル mu に関して
　　ベクトル型　○　　vector[2] mu;
　　　　配列型　×　　real mu[2];
共分散行列 Sigma に関して
　　　　行列型　○　　matrix[2,2] Sigma;
　　　　配列型　×　　real Sigma[2,2]

変数宣言における型・サイズ・変数名の記述順序
- 要素 (int・real) 型は「型・(範囲)・変数名」の順に，たとえば int x; と記述します．
- 配列型は「型・(範囲)・変数名・サイズ」の順に，int x[10]; と記述します．
- ベクトル・行列型の場合には「型・(範囲)・サイズ・変数名」の順に，
  vector<lower=-3,upper=3>[n] x; と記述します．

C.4.3　主な Stan 組込み関数

Stan コード内で用いられる関数を以下に示しましたので，適宜参照してください [6]．

関数のはじめについている変数型は，関数の返り値の型を表しています．また，返り値については，返り値 1，条件 1; 返り値 2，条件 2 の順に記してあります．なお，実際に使用する際には変数型の記述は必要ありません．関数内の条件式に対しては，値を小数形式で与える必要があることに注意してください．

返り値型 関数 (引数)	返り値 1, 条件 1; 返り値 2, 条件 2
絶対値関数	
int int_step(int(または real) x)	$0, x \leq 0; 1, x > 0$
境界関数	
int min(int x, int y)	$x, x < y; y,$ それ以外
int max(int x, int y)	$x, x > y; y,$ それ以外

---

[6] 紙数の都合上，すべての関数を掲載してはいません．割愛した関数については Stan Reference を参照してください．

数学的定数	引数をとらないことに注意
real pi()	円周率
real e()	自然対数の底
real sqrt2()	平方根の 2 乗
real log2()	2 の自然対数
real log10()	10 の自然対数
論理関数	
int < (int(real)), (x<y)	x が y 未満 $(x<y)$ ならば 1 を，それ以外には 0 を返す．
int <=(int(real)), (x<=y)	$1, x \leq y; 0$, それ以外
int > (int(real)), (x>y)	$1, x > y; 0$, それ以外
int >=(int(real)), (x>=y)	$1, x \geq y; 0$, それ以外
int ==(int(real)), (x==y)	$1, x = y; 0$, それ以外
int !=(int(real)), (x!=y)	$1, x \neq y; 0$, それ以外
ブーリアン演算子	
int !(int(real) x), (!x)	$0, x \neq 0; 1, x = 0$
int &&(int(real) x, y),(x&&y)	$1, x \neq 0$ かつ $y \neq 0; 0$, それ以外
int ||(int(real) x, y), (x||y)	$1, x \neq 0$ または $y \neq 0; 0$, それ以外
短絡版ブーリアン演算子	
real if_else(int 条件式, real x, real y)	x, 条件式 $\neq 0; y$, それ以外
real step(real x)	$1, x > 0; 0$, それ以外
int is_inf(real x)	x が $\pm\infty$ ならば 1 を，それ以外ならば 0 を返す．
int is_nan(real x)	x が NaN ならば 1 を，それ以外ならば 0 を返す．
絶対値関数	
real fabs(real x)	x の絶対値 $|x|$
real fdim(real x, real y)	$x - y, x \geq y; 0$, それ以外
real fmax(real x, real y)	$x, x \geq y; y$, それ以外
算術関数	
real fmod(real x, real y)	x を y で割った際の余りの値を返す．
丸め関数	
real floor(real x)	x について床につけた値を返す．
real ceil(real x)	x について天井につけた値を返す．
real round(real x)	x について四捨五入した値を返す．
累乗および対数関数	
real sqrt(real x)	$\sqrt{x}$
real cbrt(real x)	$\sqrt[3]{x}$
real square(real x)	x^2
real exp(real x)	e^x
real exp2(real x)	2^x
real log(real x)	$\log_e(x)$
real log2(real x)	$\log_2(x)$
real log10(real x)	$\log_{10}(x)$
real pow(real x, real y)	x^y

C.4 Stan コード文法概略

`real inv(real x)`	x^{-1}
`real inv_sqrt(real x)`	$\sqrt{x}^{-1}$
`real inv_square(real x)`	$(x^2)^{-1}$
三角関数	
`real hypot(real x, real y)`	2 辺の長さが x と y である直角三角形の斜辺の長さを返す. $\sqrt{x^2+y^2}, x, y \geq 0$
`real cos(real x)`	$\cos(x)$
`real sin(real x)`	$\sin(x)$
`real tan(real x)`	$\tan(x)$
`real acos(real x)`	$\arccos(x), -1 \leq x \leq 1$
`real asin(real x)`	$\arcsin(x), -1 \leq x \leq 1$
`real atan(real x)`	$\arctan(x)$
`real atan2(real x, real y)`	$\arctan(x/y)$
双曲線三角関数	
`real cosh(real x)`	$\cosh(x)$
`real sinh(real x)`	$\sinh(x)$
`real tanh(real x)`	$\tanh(x)$
`real acosh(real x)`	$\cosh^{-1}(x), x > 1$
`real asinh(real x)`	$\sinh^{-1}(x)$
`real atanh(real x)`	$\tanh^{-1}(x), -1 \leq x \leq 1$
リンク関数	
`real logit(real x)`	$\log \frac{x}{1-x}, 0 \leq x \leq 1$
`real inv_logit(real y)`	$\frac{1}{1+\exp(-y)}$
`real inv_cloglog(real y)`	$1 - \exp(-\exp(y))$
組み合わせ関数	
`real lbeta(real alpha, real beta)`	$\log \Gamma(a) + \log \Gamma(b) - \log \Gamma(a+b)$
`real tgamma(real x)`	$\Gamma(x), x \notin \{\ldots, -3, -2, -1, 0\}$
`real lgamma(real x)`	$\log \Gamma(x), x \notin \{\ldots, -3, -2, -1, 0\}$
`real digamma(real x)`	$\Gamma'(x)/\Gamma(x), x \notin \{\ldots, -3, -2, -1, 0\}$
`real trigamma(real x)`	$\sum_{n=0}^{\infty}(1/(x+n)^2),$ $x \notin \{\ldots, -3, -2, -1, 0\}$
`real lmgamma(int n, real x)`	$\pi^{n(n-1)/4} \prod_{j=1}^{n} \Gamma(x+(1-j)/2),$ $x \notin \{\ldots, -3, -2, -1, 0\}$
合成関数	
`real expm1(real x)`	$e^x - 1$
`real fma(real x, real y, real z)`	$x \times y + z$
`real multiply_log(real x, real y)`	$0, (x=y=0); x \log y, (x, y \neq 0)$
`real log1p(real x)`	$\log(1+x), x \geq -1$
`real log1m(real x)`	$\log(1-x), x \leq 1$
`real log1p_exp(real x)`	$\log(1+\exp(x))$
`real log1m_exp(real x)`	$\log(1-\exp(x)), x < 0$
`real log_diff_exp(real x, real y)`	$\log(\exp(x) - \exp(y)), x > y$
`real log_sum_exp(real x, real y)`	$\log(\exp(x) + \exp(y))$
`real log_inv_logit(real x)`	$\log \mathrm{logit}^{-1}(x)$
`real log1m_inv_logit(real x)`	$\log(1 - \mathrm{logit}^{-1}(x))$

C.5　RStanの主な関数と引数

ここでは本書で用いられるRStanパッケージの主な関数について概要を示します.

```
stan(file, model_name = "anon_model", model_code = "",
    fit = NA, data = list(), pars = NA, chains = 4,
    iter = 2000, warmup = floor(iter/2), thin = 1,
    init = "random", seed = sample.int(.Machine$integer.max, 1),
    algorithm = c("NUTS", "HMC", "Fixed_param"),
    control = NULL, sample_file, diagnostic_file,
    save_dso = TRUE, verbose = FALSE, ..., boost_lib = NULL, eigen_lib = NULL)
```

Stanモデリング言語によって定義されたモデルの当てはめを行う.
- **file**　Stanモデリング言語によって特定されたモデルコードを記述したファイル名を (ディレクトリも含めて) 指定する. モデルコードを文字列として直接与える場合には model_name 引数へ指定する. fit に対して以前の当てはめ結果を指定した場合には, 本引数は無視される.
- **model_name**　モデルを名付けるための文字列. 既定値は"anon_model"となる. ただし model_name が指定されないときは, file や model_code から命名される.
- **model_code**　Stanモデリング言語によって特定されたモデルの文字列, もしくはワークスペース内の文字列オブジェクト. 本引数は file が指定されていないときのみ使用される. fit が特定されている場合, 以前にコンパイルされたモデルが用いられるため, 本引数は無視される.
- **fit**　以前の当てはめ結果から得られたインスタンス (オブジェクト). もし NA でなければ, その当てはめ結果に関連してコンパイルされたモデルが再利用される. 本引数を利用することで C++コードを再コンパイルする時間が節約可能となる.
- **data**　データとして用意されたリストオブジェクト. あるいはワークスペース内にあるデータとして用いるオブジェクト名の文字列ベクトル.
- **pars**　関心のある母数を特定した文字列ベクトル. 既定値は NA であり, モデル内の全母数を指定したものとして扱われる. 本引数に与えた母数に関してのみ, 結果のオブジェクトにサンプリング結果が保存される.
- **chains**　連鎖構成数を指定する正の整数. 既定値は4.
- **iter**　各チェーンで繰り返しを何回行うかを指定する正の整数 (ウォームアップ期間を含んだ数である). 既定値は2000回.
- **warmup**　ウォームアップ期間の数を指定する正の整数. ウォームアップ期間のサンプルは推測に用いられない. iter に指定した数よりも大きな数は指定できない. 既定値は iter/2.
- **thin**　サンプリングを保存する間隔を指定する正の整数. 既定値は1.
- **init**　初期値を指定する. "0": 初期値はすべて0とする. "random": Stanによってランダムに生成される. その際, 乱数の種は引数 seed に与えた値によって指定可能である. seed を固定した場合は初期値は同じ値が用いられる. "list": 初期値を与えたリスト.
- **seed**　Stanの乱数を生成するために, 正の整数を与える. 既定では, 1からRでサポートされている最大整数値までが生成される. そのため, Rの乱数生成器の種の固定によ

り，本質的に Stan の種を固定することができる．複数の連鎖を構成する場合でも 1 つの種を与えればよく，他の連鎖の種は，乱数間の依存性を防ぐために，最初の連鎖の種から生成される．数値を与えた場合，as.integer が適用される．as.integer の適用結果が NA を返す場合，種はランダムに生成される．種の数字を文字列として与えることもでき，その場合は整数に変換される．

algorithm Stan 内で用いられるアルゴリズム．NUTS 法，もしくは HMC 法．

sample_file 母数のサンプルを出力するためのファイルの名前を与える文字列．引数に文字列を与えない場合，ファイルは作成されない．指定されたフォルダーが書き込み可能でない場合，tempdir() が使用される．複数連鎖がある場合，アンダースコアとチェーンの番号がファイル名に追加される．

```
print(x, pars = x@sim$pars_oi,
    probs = c(0.025, 0.25, 0.5, 0.75, 0.975),
    digits_summary = 2, ...)
```

当てはめられたモデルと関心があるサンプリングされた母数についての要約と基本情報を出力する．

```
plot(x, pars, display_parallel = FALSE,
    ask = TRUE, npars_per_page = 6)
```

当てはめられたモデルについて母数の要約の概観を描画する．概観プロット内では，関心があるすべての母数について Rhat の値についても言及される．加えて，対数事後分布もプロットされる．

```
traceplot(object, pars, inc_warmup = TRUE, ask = FALSE,
    nrow = 4, ncol = 2, window = NULL, ...)
```

トレースプロットを描画する．

C.6 分 布 一 覧

主要な分布を一覧表として掲載しましたので，必要に応じて参照してください[7]．分布名・サンプリングのためのステートメント・変数型の定義を記しています[8]．

[7) 分布関数の表記に関しては原則として Stan reference 2.5.0 に従っています．そのため第 8 章までに登場した分布関数の表記と一部異なっている場合がありますので注意してください．
[8) $\mathbb{N}$：整数，$\mathbb{R}$：実数，$\mathbb{R}^+$：正の実数．

ベルヌイ分布 `y ~ bernoulli(theta);` $Bern(y\|\theta) = \begin{cases} \theta & y=1 \\ 1-\theta & y=0 \end{cases}$, $\theta \in [0,1]$, $y \in \{0,1\}$
ロジット変換ベルヌイ分布 `y ~ bernoulli_logit(alpha);` $BernLogit(c\|\alpha) = Bern(c\|logit^{-1}(\alpha)) = \begin{cases} logit^{-1}(\alpha) & y=1 \\ 1-logit^{-1}(\alpha) & y=0 \end{cases}$, $\alpha \in \mathbb{R}$, $c \in \{0,1\}$
2項分布 `n ~ binomial(N,theta);` $Binom(n\|N,\theta) = \binom{N}{n}\theta^n(1-\theta)^{N-n}$, $N \in \mathbb{N}$, $\theta \in [0,1]$, $n \in \{0,\ldots,N\}$
ロジット変換2項分布 `n ~ binomial_logit(N,alpha);` $BinomLogit(n\|N,\alpha) = Binom(n\|N,logit^{-1}(\alpha))$ $= \binom{N}{n}(logit^{-1}(\alpha))^n(1-logit^{-1}(\alpha))^{N-n}$, $N \in \mathbb{N}$, $\alpha \in \mathbb{R}$, $n \in \{0,\ldots,N\}$
ベータ2項分布 `n ~ beta_binomial(N,alpha,beta);` $BetaBinom(n\|N,\alpha,\beta) = \binom{N}{n}\frac{B(n+\alpha,N-n+\beta)}{B(\alpha,\beta)}$, $N \in \mathbb{N}$, $\alpha \in \mathbb{R}^+$, $\beta \in \mathbb{R}^+$, $n \in \{0,\ldots,N\}$
超幾何分布 `n ~ hypergeometric(N,a,b);` $HG(n\|N,a,b) = \frac{\binom{a}{n}\binom{b}{N-n}}{\binom{a+b}{N}}$, $a \in \mathbb{N}$, $b \in \mathbb{N}$, $N \in \{0,\ldots,a+b\}$, $n \in \{\max(0,N-b),\ldots,\min(a,N)\}$
カテゴリカル分布 `categorical(theta);` $Cat(y\|\theta) = \theta_y$, $N \in \mathbb{N}$, $N > 0$, $\theta \in \mathbb{R}^N$ が N 次シンプレックス, $y \in \{1,\ldots,N\}$
順序ロジスティック分布 `k ~ ordered_logistic(eta,c);` $OrdLogis(k\|\eta,c) = \begin{cases} 1-logit^{-1}(\eta-c_1) & k=1 \\ logit^{-1}(\eta-c_{k-1})-logit^{-1}(\eta-c_k) & 1<k<K \\ logit^{-1}(\eta-c_{K-1})-0 & k=K \end{cases}$ $K \in \mathbb{N}$, $K > 2$, $c \in \mathbb{R}^{K-1}$, $c_k < c_{k+1}$ for $k \in \{1,\ldots,K-2\}$, $\eta \in \mathbb{R}$, $k \in \{1,\ldots,K\}$, $k=1$, $k=K$ の場合, $logit^{-1}(-\infty)=0$, $logit^{-1}(\infty)=1$ であるような $c_0 = -\infty$, $c_K = +\infty$ という設定によって一般的定義に含ませることができる.
負の2項分布 (再母数化) `y ~ neg_binomial_2(mu,phi);` $NegBinom2(y\|\mu,\phi) = \binom{y+\phi-1}{y}\left(\frac{\mu}{\mu+\phi}\right)^y\left(\frac{\phi}{\mu+\phi}\right)^\phi$, $\eta \in \mathbb{R}$, $\mu \in \mathbb{R}^+$, $\phi \in \mathbb{R}^+$, $y \in \mathbb{N}$, $E[Y] = \mu = e^\eta$, $V[Y] = \mu + \frac{\mu^2}{\phi}$
ポアソン分布 `n ~ poisson(lambda);` $Poi(n\|\lambda) = \frac{1}{n!}\lambda^n\exp(-\lambda)$, $\lambda \in \mathbb{R}^+$, $n \in \mathbb{N}$

C.6 分布一覧

多項分布 y ~ `multinomial(theta);`
$MultiNom(y|\theta) = \binom{N}{y_1,\ldots,y_K} \prod_{k=1}^{K} \theta_k^{y_k}, \binom{N}{y_1,\ldots,y_K} = \frac{N!}{\prod_{k=1}^{K} y_k!}$,
$K \in \mathbb{N}, N \in \mathbb{N}, \theta \in K$ 次シンプレックス, $y \in \mathbb{N}^K, \sum_{k=1}^{K} y_k = N$

正規分布 y ~ `normal(mu,sigma);`
$N(y|\mu,\sigma) = \frac{1}{\sqrt{2\pi}\sigma} \exp\left(-\frac{1}{2}\left(\frac{y-\mu}{\sigma}\right)^2\right), \mu \in \mathbb{R}, \sigma \in \mathbb{R}^+, y \in \mathbb{R}$

非対称正規分布 y ~ `skew_normal(mu,sigma,alpha);`
$SkewN(y|\mu,\sigma,\alpha) = \frac{1}{\sigma\sqrt{2\pi}} \exp\left(-\frac{1}{2}\left(\frac{y-\mu}{\sigma}\right)^2\right)\left(1 + \text{erf}\left(\alpha\left(\frac{y-\mu}{\sigma\sqrt{2}}\right)\right)\right), \mu \in \mathbb{R}, \sigma \in \mathbb{R}^+,$
$\alpha \in \mathbb{R}, y \in \mathbb{R}$

t 分布 y ~ `student_t(nu,mu,sigma);`
$t(y|\nu,\mu,\sigma) = \frac{\Gamma((\nu+1)/2)}{\Gamma(\nu/2)} \frac{1}{\sqrt{\nu\pi}\sigma}\left(1 + \frac{1}{\nu}\left(\frac{y-\mu}{\sigma}\right)^2\right)^{-(\nu+1)/2}, \nu \in \mathbb{R}^+, \mu \in \mathbb{R}, \sigma \in \mathbb{R}^+,$
$y \in \mathbb{R}$

コーシー分布 y ~ `cauchy(mu,sigma);`
$Cauchy(y|\mu,\sigma) = \frac{1}{\pi\sigma} \frac{1}{1+((y-\mu)/\sigma)^2}, \mu \in \mathbb{R}, \sigma \in \mathbb{R}^+, y \in \mathbb{R}$

2 重指数分布 y ~ `double_exponential(mu,sigma);`
$DExp(y|\mu,\sigma) = \frac{1}{2\sigma} \exp\left(-\frac{|y-\mu|}{\sigma}\right), \mu \in \mathbb{R}, \sigma \in \mathbb{R}^+, y \in \mathbb{R}$

ロジスティック分布 y ~ `logistic(mu,sigma);`
$Logis(y|\mu,\sigma) = \frac{1}{\sigma} \exp\left(-\frac{y-\mu}{\sigma}\right)\left(1 + \exp\left(-\frac{y-\mu}{\sigma}\right)\right)^{-2}, \mu \in \mathbb{R}, \sigma \in \mathbb{R}^+, y \in \mathbb{R}$

ガンベル分布 y ~ `gumbel(mu,beta);`
$Gumbel(y|\mu,\beta) = \frac{1}{\beta} \exp\left(-\frac{y-\mu}{\beta} - \exp\left(-\frac{y-\mu}{\beta}\right)\right), \mu \in \mathbb{R}, \beta \in \mathbb{R}^+, y \in \mathbb{R}$

対数正規分布 y ~ `lognormal(mu,sigma);`
$LogN(y|\mu,\sigma) = \frac{1}{\sqrt{2\pi}\sigma} \frac{1}{y} \exp\left(-\frac{1}{2}\left(\frac{\log y - \mu}{\sigma}\right)^2\right), \mu \in \mathbb{R}, \sigma \in \mathbb{R}^+, y \in \mathbb{R}^+$

カイ 2 乗分布 y ~ `chi_square(nu);`
$\chi^2(y|\nu) = \frac{2^{-\nu/2}}{\Gamma(\nu/2)} y^{\nu/2-1} \exp\left(-\frac{1}{2}y\right), \nu \in \mathbb{R}^+, y \in \mathbb{R}^+$

逆カイ 2 乗分布 y ~ `inv_chi_square(nu);`
$Inv\chi^2(y|\nu) = \frac{2^{-\nu/2}}{\Gamma(\nu/2)} y^{-(\nu/2-1)} \exp\left(-\frac{1}{2}\frac{1}{y}\right), \nu \in \mathbb{R}^+, y \in \mathbb{R}^+$

指数分布 y ~ `exponential(beta);`
$Exp(y|\beta) = \beta \exp(-\beta y), \beta \in \mathbb{R}^+, y \in \mathbb{R}^+$

ガンマ分布 y ~ `gamma(alpha,beta);`
$G(y|\alpha,\beta) = \frac{\beta^\alpha}{\Gamma(\alpha)} y^{\alpha-1} \exp(-\beta y), \alpha \in \mathbb{R}^+, \beta \in \mathbb{R}^+, y \in \mathbb{R}^+$

逆ガンマ分布 y ~ `inv_gamma(alpha,betae);`
$InvG(y|\alpha,\beta) = \frac{\beta^\alpha}{\Gamma(\alpha)} y^{-(\alpha+1)} \exp\left(-\beta\frac{1}{y}\right), \alpha \in \mathbb{R}^+, \beta \in \mathbb{R}^+, y \in \mathbb{R}$

ワイブル分布 y ~ `weibull(alpha,sigma);` $Weib(y\|\alpha,\sigma) = \frac{\alpha}{\sigma}\left(\frac{y}{\sigma}\right)^{\alpha-1}\exp\left(-\left(\frac{y}{\sigma}\right)^{\alpha}\right)$, $\alpha \in \mathbb{R}^+$, $\sigma \in \mathbb{R}^+$, $y \in [0,\infty)$
パレート分布 y ~ `pareto(y_min,alpha);` $Pareto(y\|y_{\min},\alpha) = \frac{\alpha y_{\min}^{\alpha}}{y^{\alpha+1}}$, $y_{\min} \in \mathbb{R}^+$, $\alpha \in \mathbb{R}^+$, $y \in \mathbb{R}^+$, $y \geq y_{\min}$
ベータ分布 theta ~ `beta(alpha,beta);` $Beta(\theta\|\alpha,\beta) = \frac{1}{B(\alpha,\beta)}\theta^{\alpha-1}(1-\theta)^{\beta-1}$, $\alpha \in \mathbb{R}^+$, $\beta \in \mathbb{R}^+$, $\theta \in (0,1)$,   注意：$\theta = 1$ もしくは $\theta = 1$ の場合，確率は 0 となり対数確率は $-\infty$ となる．よって正の母数 $\alpha, \beta > 0$ をとらなければならない．
一様分布 y ~ `uniform(alpha, beta);` $Unif(y\|\alpha,\beta) = \frac{1}{\beta-\alpha}$, $\alpha \in \mathbb{R}$, $\beta \in (\alpha,\infty)$, $y \in [\alpha,\beta]$
多変量正規分布 y ~ `multi_normal(mu,Sigma);` $MN(y\|\mu,\Sigma) = \frac{1}{(2\pi)^{K/2}}\frac{1}{\sqrt{\|\Sigma\|}}\exp\left(-\frac{1}{2}(y-\mu)'\Sigma^{-1}(y-\mu)\right)$, $K \in \mathbb{N}$, $\mu \in \mathbb{R}^K$,   対称正定値行列 $\Sigma \in \mathbb{R}^{K \times K}$, $y \in \mathbb{R}^K$
多変量 t 分布 y ~ `multi_student_t(nu,mu,Sigma)` $Mt(y\|\nu,\mu,\Sigma) = \frac{1}{\pi^{K/2}}\frac{1}{\nu^{K/2}}\frac{\Gamma\chi((\nu+K)/2)}{\Gamma(\nu/2)}\frac{1}{\sqrt{\|\Sigma\|}}\left(1+\frac{1}{\nu}(y-\mu)'\Sigma^{-1}(y-\mu)\right)^{-(\nu+K)/2}$, $K \in \mathbb{N}$, $\nu \in \mathbb{R}^+$, $\mu \in \mathbb{R}^K$, 対称正定値行列 $\Sigma \in \mathbb{R}^{K \times K}$, $y \in \mathbb{R}^K$
ディリクレ分布 theta ~ `dirichlet(alpha);` $Dirchlet(\theta\|\alpha) = \frac{\Gamma(\sum_{k=1}^K \alpha_k)}{\prod_{k=1}^K \Gamma(\alpha_k)}\prod_{k=1}^K \theta_k^{\alpha_k-1}$, $K \in \mathbb{N}$, $\alpha \in (\mathbb{R}^+)^K$, $\theta \in K$ 次シンプレックス   注意：θ の任意の成分が $\theta_i = 0$ もしくは $\theta_i = 1$ を満たす場合，確率は 0 となり，対数確率は $-\infty$ となる．同様に各 i について $\alpha_i > 0$ であるような正の母数が必要となる．
ウィッシャート分布 W ~ `wishart(nu,Sigma);` $Wish(W\|\nu,S) = \frac{1}{2^{\nu K/2}}\frac{1}{\Gamma_K\left(\frac{1}{2}\right)}\|S\|^{-\nu/2}\|W\|^{(\nu-K-1)/2}\exp\left(-\frac{1}{2}\mathrm{tr}(S^{-1}W)\right)$, $K \in \mathbb{N}$, $\nu \in (K-1,\infty)$, 対称正定値行列 $S \in \mathbb{R}^{K \times K}$, 対称正定値行列 $W \in \mathbb{R}^{K \times K}$ であり，$\Gamma_K()$ は多変量ガンマ関数 $\Gamma_K(\chi) = \frac{1}{\pi^{K(K-1)/4}}\prod_{k=1}^K \Gamma\left(\chi+\frac{1-k}{2}\right)$ である．
逆ウィッシャート分布 W ~ `inv_wishart(nu,Sigma);` $InvWish(W\|\nu,S) = \frac{1}{2^{\nu K/2}}\frac{1}{\Gamma_K\left(\frac{1}{2}\right)}\|S\|^{\nu/2}\|W\|^{-(\nu-K-1)/2}\exp\left(-\frac{1}{2}\mathrm{tr}(SW^{-1})\right)$, $K \in \mathbb{N}$, $\nu \in (K-1,\infty)$, 対称正定値行列 $S \in \mathbb{R}^{K \times K}$, 対称正定値行列 $W \in \mathbb{R}^{K \times K}$

C.7 練習問題

1) ★ 以下に示す 20 個の対数変換された値 $y = \ln x$ の真数 x に対して正規分布モデルを適用し，平均，標準偏差，分散について，Stan (Stan コード・データファイル・RStan スクリプトを作成) を用いて推定し，値を報告してください．なお，データと母数の変換も Stan

内で行ってください．事前分布は明示的に設定しなくて結構です．連鎖更新回数は 10000 回，ウォームアップ期間 1000 回，乱数の種は 12345，連鎖構成数は 1 とします．補足：データの変換は transformed data 内で関数 exp() を使用してください．標準偏差の変換は transformed parameters 内で pow() を使用します．サンプリングは normal(平均,SD) を用いて行います．データファイルは次の内容を用いてください．データファイル：N<-20;x_log<-c(3.844,4.035,3.986,4.030,3.932,4.040,3.788,3.896,3.929,4.072,3.477,3.882,3.895,3.908,3.945,3.980,4.028,4.137,3.930,4.016);

2) ★ 問題 C.7.1 について，標準偏差の変換を generated quantities ブロックで行ってください．

3) ★ 問題 C.7.1 について，連鎖更新回数 50 回，ウォームアップ期間を 10 回とした場合の推定値を報告してください．また，連鎖更新回数を 20000 回 (ウォームアップ期間 1000 回) に増やした場合の推定値を報告してください．これらの更新期間は十分といえるか検討してください．

D 付録4 Stanコード

■ ■ ■

【6.1.1 カタログ刷新問題】

```
data {
int<lower=0> N;
real<lower=0> x[N];
}
parameters {
real          mu;
real<lower=0> sigma;
}
model {
for(n in 1:N) {
x[n] ~ normal(mu,sigma);
}
}
generated quantities{
real<lower=0,upper=1> mu_over;
real<lower=0,upper=1> mu_over2;
real                  es;
real<lower=0,upper=1> es_over;

mu_over  <- step(mu-2500);
mu_over2 <- step(mu-3000);
es       <-(mu-2500)/sigma;
es_over  <- step(es-0.8);
}
```

【6.1.2 工場機器買い換え問題】

```
data {
int<lower=0> N;
real<lower=0> x[N];
}
parameters {
real<lower=0> sigma;
}
transformed parameters {
real<lower=0> sigmasq;
sigmasq <- pow(sigma,2);
}
model {
for(n in 1:N){
x[n] ~ normal(145.00,sigma);
}
}
generated quantities{
real<lower=0,upper=1> ssq_over;
real<lower=0,upper=1> ssq_over2;

ssq_over  <- step(sigmasq-0.10);
ssq_over2 <- step(sigmasq-0.15);
}
```

【6.1.3 代表選考ボーダーライン問題】

```
data {
int<lower=0>   N;
real<lower=0>  x[N];
}
parameters {
real           mu;
real<lower=0>  sigma;
}
model {
for(n in 1:N){
x[n]~normal(mu, sigma);
}
}
generated quantities {
real                    q_3rd;
real<lower=0, upper=1> p_over;
q_3rd <- mu + 0.675*sigma;
p_over <- 1-normal_cdf(q_3rd,
                      805,10);
}
```

【6.2.1 体内時計問題】

```
data {
int<lower=0>   N1;
int<lower=0>   N2;
real<lower=0> x1[N1];
real<lower=0> x2[N2];
}
parameters {
real           mu1;
real           mu2;
real<lower=0> sigma1;
real<lower=0> sigma2;
}
transformed parameters {
real<lower=0> sigma1sq;
real<lower=0> sigma2sq;
sigma1sq <- pow(sigma1,2);
sigma2sq <- pow(sigma2,2);
}
model {
x1 ~ normal(mu1,sigma1);
x2 ~ normal(mu2,sigma2);
}
generated quantities{
real delta;
real d_over;
real d_over1;
delta <- mu2 - mu1;
d_over <- step(delta);
d_over1 <- if_else(delta>1,1,0);
}
```

【6.2.2 研修効果問題】

```
data {
int<lower=0>   N;
vector[2]      x[N];
}
parameters {
vector[2]                    mu;
vector<lower=0>[2]           sigma;
real<lower=-1,upper=1>  rho;
}
transformed parameters {
vector<lower=0>[2] sigmasq;
matrix[2,2]        Sigma;
sigmasq[1] <- pow(sigma[1],2);
```

```
sigmasq[2] <- pow(sigma[2],2);
Sigma[1,1] <- sigmasq[1];
Sigma[2,2] <- sigmasq[2];
Sigma[1,2] <- sigma[1]*sigma[2]*rho;
Sigma[2,1] <- sigma[1]*sigma[2]*rho;
}
model {
for(i in 1:N){
x[i] ~ multi_normal(mu,Sigma);
}
}
generated quantities{
real delta;
real delta_over;
real delta_over2;
real rho_over;
real rho_over05;
delta <- mu[2] - mu[1];
delta_over <- step(delta);
delta_over2 <- if_else(delta>2,1,0);
rho_over <- step(rho);
rho_over05 <- if_else(rho>0.5,1,0);
}
```

【7.1.1 流れ星問題1】

```
data {
int<lower=0>   N;
int<lower=0>   x[N];
}
parameters {
real<lower=0>   lambda;
}
model {
x ~ poisson(lambda);
}
generated quantities{
real<lower=0,upper=1> p;
real sqrt_lambda;
p <- exp(-lambda) * pow(lambda ,2)
              * falling_factorial(1,2);
sqrt_lambda<-sqrt(lambda);
}
```

【7.1.2 ウミガメ問題】

```
data {
int<lower=0>   N;
```

```
int<lower=0> x1[N];
int<lower=0> x2[N];
}
parameters {
real<lower=0>  lambdaA;
real<lower=0>  lambdaB;
}
model {
x1 ~ poisson(lambdaA);
x2 ~ poisson(lambdaB);

}
generated quantities{
real delta;
real   p_delta;
delta <- lambdaB - lambdaA;
p_delta <- step(delta);
}
```

【7.2 レストラン問題】

```
data {
int<lower=0> N;
real<lower=0>  x[N];
}
parameters {
real<lower=0> lambda;
}
model {
x ~ exponential(lambda);
}
generated quantities{
real<lower=0> mu;
real<lower=0> p;
real P_underp;
mu <- inv(lambda);
p <- exponential_cdf(5,lambda);
P_underp <- if_else(p < 0.3,1,0);
}
```

【7.3 流れ星問題 2】

```
data {
int<lower=0>  N;
int<lower=0> x[N];
}
parameters {
real<lower=0.000001>  lambda;
```

```
}
model {
x ~ poisson(lambda);
}
generated quantities{
real<lower=0.000001> pred;
pred <- gamma_rng(3,lambda)*5;
}
```

【7.4 当たり付き棒アイス問題】

```
data {
int<lower=0> N;
int<lower=0> x[N];
}
transformed data{
    int<lower=0> n[N];
    for(i in 1:N)
        n[i] <- x[i]-1;
}
parameters {
real<lower=0>    beta;
}
transformed parameters{
real<lower=0,upper=1>  theta;
theta <- beta/(beta+1);
}
model {
n ~ neg_binomial(1, beta);
}
generated quantities{
real<lower=0,upper=1>  p3;
real P;
real mu;
p3 <- theta*pow((1-theta),2);
P <- if_else(theta>0.028,1,0);
mu <- 1/theta;
}
```

【7.5 エントリーシート問題】

```
data {
int<lower=0> N;
int<lower=0> x[N];
}
parameters {
real<lower=0, upper=1>  theta;
}
```

```
model {
x ~ bernoulli(theta);
}
generated quantities{
real p;
real beta;
int pred;
p <- 1*pow(theta, 5)*pow((1-theta),0)
   +5*pow(theta, 4)*pow((1-theta),1)
   +10*pow(theta, 3)*pow((1-theta),2)
   +10*pow(theta, 2)*pow((1-theta),3);
beta <- theta/(1-theta);
pred <- neg_binomial_rng(2, beta)+2;
}
```

【7.6 婚活問題】

```
data {
int<lower=0> N;
real<lower=0> x[N];
}
parameters {
real<lower=0>   mu;
real<lower=0>sigma;
}
model {
x ~ lognormal(mu, sigma);
}
generated quantities{
real<lower=0>zeta;
real<lower=0>p_450;
zeta <- exp(mu + 0.5244*sigma);
p_450 <- if_else(zeta<450, 1, 0);
}
```

【8.1 DM 購買促進問題】

```
data{
int<lower=0> N[2];
int n[2,2];
}
parameters{
simplex[2] p[2];
}
model{
for(i in 1:2){
for(j in 1:2){
n[i,j] ~ binomial(N[j], p[j][i]);
}
}
```

```
}
generated quantities{
real d;
real delta_over;
real p11;
real p10;
real p01;
real p00;
real RR;
real OR;
p11 <- p[1][1];
p10 <- p[1][2];
p01 <- p[2][1];
p00 <- p[2][2];
d <- p11 - p01;   #比率の差
delta_over <- if_else(d > 0,1,0);
RR <- p11/p01;   #リスク比
OR <- (p11/p10) / (p01/p00);   #オッズ比
}
```

【8.2 自己・上司評価相関問題】

```
data{
int<lower=0>  N;   //人数
vector[2] xA[N];   //A
vector[2] xB[N];   //B
}
parameters{
vector[2] muA;
vector<lower=0>[2] sigmaA;
real<lower=-1,upper=1> rhoA;
vector[2] muB;
vector<lower=0>[2] sigmaB;
real<lower=-1,upper=1> rhoB;
}
transformed parameters{
vector<lower=0>[2] sig2A;
matrix[2,2] SigmaA;
vector<lower=0>[2] sig2B;
matrix[2,2] SigmaB;
sig2A[1] <- pow(sigmaA[1],2);
sig2A[2] <- pow(sigmaA[2],2);
SigmaA[1,1] <- sig2A[1];
SigmaA[2,2] <- sig2A[2];
SigmaA[1,2] <- sigmaA[1]*sigmaA[2]
                           *rhoA;
SigmaA[2,1] <- sigmaA[1]*sigmaA[2]
                           *rhoA;
```

```
sig2B[1] <- pow(sigmaB[1],2);
sig2B[2] <- pow(sigmaB[2],2);
SigmaB[1,1] <- sig2B[1];
SigmaB[2,2] <- sig2B[2];
SigmaB[1,2] <- sigmaB[1]*sigmaB[2]
                               *rhoB;
SigmaB[2,1] <- sigmaB[1]*sigmaB[2]
                               *rhoB;
}
model{
for(i in 1:N){
xA[i] ~ multi_normal(muA,SigmaA);
xB[i] ~ multi_normal(muB,SigmaB);
}
}
generated quantities{
real delta_r;
real delta_r_over;
#real delta_r_over2;
delta_r <- rhoB - rhoA;
delta_r_over <- step(delta_r);
#delta_r_over2 <- if_else(delta_r>0.1,
                                 1,0);
}
```

【8.3 社員実力固定化問題】

```
data{
  int<lower=0> N; //人数
  vector[3] x[N];
}
parameters{
  vector[3] mu;
  vector<lower=0>[3] sigma;
  corr_matrix[3] rho;
}
transformed parameters{
  vector<lower=0>[3] sig2;
  matrix[3,3] Sigma;
  /*
  sig2[1] <- pow(sigma[1],2);
  sig2[2] <- pow(sigma[2],2);
  sig2[3] <- pow(sigma[3],2);
  Sigma[1,1] <- sig2[1];
  Sigma[2,2] <- sig2[2];
  Sigma[3,3] <- sig2[3];
  Sigma[2,1] <- sigma[2]*sigma[1]
                          *rho[2,1];
```

```
  Sigma[3,1] <- sigma[3]*sigma[1]
                          *rho[3,1];
  Sigma[3,2] <- sigma[3]*sigma[2]
                          *rho[3,2];
  */
  for(i in 1:3){
    sig2[i] <- pow(sigma[i],2);
  }
  Sigma <- diag_matrix(sigma)
          * rho * diag_matrix(sigma);
}
model{
  for(i in 1:N){
    x[i] ~ multi_normal(mu,Sigma);
  }
}
generated quantities{
  real delta_r2;
  real delta_r2_over;
  delta_r2 <- rho[3,2] - rho[2,1];
  delta_r2_over <- step(delta_r2);
}
```

【8.4 売り上げ相関問題】

```
# 8.4.1 および 8.4.2 に関して
サンプリングを同時に行う
data{
 int<lower=0> Ny;
   vector<lower=0>[2] y[Ny];
int<lower=0> Nx;
real x[Nx];
}
parameters{
#8.4.1
vector[2] mu;
vector<lower=0>[2] sigma;
real sig2xy;
#8.4.2
vector[2] mu2;
vector<lower=0>[2] sigma2;
real sig2xy2;
}
transformed parameters{
matrix[2,2] Sigma;
vector[2] sigsq;
matrix[2,2] S2;
vector[2] sigsq2;
```

```
#8.4.1
sigsq2[1] <- sqrt(sigma2[1]);
sigsq2[2] <- sqrt(sigma2[2]);
S2[1,1] <- sigma2[1];
S2[2,2] <- sigma2[2];
S2[2,1] <- sig2xy2;
S2[1,2] <- sig2xy2;
#8.4.2
sigsq[1] <- sqrt(sigma[1]);
sigsq[2] <- sqrt(sigma[2]);
Sigma[1,1] <- sigma[1];
Sigma[2,2] <- sigma[2];
Sigma[2,1] <- sig2xy;
Sigma[1,2] <- sig2xy;
}
model{
#8.4.1 切断データの相関係数推定
for(i in 1:Ny){
y[i] ~ multi_normal(mu2, S2);
}
#8.4.2 切断効果の補正
for(i in 1:Ny){
y[i] ~ multi_normal(mu, Sigma);
}
for(i in 1:Nx){
x[i] ~ normal(mu[1], sqrt(sigma[1]));
}
}
generated quantities{
real<lower=-1,upper=1> rho_truncated;
real<lower=-1,upper=1> rho_corrected;
rho_truncated <- sig2xy2 / (sigsq2[1]
                          * sigsq2[2]);
rho_corrected <- sig2xy / (sigsq[1]
                          * sigsq[2]);
}
```

【8.4.3】

```
data{
int<lower=0> Ny;
vector<lower=0>[2] y[Ny];
}
parameters{
vector[2] mu3;
vector<lower=0>[2] sigma3;
real sig2xy3;
}
transformed parameters{
matrix[2,2] S3;
vector[2] sigsq3;
sigsq3[1] <- sqrt(sigma3[1]);
sigsq3[2] <- sqrt(sigma3[2]);
S3[1,1] <- sigma3[1];
S3[2,2] <- sigma3[2];
S3[2,1] <- sig2xy3;
S3[1,2] <- sig2xy3;
}
model{
for(i in 1:Ny){
y[i] ~ multi_normal(mu3, S3);
}
}
generated quantities{
real<lower=-1,upper=1> rho_complete;
rho_complete <- sig2xy3 / (sigsq3[1]
                          * sigsq3[2]);
}
```

【8.5, 8.6 英語面接問題 1, 2】
◇ 変量効果モデル

```
data{
int<lower=0> S;
int<lower=0> R;
vector<lower=0, upper=15>[R] Score[S];
}
parameters{
real mu;
real alpha[S];
real beta[R];
real<lower=0> tauSubject;
real<lower=0> tauRater;
real<lower=0> tauWithin;
}
transformed parameters{
real<lower=0> sig2subject;
real<lower=0> sig2rater;
real<lower=0> sig2within;
sig2subject <- pow(tauSubject,2);
sig2rater <- pow(tauRater,2);
sig2within <- pow(tauWithin,2);
}
model{
real nu;
mu ~ normal(0, 1000);
```

```
for(s in 1:S){
alpha[s] ~ normal(0, tauSubject);
}
for(r in 1:R){
beta[r] ~ normal(0, tauRater);
}
for(s in 1:S) {
for(r in 1:R) {
nu <- mu + alpha[s] + beta[r];
Score[s,r] ~ normal(nu, tauWithin);
}
}
}
generated quantities{
real<lower=0> ICC21;
real<lower=0> ICC24;
real<lower=0> rho5;
real<lower=0> rho6;
real nine6;
ICC21<-sig2subject / (sig2subject
      + sig2rater + sig2within);
ICC24 <- sig2subject / (sig2subject
      + ((sig2rater + sig2within)/4));
rho5 <- sig2subject / (sig2subject
      + ((sig2rater+ sig2within)/5));
rho6 <- sig2subject / (sig2subject
      + ((sig2rater + sig2within)/6));
nine6 <- step(rho6 - 0.9);
}

◇ 混合効果モデル

data{
int<lower=0> S;
int<lower=0> R;
vector<lower=0, upper=15>[R] Score[S];
}
transformed data{
int<lower=0> Rm1;
Rm1 <- R-1;
}
parameters{
real mu;
real alpha[S];
real beta_m1[Rm1];
real<lower=0> tauSubject;
real<lower=0> tauWithin;
}
transformed parameters{
real beta[R];
real<lower=0> sig2subject;
real<lower=0> sig2within;
sig2subject <- pow(tauSubject,2);
sig2within <- pow(tauWithin,2);
for (r in 1:Rm1) {
beta[r] <- beta_m1[r];
}
beta[R] <- -sum(beta_m1);
}
model{
real nu;
mu ~ normal(0, 1000);
for(s in 1:S){
alpha[s] ~ normal(0, tauSubject);
}
for(s in 1:S) {
for(r in 1:R) {
nu <- mu + alpha[s] + beta[r];
Score[s,r] ~ normal(nu, tauWithin);
}
}
}
generated quantities{
real<lower=0> ICC31;
real<lower=0> ICC34;
real<lower=0> rho4;
real<lower=0> rho5;
real nine;
ICC31 <- sig2subject / (sig2subject
                      + sig2within);
ICC34 <- sig2subject / (sig2subject
                      + (sig2within/R));
rho4 <- sig2subject / (sig2subject
                      + (sig2within/4));
rho5 <- sig2subject / (sig2subject
                      + (sig2within/5));
nine <- step(rho5 - 0.9);
}
```

索 引

D

D 研究 174
data ファイル 205
data ブロック 203, 207

G

G 研究 174
generated quantities ブロック 205, 207

H

HMC 法 112

M

model ブロック 204, 207

P

parameters ブロック 204, 207

R

RStan 206
　——の主な関数と引数 212

S

Stan 組込み関数 209

T

transformed parameters ブロック 204, 207

あ 行

位相空間 112
位置 102
一般化可能性係数 174
一般化可能性理論 174

後ろ向き研究 160
運動エネルギー 107
運動量 104

エネルギー 104

オイラー法 110
横断研究 160
オッズ 161
オッズ比 161

か 行

解析力学 102
可逆 112
核 47
確信区間 54
確率過程 78
確率関数 29
確率質量関数 29
確率分布 26
確率変数 25
加速度 103
カーネル 47
ガンマ分布 62, 148

幾何分布 149
期待値 27
逆確率 10

既約的　81
客観確率　4
級内相関　171
共役事前分布　50
局所一様事前分布　56
均衡分布　81

区間推定　53

経験分布　29
計数データ　143
経路積分　110
ケース・コントロール研究　160
決定研究　174

公的分析　20
項目反応理論　59
コホート　160
コメント文記法　203
根元事象　3

さ　行

最高事後密度区間　54
最尤推定法　40
最尤法　41
3囚人問題　21

時間積分　110
試行　3
事後確率　8
事後確率最大値　52
事後確率分布　47
事後期待値　51
事後中央値　52
事後標準偏差　53
事後分散　53
事後分布　47
事後予測分布　68
事象　3
指数分布　62, 146
事前確率　8
事前確率分布　47

自然共役事前分布　50
事前分布　47
事前予測分布　68
実現値　25
質量　104
私的分析　20
集合関数　25
収束　81
収束判定指標　189
周辺確率　6
重力加速度　106
主観確率　15
条件付き確率　6
条件付き予測分布　68
詳細釣り合い条件　82
乗法定理　8
症例対照研究　160
信頼区間　54
信頼係数　55

推移　80
推定値　42
推定量　42

正規化係数　48
正規化定数　48
正規分布　35
正再帰的　81
生成量　97, 205
切断効果　167
切断データ　167
遷移　80
遷移核　79
全確率の公式　8

相関係数の差　164
　　対応のある2つの—　166
相対数値的効率性　191
相対リスク　161
速度　103

た 行

対数正規分布　154
大数の法則　4
対数尤度関数　42
体積保存　112

力　104

提案分布　85
定常分布　81
　——への収束　81
点推定　51

等加速度直線運動　106
同時確率　5
独立　10
独立MH法　90
トレースライン　91

な 行

2項分布　31

は 行

ハイブリッドモンテカルロ法　101
曝露　159
ハミルトニアン　102
ハミルトニアンモンテカルロ法　101
ハミルトンの運動方程式　109
バリオグラム　192
バーンイン期間　81
反応率　160

非効率性因子　190
非周期的　82
微分方程式　109
標準誤差　53
標準偏差　27
標本空間　3
標本分布　38

比率の差　160
頻度主義者　2
頻度論　4

負の2項分布　152
不変分布　81
分位数　131
分割　4
分散　27
分布一覧　213
分布関数　32
分布収束　81

平衡分布　81
ベイジアン　2
ベイズ更新　12
ベイズの定理　8
ベータ分布　37
ベルヌイ試行　29, 149
ベルヌイ分布　29
変数宣言　208
　——の記述順序　209
変則分布　67

ポアソン分布　60, 142
母数　30
ポテンシャルエネルギー　105

ま 行

マルコフ連鎖　79
マルコフ連鎖モンテカルロ法　82

無情報的事前分布　55

メトロポリス・ヘイスティングス法　85

目標分布　82

や 行

焼き入れ期間　81

尤度　41
尤度関数　41
尤度方程式　42

予測分布　68

ら行

ランダムウォーク　94
ランダムウォーク MH 法　94

力学的エネルギー　105, 107
力学的エネルギー保存の法則　108

離散型確率変数　26
リスク　160
リスク比　161
リープフロッグ法　111
理由不十分の原則　16
量子力学　102
理論分布　29

累積分布関数　32

連続一様分布　35
連続型確率変数　34

編著者略歴

豊田秀樹（とよだひでき）

1961 年　東京都に生まれる
1989 年　東京大学大学院教育学研究科博士課程修了（教育学博士）
現　在　早稲田大学文学学術院教授

〈主な著書〉

『項目反応理論［入門編］（第2版）』（朝倉書店）
『項目反応理論［事例編］—新しい心理テストの構成法—』（編著）（朝倉書店）
『項目反応理論［理論編］—テストの数理—』（編著）（朝倉書店）
『項目反応理論［中級編］』（編著）（朝倉書店）
『共分散構造分析［入門編］—構造方程式モデリング—』（朝倉書店）
『共分散構造分析［応用編］—構造方程式モデリング—』（朝倉書店）
『共分散構造分析［技術編］—構造方程式モデリング—』（編著）（朝倉書店）
『共分散構造分析［疑問編］—構造方程式モデリング—』（編著）（朝倉書店）
『共分散構造分析［理論編］—構造方程式モデリング—』（朝倉書店）
『共分散構造分析［数理編］—構造方程式モデリング—』（編著）（朝倉書店）
『共分散構造分析［事例編］—構造方程式モデリング—』（編著）（北大路書房）
『共分散構造分析［Amos 編］—構造方程式モデリング—』（編著）（東京図書）
『SAS による共分散構造分析』（東京大学出版会）
『調査法講義』（朝倉書店）
『原因を探る統計学—共分散構造分析入門—』（共著）（講談社ブルーバックス）
『違いを見ぬく統計学—実験計画と分散分析入門—』（講談社ブルーバックス）
『マルコフ連鎖モンテカルロ法』（編著）（朝倉書店）

基礎からのベイズ統計学
—ハミルトニアンモンテカルロ法による実践的入門—　定価はカバーに表示

2015 年 6 月 25 日　初版第 1 刷
2019 年 2 月 20 日　　　第 11 刷

編著者　豊　田　秀　樹
発行者　朝　倉　誠　造
発行所　株式会社　朝　倉　書　店
　　　　東京都新宿区新小川町6-29
　　　　郵便番号　162-8707
　　　　電　話　03 (3260) 0141
　　　　ＦＡＸ　03 (3260) 0180
　　　　http://www.asakura.co.jp

〈検印省略〉

© 2015〈無断複写・転載を禁ず〉　　　　　Printed in Korea

ISBN 978-4-254-12212-1　C 3041

＜(社)出版者著作権管理機構　委託出版物＞

本書の無断複写は著作権法上での例外を除き禁じられています。複写される場合は、そのつど事前に、(社)出版者著作権管理機構（電話 03-3513-6969、FAX 03-3513-6979、e-mail: info@jcopy.or.jp）の許諾を得てください。

早大 豊田秀樹編著
統計ライブラリー
マルコフ連鎖モンテカルロ法
12697-6 C3341　　　　A 5 判 280頁 本体4200円

ベイズ統計の発展で重要性が高まるMCMC法を応用例を多数示しつつ徹底解説。Rソース付〔内容〕MCMC法入門/母数推定/収束判定・モデルの妥当性/SEMによるベイズ推定/MCMC法の応用/BRugs/ベイズ推定の古典的枠組み

早大 豊田秀樹著
統計ライブラリー
項目反応理論［入門編］（第2版）
12795-9 C3341　　　　A 5 判 264頁 本体4000円

待望の全面改訂。丁寧な解説はそのままに、全編Rによる実習を可能とした実践的テキスト。〔内容〕項目分析と標準化/項目特性曲線/R度値の推定/項目母数の推定/テストの精度/項目プールの等化/テストの構成/段階反応モデル/他

早大 豊田秀樹編著
統計ライブラリー
項目反応理論［中級編］
12798-0 C3341　　　　A 5 判 244頁 本体4000円

姉妹書［入門編］からのステップアップ。具体例の解説を中心に、実際の分析の場で利用できる各手法をわかりやすく紹介。［入門編］同様、書籍中の分析や演習を追計算できるR用スクリプトがダウンロード可能。実践志向の書。

早大 豊田秀樹編著
統計ライブラリー
共分散構造分析［数理編］
——構造方程式モデリング——
12797-3 C3341　　　　A 5 判 288頁 本体4600円

実践的なデータ解析手法として定着した共分散構造分析の数理的基礎を総覧する初めての書。よりよい実践のための全23章。〔内容〕GLS等の各種推定法/最適化と導関数/欠測値/ブートストラップ/適合度/交差妥当化/検定/残差/他

早大 豊田秀樹編著
統計ライブラリー
共分散構造分析［実践編］
——構造方程式モデリング——
12699-0 C3341　　　　A 5 判 304頁 本体4500円

実践編では、実際に共分散構造分析を用いたデータ解析に携わる読者に向けて、最新・有用・実行可能な実践的技術を全21章で紹介する。プログラム付〔内容〕マルチレベルモデル/アイテムパーセリング/探索的SEM/メタ分析/他

早大 豊田秀樹著
統計ライブラリー
共分散構造分析［理論編］
——構造方程式モデリング——
12696-9 C3341　　　　A 5 判 304頁 本体4800円

理論編では、共分散構造を拡張し、高次積率構造の理論とその適用法を詳述。構造方程式モデリングの新しい地平。〔内容〕単回帰モデル/2変数モデル—積率構造分析—/因子分析・独立成分分析/適合度関数/同時方程式/一般モデル/他

J.R.ショット著　早大 豊田秀樹編訳
統計学のための線形代数
12187-2 C3041　　　　A 5 判 576頁 本体8800円

"Matrix Analysis for Statistics (2nd ed)"の全訳。初歩的な演算から順次高度なテーマへ導く。原著の演習問題(500題余)に略解を与え、学部上級～大学院テキストに最適。〔内容〕基礎/固有値/一般逆行列/特別な行列/行列の微分/他

早大 永田 靖著
シリーズ〈科学のことばとしての数学〉
統計学のための数学入門30講
11633-5 C3341　　　　A 5 判 224頁 本体2900円

統計のための「使える」数学のテキスト。必要なエッセンスをまとめ、実際の場面での使い方を解説〔内容〕微積分(基礎事項アラカルト/極値/広義積分他)/線形代数(ランク/固有値他)/多変数の微積分/問題解答/「統計学ではこう扱う」

広経大 前川功一編著　広経大 得津康義・
別府大 河合研一著
経済・経営系のためのよくわかる統計学
12197-1 C3341　　　　A 5 判 176頁 本体2400円

経済系向けに書かれた統計学の入門書。数式だけでは納得しにくい統計理論を模擬実験による具体例でわかりやすく解説。〔内容〕データの整理/確率/正規分布/推定と検定/相関係数と回帰係数/時系列分析/確率・統計の応用

北里大 鶴田陽和著
すべての医療系学生・研究者に贈る **独習統計学24講**
——医療データの見方・使い方——
12193-3 C3041　　　　A 5 判 224頁 本体3200円

医療分野で必須の統計的概念を入門者にも理解できるよう丁寧に解説。高校までの数学のみを用い、プラセボ効果や有病率など身近な話題を通じて、統計学の考え方から研究デザイン、確率分布、推定、検定までを一歩一歩学習する。

お茶の水大 菅原ますみ監訳
縦断データの分析 I
―変化についてのマルチレベルモデリング―
12191-9 C3041　　　　A5判 352頁 本体6500円

Applied Longitudinal Data Analysis: Modeling Change and Event Occurrence.(Oxford University Press, 2003)前半部の翻訳。個人の成長などといった変化をとらえるために、同一対象を継続的に調査したデータの分析手法を解説。

お茶の水大 菅原ますみ監訳
縦断データの分析 II
―イベント生起のモデリング―
12192-6 C3041　　　　A5判 352頁 本体6500円

縦断データは、行動科学一般、特に心理学・社会学・教育学・医学・保健学において活用されている。IIでは、イベントの生起とそのタイミングを扱う。〔内容〕離散時間のイベント生起データ、ハザードモデル、コックス回帰モデル、など。

医学統計学研究センター 丹後俊郎・Taeko Becque著
医学統計学シリーズ 9
ベイジアン統計解析の実際
―WinBUGSを利用して―
12759-1 C3341　　　　A5判 276頁 本体4800円

生物統計学、医学統計学の領域を対象とし、多くの事例とともにベイジアンのアプローチの実際を紹介。豊富な応用例では、例→コード化→解説→結果という統一した構成〔内容〕ベイジアン推測／マルコフ連鎖モンテカルロ法／WinBUGS／他

学習院大 福地純一郎・横国大 伊藤有希著
シリーズ〈統計科学のプラクティス〉6
Rによる計量経済分析
12816-1 C3341　　　　A5判 200頁 本体2900円

各手法が適用できるために必要な仮定はすべて正確に記述、手法の多くにはRのコードを明記する、学部学生向けの教科書。〔内容〕回帰分析／重回帰分析／不均一分析／定常時系列分析／ARCHとGARCH／非定常時系列／多変量時系列／パネル

統数研 樋口知之編著
シリーズ〈予測と発見の科学〉6
データ同化入門
―次世代のシミュレーション技術―
12786-7 C3341　　　　A5判 256頁 本体4200円

データ解析（帰納的推論）とシミュレーション科学（演繹的推論）を繋ぎ、より有効な予測を実現する数理技術への招待〔内容〕状態ベクトル／状態空間モデル／逐次計算式／各種フィルタ／応用（大気海洋・津波・宇宙科学・遺伝子発現）／他

前東大 伏見正則・前早大 逆瀬川浩孝著
基礎数理講座 6
Rで学ぶ統計解析
11781-3 C3341　　　　A5判 248頁 本体3900円

Rのプログラムを必要に応じ示し、例・問題を多用しながら、詳説した教科書。〔内容〕記述統計解析／実験的推測統計／確率論の基礎知識／推測統計の確率モデル、標本分布／統計的推定問題／統計的検定問題／推定・検定／回帰分布／分散分析

前慶大 蓑谷千凰彦著

統計分布ハンドブック（増補版）

12178-0 C3041　　　　A5判 864頁 本体23000円

様々な確率分布の特性・数学的意味・展開等を豊富なグラフとともに詳説した名著を大幅に増補。各分布の最新知見を補うほか、新たにゴンペルツ分布・多変量t分布・デーガム分布システムの3章を追加。〔内容〕数学の基礎／統計学の基礎／極限定理と展開／確率分布（安定分布、一様分布、F分布、カイ2乗分布、ガンマ分布、極値分布、誤差分布、ジョンソン分布システム、正規分布、t分布、バー分布システム、パレート分布、ピアソン分布システム、ワイブル分布他）

D.K.デイ・C.R.ラオ編
帝京大 繁桝算男・東大 岸野洋久・東大 大森裕浩監訳
ベイズ統計分析ハンドブック
12181-0 C3041　　　　A5判 1076頁 本体28000円

発展著しいベイズ統計分析の近年の成果を集約したハンドブック。基礎理論、方法論、実証応用および関連する計算手法について、一流執筆陣による全35章で立体的に解説。〔内容〕ベイズ統計の基礎（因果関係の推論、モデル選択、モデル診断ほか）／ノンパラメトリック手法／ベイズ統計における計算／時空間モデル／頑健分析・感度解析／バイオインフォマティクス・生物統計／カテゴリカルデータ解析／生存時間解析、ソフトウェア信頼性／小地域推定／ベイズ的思考法の教育

前慶大 蓑谷千凰彦著 統計ライブラリー **線形回帰分析** 12834-5 C3341　　A 5判 360頁 本体5500円	幅広い分野で汎用される線形回帰分析法を徹底的に解説。医療・経済・工学・ORなど多様な分析事例を豊富に紹介。学生はもちろん実務者の独習にも最適。〔内容〕単純回帰モデル／重回帰モデル／定式化テスト／不均一分散／自己相関／他
山岡和枝・安達美佐・渡辺満利子・丹後俊郎著 統計ライブラリー **ライフスタイル改善の実践と評価** ―生活習慣病発症・重症化の予防に向けて― 12835-2 C3341　　A 5判 232頁 本体3700円	食事・生活習慣をベースとした糖尿病患者へのライフスタイル改善の効果的実践を計るための方法や手順をまとめたもの。調査票の作成，プログラムの実践，効果の評価，まとめ方，データの収集から解析に必要な統計手法までを実践的に解説。
早大竹村和久・京大 藤井　聡著 シリーズ〈行動計量の科学〉6 **意 思 決 定 の 処 方** 12826-0 C3341　　A 5判 200頁 本体3200円	現実社会でのよりよい意思決定を支援（処方）する意思決定モデルを，「状況依存的焦点モデル」の理論と適用事例を中心に解説。意思決定論の基礎的内容から始め，高度な予備知識は不要。道路渋滞，コンパクトシティ問題等への適用を紹介。
前中大杉山髙一・前広大 藤越康祝・ 三重大 小椋　透著 シリーズ〈多変量データの統計科学〉1 **多 変 量 デ ー タ 解 析** 12801-7 C3341　　A 5判 240頁 本体3800円	「シグマ記号さえ使わずに平易に多変量解析を解説する」という方針で書かれた'83年刊のロングセラー入門書に，因子分析，正準相関分析の2章および数理的補足を加えて全面的に改訂。主成分分析，判別分析，重回帰分析を含め基礎を確立。
慶大 安道知寛著 統計ライブラリー **高次元データ分析の方法** ―Rによる統計的モデリングとモデル統合― 12833-8 C3341　　A 5判 208頁 本体3500円	大規模データ分析への応用を念頭に，統計的モデリングとモデル統合の考え方を丁寧に解説。Rによる実行例を多数含む実践的内容。〔内容〕統計的モデリング（基礎／高次元データ／超高次元データ）／モデル統合法（基礎／高次元データ）
環境研 瀬谷　創・筑波大 堤　盛人著 統計ライブラリー **空 間 統 計 学** ―自然科学から人文・社会科学まで― 12831-4 C3341　　A 5判 192頁 本体3500円	空間データを取り扱い適用範囲の広い統計学の一分野を初心者向けに解説〔内容〕空間データの定義と特徴／空間重み行列と空間的影響の検定／地球統計学／空間計量経済学／付録（一般化線形モデル／加法モデル／ベイズ統計学の基礎）／他
前東大 古川俊之監修 医学統計学研究センター 丹後俊郎著 統計ライブラリー **医 学 へ の 統 計 学** 第3版 12832-1 C3341　　A 5判 304頁 本体5000円	医学系全般の，より広範な領域で統計学的なアプローチの重要性を説く定評ある教科書。〔内容〕医学データの整理／平均値に関する推測／相関係数と回帰直線に関する推測／比率と分割表に関する推論／実験計画法／標本の大きさの決め方／他
丹後俊郎・山岡和枝・高木晴良著 統計ライブラリー **新版 ロジスティック回帰分析** ―SASを利用した統計解析の実際― 12799-7 C3341　　A 5判 296頁 本体4800円	SASのVar9.3を用い新しい知見を加えた改訂版。マルチレベル分析に対応し，経時データ分析にも用いられている現状も盛り込み，よりモダンな話題を付加した構成。〔内容〕基礎理論／SASを利用した解析例／関連した方法／統計的推測
G.ペトリス・S.ペトローネ・P.カンパニョーリ著 京産大 和合 肇監訳　NTTドコモ 萩原淳一郎訳 統計ライブラリー **Rによる ベイジアン動的線型モデル** 12796-6 C3341　　A 5判 272頁 本体4400円	ベイズの方法と統計ソフトRを利用して，動的線型モデル（状態空間モデル）による統計的時系列分析を実践的に解説する。〔内容〕ベイズ推論の基礎／動的線型モデル／モデル特定化／パラメータが未知のモデル／逐次モンテカルロ法／他
前慶大 蓑谷千凰彦著 **一般化線形モデルと生存分析** 12195-7 C3041　　A 5判 432頁 本体6800円	一般化線形モデルの基礎から詳述し，生存分析へと展開する。〔内容〕基礎／線形回帰モデル／回帰診断／一般化線形モデル／二値変数のモデル／計数データのモデル／連続確率変数のGLM／生存分析／比例危険度モデル／加速故障時間モデル

上記価格（税別）は 2019年 1月現在